计算机应用基础习题与上机指导
Windows 7、Office 2010

主　编　史志英　吴俊强
副主编　王明芳　张卓云　顾宇明
主　审　王健光

东南大学出版社
·南京·

内容提要

本书是东南大学出版社出版的《计算机应用基础》配套上机实验与习题教材。本书主要由上机实验指导篇与习题篇两大部分组成。上机实验指导篇主要包括 Windows 7 操作系统、Word 2010 文字处理、Excel 2010 电子表格、PowerPoint 2010 演示文稿、Internet 的基础五部分的上机实验指导。习题篇涉及全国计算机等级考试一级 MS Office 考试的全部内容，包括选择题、综合操作题、模拟试题、考试指导四部分。

本书针对参加全国计算机等级考试一级 MS Office 考试的考生，也可作为高职高专院校计算机应用基础教育的配套上机实验、练习题和考试题使用。

图书在版编目（CIP）数据

计算机应用基础习题与上机指导／史志英，吴俊强主编．—南京：东南大学出版社，2013.9(2015.1 重印)
ISBN 978-7-5641-4447-0

Ⅰ.①计… Ⅱ.①史… ②吴… Ⅲ.①电子计算机－高等学校－教学参考资料 Ⅳ.①TP3

中国版本图书馆 CIP 数据核字（2013）第 191026 号

计算机应用基础习题与上机指导

出版发行：	东南大学出版社
社　　址：	南京市四牌楼 2 号　邮编：210096
出 版 人：	江建中
责任编辑：	史建农
网　　址：	http://www.seupress.com
电子邮箱：	press@seupress.com
经　　销：	全国各地新华书店
印　　刷：	常州市武进第三印刷有限公司
开　　本：	787mm×1092mm　1/16
印　　张：	14
字　　数：	350 千字
版　　次：	2013 年 9 月第 1 版
印　　次：	2015 年 1 月第 3 次印刷
书　　号：	ISBN 978-7-5641-4447-0
印　　数：	5 501～8 000 册
定　　价：	28.00 元

本社图书若有印装质量问题，请直接与营销部联系。电话：025 - 83791830

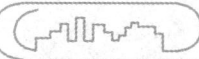

前　言

　　本书是东南大学出版社出版的《计算机应用基础》配套上机实验与习题教材，根据教育部考试中心制定的《全国计算机等级考试大纲(2013年版)》编写的。教材特点鲜明，力求基于理论，注重实际应用，强化综合应用操作技能。

　　本书主要由上机实验指导篇与习题篇两大部分组成。上机实验指导篇内容紧扣主教材，与课堂教学相辅相成，操作简洁，步骤详细，具有针对性。该篇主要包括Windows 7操作系统、Word 2010文字处理、Excel 2010电子表格、PowerPoint 2010演示文稿、Internet的基础五部分的上机实验指导。每个实验都包含实验目的、实验内容、上机练习三部分，帮助读者更好地掌握相关操作，并且每个实验在一次实验课内基本能够完成。习题篇涉及全国计算机等级考试一级MS Office考试的全部内容，包括选择题、综合操作题、模拟试题、考试指导四部分。

　　本书由史志英、吴俊强主编，王明芳、张卓云、顾宇明副主编，王健光主审。参与本教材编写的教师均为一线专业教师：上机实验指导篇第一部分由史志英编写；第二部分由王明芳编写；第三部分由吴俊强编写；第四部分由张卓云编写；第五部分由顾宇明编写。习题篇及附录由史志英编写。

　　由于水平有限，书中难免有不当和疏漏之处，恳请读者在使用过程中批评指正。读者可通过E-mail与编者联系，邮箱为szywbx@163.com。

编　者

2013年7月

目 录

上机实验指导篇

第 1 部分　Windows 7 操作系统 ································· 3
　实验 1-1　Windows 7 基本知识 ································· 3
　实验 1-2　Windows 7 基本操作 ································· 9
　实验 1-3　Windows 7 系统的基本配置与控制 ················· 22

第 2 部分　Word 2010 文字处理 ································· 29
　实验 2-1　文档的基本编辑和排版 ····························· 29
　实验 2-2　设置文本格式（一） ································· 34
　实验 2-3　设置文本格式（二） ································· 41
　实验 2-4　表格的制作 ··· 47
　实验 2-5　对象的插入与编辑 ··································· 54

第 3 部分　Excel 2010 电子表格 ································· 63
　实验 3-1　Excel 2010 的基本操作 ······························ 63
　实验 3-2　公式与函数的使用 ··································· 68
　实验 3-3　工作表格式化 ··· 76
　实验 3-4　工作表与工作簿管理 ································· 86
　实验 3-5　数据库管理 ··· 93
　实验 3-6　Excel 2010 图表功能 ································· 105

第 4 部分　PowerPoint 2010 的演示文稿 ······················ 111
　实验 4-1　演示文稿的基本操作 ································· 111
　实验 4-2　演示文稿的编辑 ····································· 115
　实验 4-3　设置幻灯片外观 ····································· 122
　实验 4-4　动画和超级链接技术 ································· 126
　实验 4-5　演示文稿的放映和打印 ····························· 131

第 5 部分　Internet 的基础 ······································ 136
　实验 5-1　Web 浏览 ··· 136
　实验 5-2　电子邮件 ··· 145

习 题 篇

第1部分　选择题 155

第2部分　综合操作题 170
 练习一 170
 练习二 171
 练习三 172
 练习四 173
 练习五 175
 练习六 176

第3部分　模拟试题 178
 试题一 178
 试题二 182
 试题三 185
 试题四 189
 试题五 193
 试题六 196

第4部分　考试指导 201
 4-1　MS Office 题型分析 201
 4-2　MS Office 考试指南 203
 4-3　MS Office 应试流程 205

附录　全国计算机等级考试一级 MS Office 考试大纲 215
 基本要求 215
 考试内容 215
 考试方式 217

上机实验指导篇

第1部分 Windows 7 操作系统

实验 1-1 Windows 7 基本知识

实验目的

1. 掌握 Windows 7 的启动和退出。
2. 掌握鼠标和键盘的使用方法。
3. 熟悉 Windows 7 帮助的使用。
4. 掌握 Windows 7 桌面组成及其操作。

实验内容

一、Windows 7 的启动和退出

使用不同的方式启动和退出 Windows 7。

1. 开机

【指导步骤】

① 打开显示器电源开关。
② 按下计算机机箱面板上的电源开关,计算机进行上电自检。
③ 如果自检结果一切正常,则在完成自检后进入 Windows 7,如图 1-1-1 所示。

图 1-1-1 Windows 桌面

提示：如果用户设置了相应的登录密码，进入系统后会出现登录对话框，输入密码后才能进入系统。

2. 使用"开始"菜单重新启动

【指导步骤】

① 单击任务栏中的"开始"按钮（ ），再单击"关机"按钮右边的小箭头，出现如图 1-1-2 所示的"关机"按钮的其他选项。

② 单击"重新启动"选项，这时计算机就会重启。

提示：除使用"开始"菜单热启动外，还可通过按下机箱面板上的"RESET"按钮重启计算机。

3. 关闭计算机

【指导步骤】

① 单击任务栏中的"开始"按钮（ ）。

② 单击"关机"按钮，系统将关机。

提示：在正常情况下必须关闭所有的应用程序或窗口后，才可退出系统。直接关闭电源会使数据无法保存。

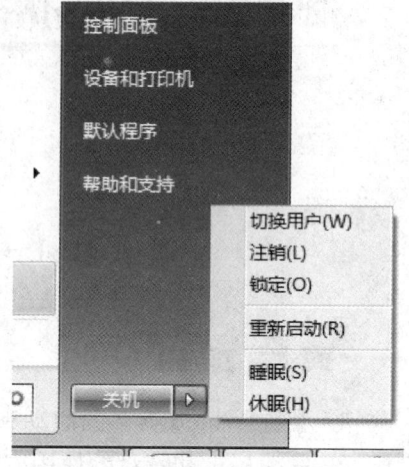

图 1-1-2 "关机"按钮的其他选项

也有一种情况，将会阻止 Windows 关闭，那就是系统中运行了需要用户进行保存的程序，Windows 会询问用户是否强制关机或者取消关机。

二、鼠标和键盘的使用方法

1. 鼠标的使用

通过以下操作熟悉鼠标的移动、单击、双击、右击及拖曳等操作：

（1）通过快捷菜单打开"计算机"窗口，然后关闭该窗口。

【指导步骤】

① 将鼠标移动到桌面的"计算机"图标上，单击鼠标右键后出现一个快捷菜单，移动光标至"打开"命令处，单击打开"计算机"窗口。

② 单击"计算机"窗口右上角的"关闭"按钮（ ），关闭该窗口。

（2）打开桌面上的 IE 浏览器，并关闭。

【指导步骤】

将鼠标移动到桌面左下角任务栏上的"Internet Explorer"图标上，单击该图标，打开 IE 浏览器窗口，单击该窗口右上角的"关闭"按钮。

（3）拖曳"计算机"图标到桌面的右上角。

【指导步骤】

将光标移动到桌面的"计算机"图标上，按住鼠标左键将其拖曳到桌面的右上角，释放鼠标。

提示：在进行鼠标拖曳改变图标位置时，应保证图标不处于"自动排列图标"状态。通过在桌面上空白处单击鼠标右键，执行快捷菜单中的"查看→自动排列图标"命令，可取消/选中自动排列图标状态。

2. 键盘的使用

熟悉键盘的基本使用方法。

【指导步骤】

① 单击桌面左下角的"开始"按钮,在弹出的菜单中选择"所有程序→附件→记事本"命令(也可以直接打开"记事本"),打开"记事本"应用程序。

② 依次输入"abcd efgh ijkl mnop qrst uvw xyz ,. /;'926－127＝799"。

③ 按下 Caps Lock 键,将键盘锁定在大写状态,输入"ABCD EFGH IJKL MNOP QRST UVW XYZ",输入完毕后再次按下 Caps Lock 键,取消锁定状态。

提示:在键盘的右上方有三个指示灯,中间一个就是 Caps Lock 键指示灯,如果灯亮就说明键盘锁定在大写状态。

④ 按住 Shift 键,输入"<>?:"{}！@"。

提示:键盘中的许多键都可以输入两种不同的字符,输入时按住 Shift 键可以输入上档字符。如"<,"键,在松开 Shift 键时输入的是",",按住时输入的是上档字符"<"。

⑤ 输入大小写混合的字符"Shanghai－GuangZhou,Dance Windows!"

提示:对于字符中出现单个大写字母时,只需按住 Shift 键输入即可。

⑥ 此时"记事本"窗口如图 1-1-3 所示,单击窗口右上角的"关闭"按钮,在弹出的提示框中单击"否"按钮。

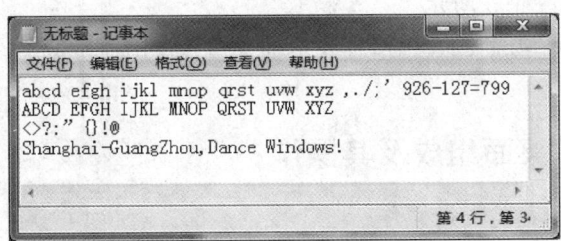

图 1-1-3 "记事本"窗口

三、Windows 7 帮助的使用

1. Windows 7 帮助系统

进入 Windows 7 的帮助系统,了解其使用方法。

【指导步骤】

单击桌面左下角的"开始"按钮,在弹出的菜单的右下角执行"帮助和支持"命令(在"关机"按钮上面),进入 Windows 7 帮助系统,如图 1-1-4 所示。

提示:当想后退时,单击 按钮;如果想前进,单击 按钮。当单击 按钮时,会回到"帮助和支持"窗口的主页。

在窗口的"搜索"文本框中,可以设置搜索

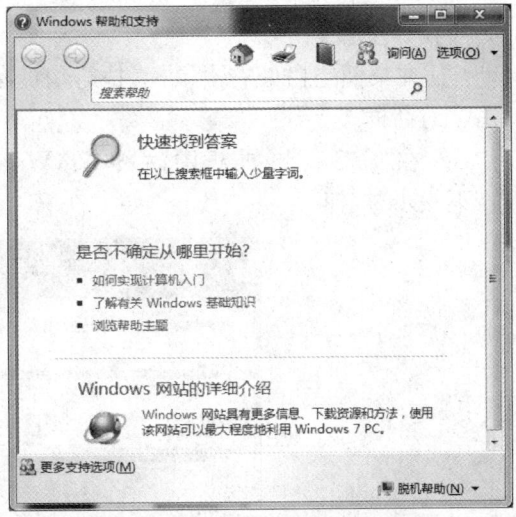

图 1-1-4 "帮助和支持中心"窗口

选项进行内容的查找。直接在"搜索"文本框中输入要查找内容的关键字,然后单击 按钮,

可以快速查找到结果。

还可以使用帮助系统的"浏览帮助"功能来进行相关内容的查找。在"帮助和支持中心"窗口的浏览栏上单击"浏览帮助"按钮，这时将切换到"目录"页面，此时可以直接在其列表中单击选定所需要查看帮助的内容，在窗口即会显示该项的详细资料。

如果我们连入了Internet，则可以通过远程协助获得在线帮助或者与专业支持人员联系。在"帮助和支持中心"窗口上单击"询问"按钮，即可打开"更多支持选项"页面，用户可以向自己的朋友求助，或者直接向Microsoft公司寻求在线协助支持，还可以和其他的Windows用户进行交流。

2. 从窗口中获取帮助

使用不同的方式，在"计算机"窗口中获取帮助信息。

【指导步骤】

① 将鼠标移动到桌面的"计算机"图标上，双击打开"计算机"窗口。

② 单击"计算机"窗口的菜单"帮助"。

③ 单击"查看帮助"项，出现了关于使用"计算机"文件夹的帮助信息，如图1-1-5所示。

提示：在打开的窗口中按F1键时，可获取当前窗口的帮助信息。

四、Windows 7 桌面组成及其操作

1. 桌面图标与快捷方式图标操作

对桌面上的图标进行如下的操作：

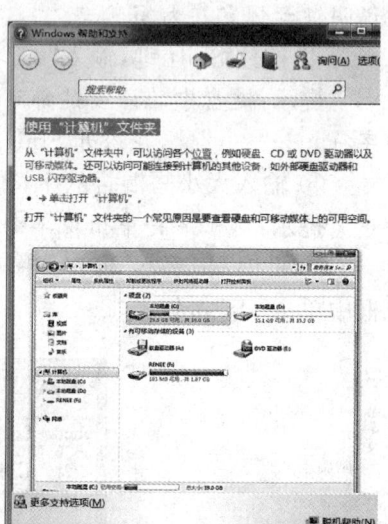

图1-1-5 使用"计算机"文件夹的帮助信息

（1）在桌面上创建一个"计算器"应用程序的快捷图标（位置为C:\Windows\System32\calc.exe），名为"JisuanQi"。

【指导步骤】

① 在桌面空白处右击鼠标，执行快捷菜单中的"新建→快捷方式"命令，出现"创建快捷方式"对话框。

② 在"命令行"文本框中输入"C:\Windows\System32 \calc.exe"，如图1-1-6所示，单击"下一步"按钮。

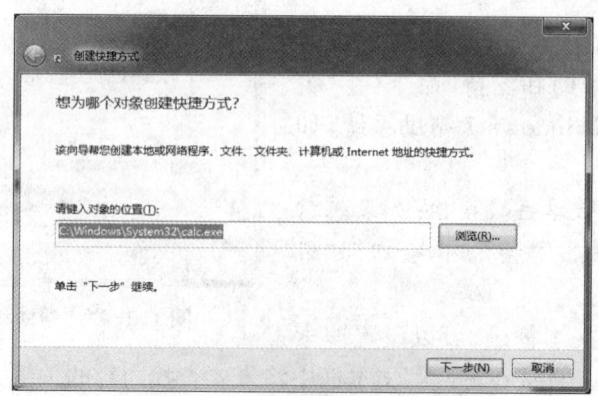

图1-1-6 "创建快捷方式"对话框

提示:"命令行"中的内容还可通过"浏览"按钮,浏览选择程序。

③ 出现"选择程序的标题"对话框,在"选择快捷方式的名称"文本框中输入"JisuanQi",单击"完成"按钮,此时屏幕上出现新建的图标。

(2) 将"回收站"图标更名为"垃圾箱",将桌面的图标按修改日期重新排列。

【指导步骤】

① 将光标移动到"回收站"图标上,鼠标右击,执行快捷菜单中的"重命名"命令(或激活图标后按 F2 键)。

② 此时,图标的名称呈蓝底白字状态,输入"垃圾箱",按回车键。

③ 在桌面的空白区域鼠标右击,执行快捷菜单中的"排序方式→修改日期"命令(如图 1-1-7 所示),可以观察到图标的位置有所变化。

提示:如图 1-1-7 所示,排列图标的方式有"名称"、"大小"、"项目类型"和"修改日期"四种。不同的排列方式会使图标的位置产生变化。此处可分别使用这四种方式来排列图标,观察其不同之处。

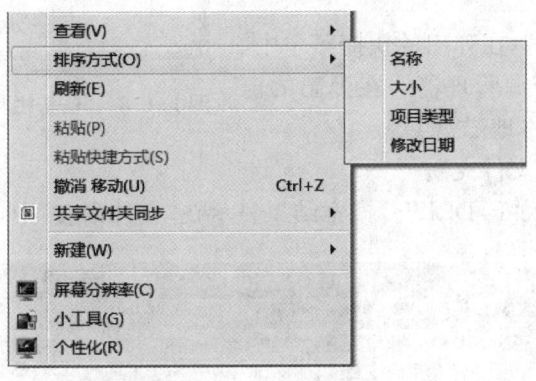

图 1-1-7　快捷菜单

(3) 最后将新建的快捷图标彻底删除。

【指导步骤】

将光标移动到"JisuanQi"图标上,鼠标右击,执行快捷菜单中的"删除"命令(或直接按 Delete 键),在弹出的提示框中,单击"是"按钮。

提示:上述的删除操作只是将该快捷方式移到回收站,并未彻底删除。若要彻底删除文件,应将回收站中的内容清除,或者在删除时按 Shift+Delete 键。另外,桌面上"计算机"、"回收站"图标不能删除。

2. 任务栏属性

对屏幕下方的任务栏进行如下操作:

(1) 将任务栏的高度拉大,再将其还原。

【指导步骤】

① 将光标移动到任务栏(桌面下方)的空白处,单击鼠标右键,在出现的快捷菜单中单击"锁定任务栏",去掉其前面的"√"。

② 将光标移动到任务栏的边缘部分,待光标变为"↕"时,按住鼠标,向上拖曳一格后释放鼠标。

③ 将光标移动到任务栏的边缘，按住鼠标向下拖曳一格后释放鼠标。

提示：任务栏的大小可以通过鼠标拖曳来改变。

(2) 将任务栏设置为"自动隐藏任务栏"的属性。

【指导步骤】

① 在任务栏的空白位置右击鼠标，执行快捷菜单中的"属性"命令，出现如图 1-1-8 所示的"任务栏和「开始」菜单属性"对话框。

② 选择"任务栏"选项卡，选中"自动隐藏任务栏"复选项，单击"确定"按钮。

3. 查找文件

通过"开始"菜单，查找 D 盘的"考生文件夹"中所有以 F 字母打头的 DLL 文件。

【指导步骤】

① 右键单击"开始"，在弹出的快捷菜单中，单击"打开 Windows 资源管理器"，在弹出的窗口单击"导航窗格"中"本地磁盘 D"。

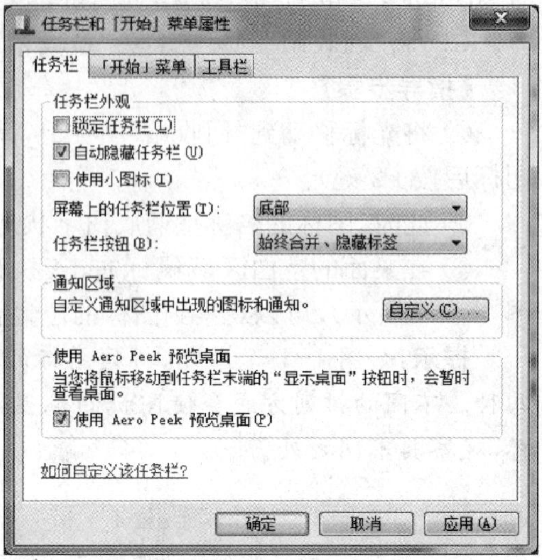

② 双击打开"考生文件夹"。

③ 在搜索框中键入"F.DLL"。搜索结果显示在"文件列表"中，如图 1-1-9 所示。

图 1-1-8 "任务栏和「开始」菜单属性"对话框

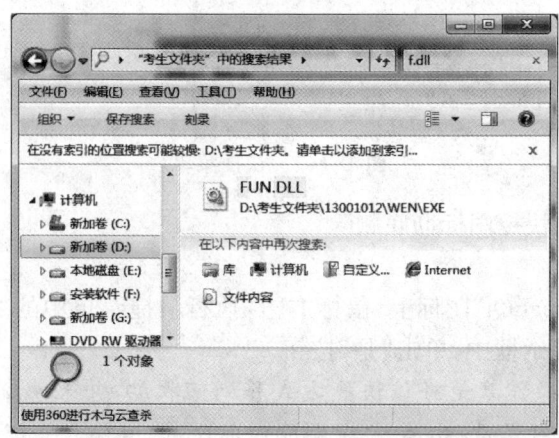

图 1-1-9 "搜索结果"窗口

提示：当 Windows 搜索完之后，所有搜索到的文件都会在窗口中显示出来。对于这些文件，可以像在资源管理器中一样进行删除、复制、移动、重命名和查看属性等操作。

【上机练习】

1. 调整任务栏上时钟的时间。
2. 查找文件名为 MSPAINT.EXE 的文件。
3. 查找有关"控制面板"的帮助信息。
4. 用不同的方法在桌面上为"画图"和"计算器"建立快捷方式。

实验 1-2 Windows 7 基本操作

1. 掌握"计算机"窗口操作。
2. 掌握文件的选定。
3. 掌握文件的管理操作。
4. 掌握基本的汉字输入法。
5. 掌握写字板的使用和剪贴板的操作。
6. 掌握对磁盘的操作。

实验内容

一、"计算机"窗口操作

1. 窗口操作

打开"计算机"窗口，并对其作如下操作：将窗口最大化、最小化、还原；移动窗口；调整窗口的大小；滚动查看窗口中的内容。

（1）双击桌面上的"计算机"图标，双击"(C:)"，打开该窗口，如图 1-2-1 所示。

（2）最大化、最小化与还原窗口。

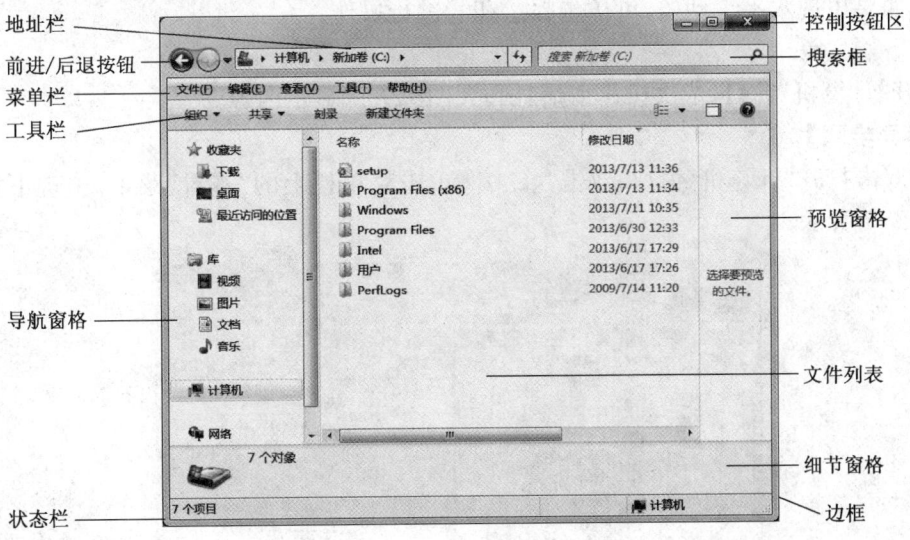

图 1-2-1 Windows 窗口的组成

【指导步骤】

① 单击"计算机"窗口右上角的"最大化"按钮（　）或双击标题栏，使窗口布满整个屏幕。此时"最大化"按钮变为"还原"按钮（　）。

提示：单击"计算机"窗口右上角的还原按钮或双击标题栏，可将该窗口的大小和位置还原。

② 单击"计算机"窗口右上角的"最小化"按钮(），窗口缩小到任务栏上。

提示：单击任务栏上的"Windows 资源管理器"中的该窗口，可将该窗口还原到最小化前的状态。

（3）移动窗口

【指导步骤】

① 将鼠标指针指向"计算机"窗口的标题栏。

② 按住鼠标左键不放，同时移动鼠标拖动窗口到任意位置，然后释放鼠标左键。

（4）调整窗口的大小

【指导步骤】

① 将鼠标指针移到窗口的左边框或右边框上，使指针形状变为一个横向的双向箭头。

② 按住鼠标左键不放，同时左右移动鼠标，则窗口的边框随之横向扩大或缩小。调整到适当大小时，释放鼠标左键即可。

③ 同理，在窗口的上边框或下边框处调整，可纵向改变大小；在窗口四个顶角处调整，可横向及纵向改变大小。

（5）使用滚动条查看窗口内容

【指导步骤】

① 将"计算机"窗口适当调小，使其不能显示所有的图标，此时窗口右侧或底部将出现滚动条。

② 单击垂直滚动条上的向下或向上滚动箭头，可上下滚动显示窗口中的内容。

③ 拖曳垂直滚动条上的滚动块，可上下较大幅度滚动显示窗口中的内容。

④ 如果出现水平滚动条，可仿步骤②和③进行操作。

2. 查看窗口

打开"计算机"窗口，依次按详细信息和大图标方式显示内容。

【指导步骤】

① 双击打开"计算机"窗口，双击"（C:）"，单击菜单栏上的"查看"菜单，出现下拉菜单，如图 1-2-2 所示。

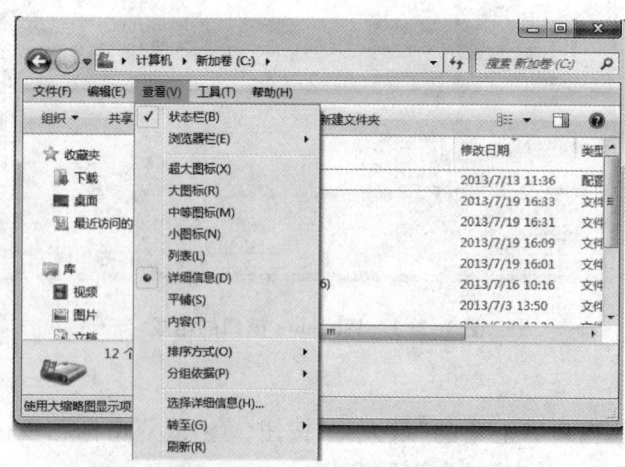

图 1-2-2　"查看"下拉菜单

提示：在菜单中可能看到如下一些情况：
- 暗淡的菜单项：表示该菜单项当前不可用。
- 菜单项前有"√"：表示该菜单项当前已经被选中有效。单击该项，就去除"√"记号。这种菜单项可在两种状态之间切换。
- 菜单项前有"●"：表示该菜单项是当前一组单选项中被选中项。一组单选项中，有且仅有一项能被选中。
- 菜单项后有"▶"：表示该菜单项还带有其他子菜单。
- 菜单项后有"…"：表示执行该菜单项将打开一个对话框。
- 菜单项后有组合键：表示该菜单项的快捷键，不必打开菜单，直接按该组合键就能执行相应的菜单命令。

② 执行"查看→详细信息"命令，则"(C:)"窗口中的内容按详细信息方式显示。
③ 执行"查看→大图标"命令，"(C:)"窗口中的内容按大图标方式显示。

3. 使用"计算机"窗口

打开"计算机"窗口，进入 C:\Windows\Fonts 文件夹，退回"计算机"文件夹后，再进入"控制面板"文件夹下，最后关闭"计算机"窗口。

【指导步骤】
① 双击桌面上的"计算机"图标，打开该窗口。
② 单击"C 盘"图标，在窗口下面的细节窗格会显示 C 盘的详细情况。
③ 双击"C 盘"图标进入 C 盘下，双击"Windows"文件夹图标，进入 Windows 文件夹，此时右窗口中出现 Windows 文件夹下的内容。

提示：由于 C:\Windows 文件夹是系统文件夹，该文件夹中存放了许多系统文件，一旦误操作可能导致系统瘫痪，所以 Windows 系统对于该文件夹有"先隐藏，确认后才显示"的保护措施。

④ 在右窗口中任意单击一个文件或文件夹，按 F 键，系统自动定位在第一个以 F 开头的文件或文件夹上，重复按 F 键直至光标定位在"Fonts"文件夹，按回车键进入"Fonts"文件夹。

提示：上述操作，同样也可直接双击"Fonts"进入该文件夹，这里重复地按 F 键是起定位的作用。

⑤ 分别单击工具栏中的"后退"按钮三次，退回到"计算机"文件夹下。
⑥ 单击窗口工具栏右边的"打开控制面板"按钮（如图 1-2-3 所示），进入"控制面板"文件夹，如图 1-2-4 所示。
⑦ 单击窗口右上角的"关闭"按钮。

二、文件的选定

在窗口中对文件夹和文件进行选取等操作。

1. 启动"资源管理器"窗口

【指导步骤】
方法一：
单击任务栏"Windows 资源管理器"图标 ，打开窗口。

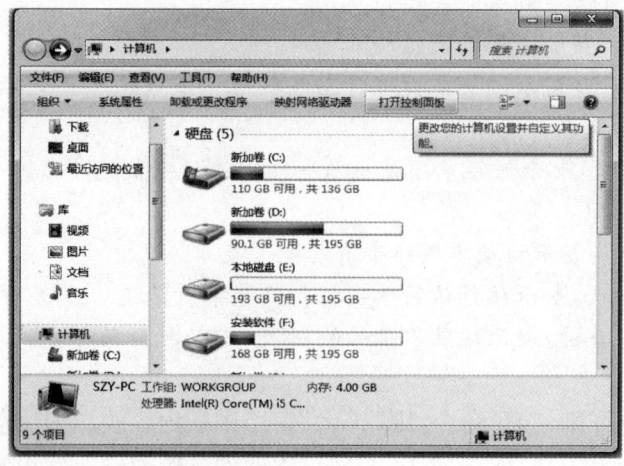

图 1-2-3 "打开控制面板"按钮

图 1-2-4 控制面板

方法二：

右键单击"开始"，在弹出的快捷菜单中，选择"打开 Windows 资源管理器"。

2. 展开 C 盘根目录下的 Windows 子目录

【指导步骤】

方法一：

① 拖动资源管理器左窗口（文件夹框）中的垂直滚动条，将其向上拖曳至出现"C:"驱动器处，释放鼠标，单击其前面的"▷"号，展开 C:中的目录。

② 再次拖动滚动条，在左窗口中出现 Windows 文件夹时释放鼠标，单击前面的"▷"号将其展开，如图 1-2-5 所示。

提示：在资源管理器中，如果某个文件夹前边带有加框的"▷"号，则表示这个文件夹下还有若干子文件夹，单击该"▷"号，它的子文件夹就会显示出来，同时"▷"号变为"◢"号；再单击"◢"号，它的子文件夹又会隐藏起来，同时"◢"号变为"▷"号。若前面无"◢"、"▷"符号则表

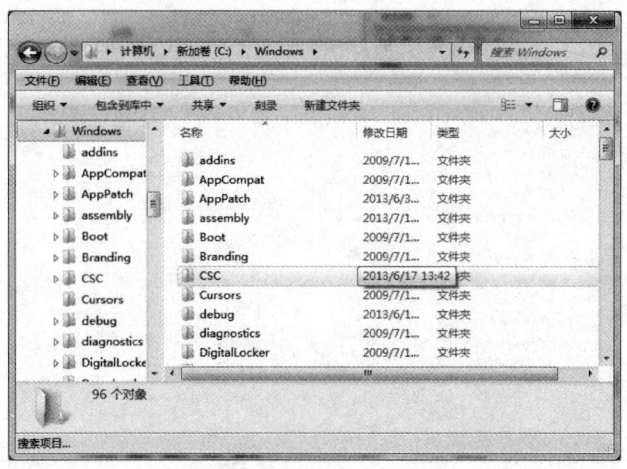

图 1-2-5 "Windows"文件夹的窗口

示该文件夹无子文件夹。

方法二：

直接在"地址"栏中输入"C:\Windows"后按回车键。

3．选中多个连续文件夹

【指导步骤】

单击(激活)右窗口中的第二个文件夹，按住 Shift 键，单击第八个文件夹，释放 Shift 键，如图 1-2-6 所示，右窗口中的第 2~8 个文件夹全部被选中。

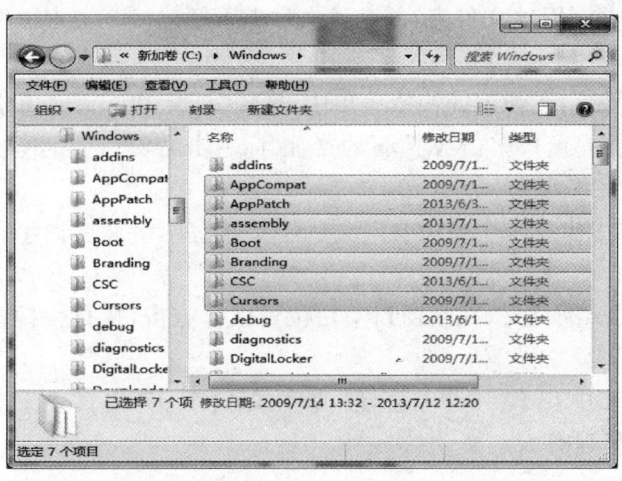

图 1-2-6 选中多个连续的文件夹

4．选中多个不连续的文件夹

【指导步骤】

单击第三个文件夹，按住 Ctrl 键不放，单击第五、第七、第十个文件夹，选好文件夹后，释放 Ctrl 键，如图 1-2-7 所示。

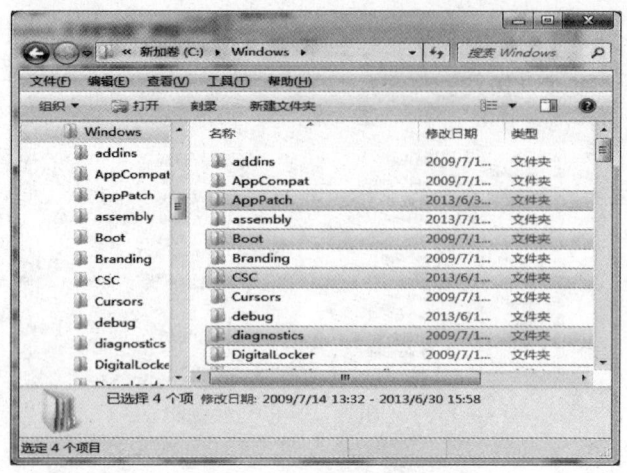

图 1-2-7　选中多个不连续的文件夹

提示：在选取文件或文件夹时，按住 Shift 键表示选择连续的内容，按住 Ctrl 键可选择不连续的内容，鼠标拖曳可选择所有被选中的内容。

5. 单击右窗口的空白处，取消所有文件夹的选中状态
6. 执行"文件→关闭"菜单命令，关闭"资源管理器"窗口

三、文件的管理

1. 新建文件和文件夹

在 C:\ 下建立一个 WLx 文件夹，并在该文件夹下新建一个文本文件 Mytest.txt。

【指导步骤】

① 右键单击"开始"，在弹出的快捷菜单中，选择"打开 Windows 资源管理器"。

② 在资源管理器左窗口单击"C:"驱动器，鼠标右击右窗口中的空白位置，执行快捷菜单中的"新建→文件夹"命令。

③ 此时，右窗口中出现一个新建文件夹（ 新建文件夹 ），呈蓝底白字状。输入"WLx"，将文件夹改名为 WLx。

④ 双击进入 WLx 文件夹，在右窗口空白位置鼠标右击，执行快捷菜单中的"新建→文本文档"命令。

⑤ 此时，右窗口中出现一个"新建 文本文档.txt"文件，呈蓝底白字状。输入"Mytest.txt"，按回车键确认。

2. 文件的简单操作

打开 Mytest.txt，输入"ABCDEFGHIJKL"后保存并关闭文件；将该文件的属性改为只读文件。

【指导步骤】

① 在资源管理器窗口中双击 Mytest.txt 文件，系统自动用记事本应用程序打开该文件。

② 输入"ABCDEFGHIJKL"，如图 1-2-8 所示。

第1部分　Windows 7 操作系统

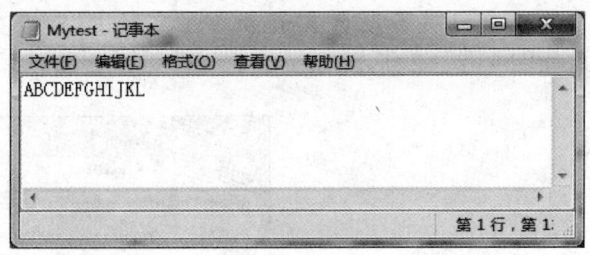

图 1-2-8　编辑"Mytest.txt"文件

③ 执行"文件→退出"菜单命令，出现如图 1-2-9 所示提示框，单击"保存"按钮，保存并退出记事本程序。

图 1-2-9　"记事本"提示框

④ 在资源管理器窗口中右击"Mytest.txt"文件，执行快捷菜单中的"属性"命令，出现"Mytest.txt 属性"对话框。

⑤ 选中"只读"复选框，如图 1-2-10 所示，单击"确定"按钮。

3. 文件和文件夹的复制、移动、删除

将 C:\WLx\ 下 Mytest.txt 文件复制到 C 盘根目录下，改名为 NoteBook.txt，彻底删除 WLx 文件夹中的 Mytest.txt 文件，最后将 C 盘下的 NoteBook.txt 文件移动到 C:\WLx 文件夹下。

【指导步骤】

① 在窗口中右击 Mytest.txt 文件，单击快捷菜单中的"复制"按钮（或按 Ctrl+C 键），单击工具栏中的"后退"按钮，退回到 C:\ 下。

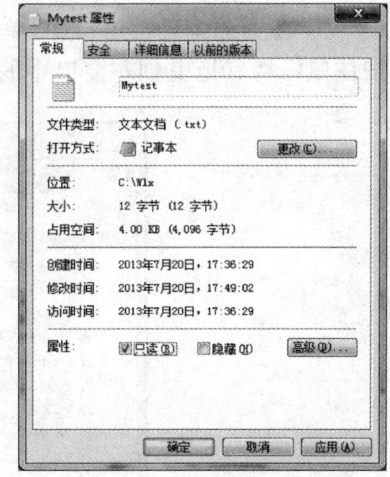

图 1-2-10　"Mytest.txt 属性"对话框

② 右击窗口空白处，单击快捷菜单中的"粘贴"按钮（或按 Ctrl+V 键），将 Mytest.txt 文件复制到 C:\ 下。

③ 鼠标右击窗口中的 Mytest.txt 文件，执行快捷菜单中的"重命名"命令，输入"NoteBook.txt"。

④ 双击文件夹"WLx"，进入 C:\WLx 文件夹下，右击 Mytest.txt 文件，单击快捷菜单中的"删除"按钮，出现如图 1-2-11 所示的确认信息框，单击"是"按钮。

⑤ 此时,可见 C:\WLx 文件夹下没有 Mytest.txt 文件了,双击桌面上的"回收站"图标,打开"回收站"窗口,如图 1-2-12 所示。

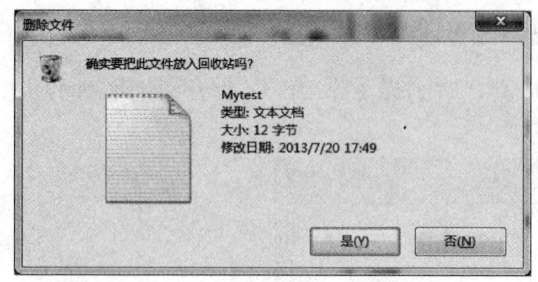

图 1-2-11 "确认文件删除"提示框

图 1-2-12 "回收站"窗口

⑥ 单击"清空回收站"文字,将回收站中的内容彻底删除。

提示:在 Windows 下删除的文件并不是彻底地从硬盘上删除,只是将其移动到回收站中,如果要彻底删除文件则需在回收站中删除对应的文件。

⑦ 在资源管理器窗口中,单击"后退"按钮回到 C 盘根目录,单击 NoteBook.txt 文件,按住鼠标将其拖曳到左窗口中的 WLx 文件夹上(如图 1-2-13 所示),释放鼠标。

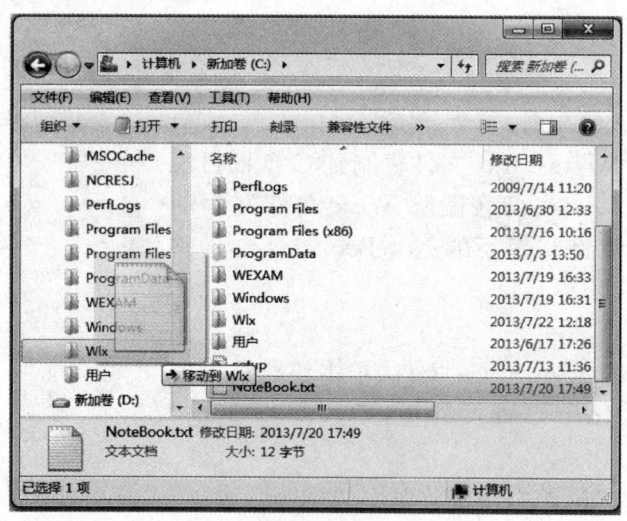

图 1-2-13 移动文件

提示:在文件或文件夹的复制、移动操作时可通过拖曳的方式进行。在同一驱动器中进行复制操作时不仅要按住鼠标左键,同时也要按住 Ctrl 键;而进行移动操作时只需按住鼠标左键拖曳即可。

四、汉字输入法

1. 输入法的切换

切换英文输入状态与中文输入状态,然后循环切换各种输入法。

【指导步骤】

① 通过任务栏中的输入法指示图标观察当前的输入法状态,如果在英文输入状态下,那么按 Ctrl+Space 键即可启动中文输入法。

提示:Space 键就是空格键,按 Ctrl+Space 键,可切换英/中文输入状态,按 Ctrl+Shift 键,可在不同的输入法之间进行切换。

② 连续按 Ctrl+Shift 键,将输入法分别切换到微软拼音和拼音 ABC 状态,观察不同输入法状态栏之间的不同之处。

提示:通过单击输入法指示图标,在弹出的菜单中进行选择,也可以达到切换的目的。

2. 智能 ABC 输入法的使用

打开写字板应用程序,使用拼音 ABC 输入法输入要求的字符。

输入文字:

问君能有几多愁,

恰似一江春水向东流。

【指导步骤】

① 单击桌面左下角的"开始"按钮,执行"所有程序→附件→写字板"菜单命令,打开写字板应用程序。

② 单击任务栏的项目指示器中的输入法图标,在出现的快捷菜单中选择"拼音 ABC 输入法"。

③ 拼音 ABC 输入法启动后,输入"da",并按空格,出现的汉字候选,按 Esc 键取消输入字符。

④ 输入"wen",按空格键,在外码框中出现"问",再次按空格键,输入"jun",按空格键,选择 2。

⑤ 同理输入"能"、"有"、"几"、"多"、"愁",输入",",按回车键。

⑥ 输入"qiasi",按空格键,在外码框中出现"恰似",再次按空格键。

⑦ 输入"yijiangchunshui",按空格键,外码框中出现"意匠",按退格键(回车键上方),选择 1,选择 3,连续按两次空格。

提示:智能 ABC 对确认过的词组有记忆功能,如此处已经确认得词组"一江春水",下次输入时,只需输入"yijiangchunshui",按空格键后,即可在外码框中出现该词组。

⑧ 同理输入"向东流"。

3. 标点、特殊符号的输入

续上一个实验,输入以下字符:

,。、?!《》<>

☆ ※ → ◎ §

【指导步骤】

① 单击在智能 ABC 输入法的状态栏上"中英文标点切换"按钮,使其为()状态(若已

经中文标点状态就不需要单击该按钮),在窗口中输入","""。""、(按"\"键)、"?"、"!"、"《》"(按住 Shift 键,再分别按"＜"、"＞"键),输入回车键。

　　提示:当处于中文符号方式时,输入的标点符号为全角字符,占一个汉字的位置。在操作会计核算软件时,因为要输入金额等含有小数点的数字,所以,必须切换到英文标点状态下,否则,小数点变成了句号。

　　② 单击输入法状态栏上的"中英文标点切换"按钮,切换为英文标点输入状态(　　),输入"＜＞"。

　　③ 单击输入法状态栏上的"功能菜单"　　,鼠标移到"软键盘"处,单击"特殊符号"命令,如图 1-2-14 所示,屏幕上出现"特殊符号"软键盘,如图 1-2-15 所示。

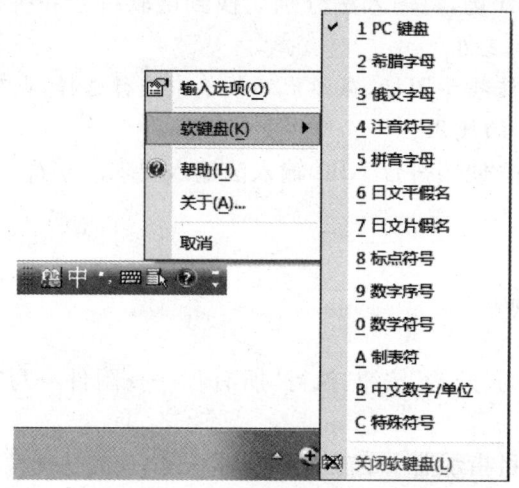

图 1-2-14　"功能菜单"里的软键盘

　　④ 按实验要求选择相应的特殊符号,完成后单击"软键盘"按钮,关闭软键盘。

图 1-2-15　"特殊符号"软键盘

五、写字板的使用

1. 文本编辑

　　续上个实验,对输入文本进行编辑:将第四行文本复制到第二行文本前,删除第五行(原第四行)文本,最后将第四行文本移到第一行文本之前,如图 1-2-16 所示。

第1部分　Windows 7 操作系统

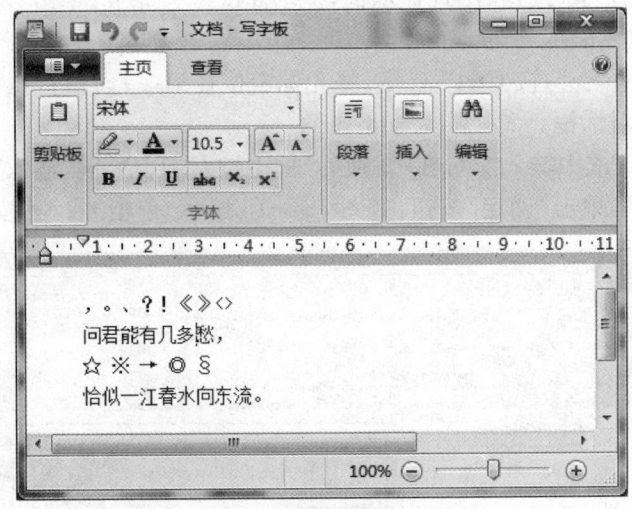

图 1-2-16　用写字板程序编辑文本

【指导步骤】

① 将光标定位在第四行文本中,连续三击鼠标,选中第四段文本,右击选中文本处,单击"复制",将光标定位在第二行文本的最前端,右击鼠标,单击"粘贴"。

② 将光标定位在第五行文本中,连续三击鼠标,选中第五段文本,按 Delete 键删除。

③ 选中第四段文本,右击选中文本处,单击"剪切",将光标定位在第一行文本的最前端,右击鼠标,单击"粘贴"。

2. 查找与替换

续上个实验,对文本查找替换的编辑:统计文档中","的个数;将所有的"。"替换为"☆"。

【指导步骤】

① 将光标定位在第一行行首,执行"编辑→查找"菜单命令,出现"查找"对话框。

② 在"查找内容"框中输入",",单击"查找下一个"按钮,光标定位在第一个","处,再单击"查找下一个"按钮,光标定位在第二个","处,如图 1-2-17 所示。

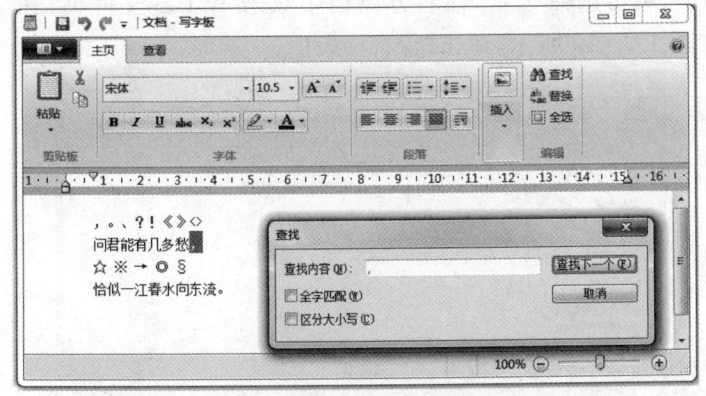

图 1-2-17　"查找"对话框

19

③ 单击"查找下一个"按钮,出现提示框,提示此次搜索完成,单击"确定"按钮,单击"查找"对话框中的"取消"按钮。

④ 在文档中选中"☆",按 Ctrl+C 键,将光标定位在第一行行首,执行"编辑→替换"菜单命令,出现"替换"对话框。

⑤ 在"查找内容"框中输入"。",在"替换为"框中按 Ctrl+V 键,输入"☆",单击"全部替换"按钮,出现提示框,单击"确定"按钮,如图 1-2-18 所示,单击"取消"按钮。

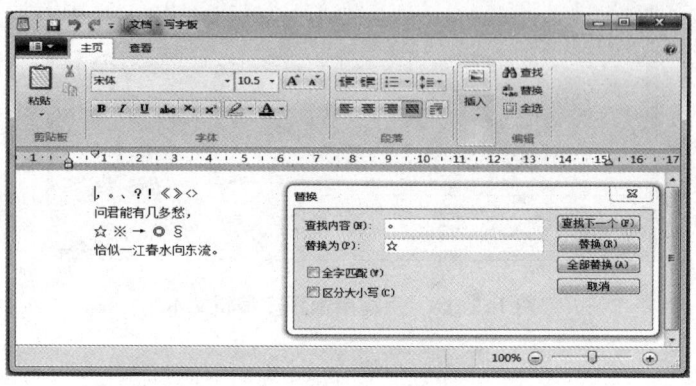

图 1-2-18 "替换"对话框

3. 设置格式

续上个实验,对文本进行格式编辑:将所有文字改为"楷体"、"20 磅"、"粗斜体"、"居中",文档以"我的作品.doc"保存在 C 盘 WLx 文件夹下。

【指导步骤】

① 按 Ctrl+A 键,选中所有文档,单击"字体"列表框的下拉箭头,选择"楷体","大小"列表框中选择"20"。

② "字体样式"列表框中选择"粗体"、"斜体" B I ,单击"确定"按钮。

③ 保持选中状态,单击"字体"选项卡中"居中"按钮,取消文档的选中状态。

④ 执行窗口左上角的"保存",出现"保存为"对话框。

⑤ 在左窗格中,单击选择"C:",在右方窗格中双击"WLx"文件夹,在"文件名"框中输入"我的作品",如图 1-2-19 所示,单击"保存"按钮。

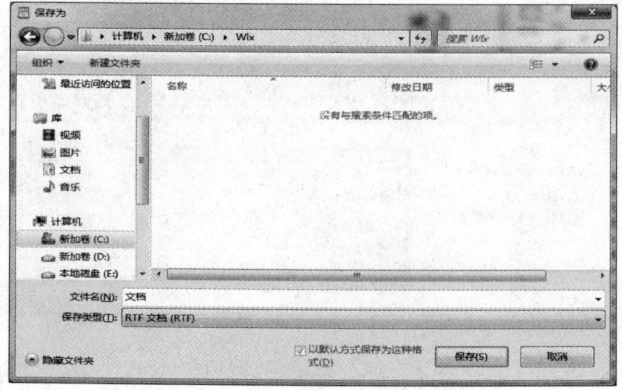

图 1-2-19 "保存为"对话框

⑥ 单击窗口右上角的"关闭"按钮,关闭文档。

六、剪贴板

1. 剪贴板基本操作

打开 WLx 文件夹下的 NoteBook.txt,将其中文本复制到"我的作品.rtf"文件中。

【指导步骤】

① 打开"计算机"窗口,进入 C:\WLx 文件夹。
② 双击"NoteBook.txt"文件,打开该文件。
③ 在记事本窗口中,选中 NoteBook 文件中所有文字,按 Ctrl+C 键。
④ 打开写字板程序,执行"文件→打开"菜单命令,出现"打开"对话框。
⑤ 打开"C:\WLx\"下的"我的作品.rtf"文件,将光标定位在文件的末尾,按 Ctrl+V 键。

2. 图形的剪切

续上一实验,将记事本窗口复制到"我的作品.rtf"中。

【指导步骤】

① 激活"记事本"程序,按 Alt+Print Screen 键。
② 激活"写字板"程序,将光标定位在最后,按回车键换行,按 Ctrl+V 键粘贴。
③ 单击工具栏中的"保存"按钮,单击"关闭"按钮,关闭"写字板"窗口。
④ 关闭"记事本"窗口。

七、磁盘操作

注意:由于硬盘上存放有大量且重要的数据信息,因此这里只以 USB 存储设备(移动硬盘、U 盘等)来介绍磁盘操作,硬盘的操作与其类似。

格式化 U 盘

【指导步骤】

① 双击"计算机"图标,打开"计算机"窗口。
② 右击窗口中 U 盘图标"可移动磁盘",执行快捷菜单中的"格式化"命令,出现"格式化可移动磁盘(J:)"对话框。
③ 在格式化对话框的"容量"下拉框中选定待格式化磁盘的容量,并通过"文件系统"下拉列表框,可以选择将磁盘格式化成 FAT、FAT32 或 NTFS 三种文件系统格式,如图 1-2-20 所示,然后单击"开始"按钮。
④ 系统再次警告:"格式化将删除该磁盘上的所有数据"。单击"确定"按钮,磁盘就开始格式化了。格式化完毕出现格式化结果对话框,单击"确定"按钮返回。
⑤ 单击"关闭"按钮,关闭"格式化"对话框。

【上机练习】

1. 将"计算机 D 盘"窗口中的文件及文件夹以详细资料方

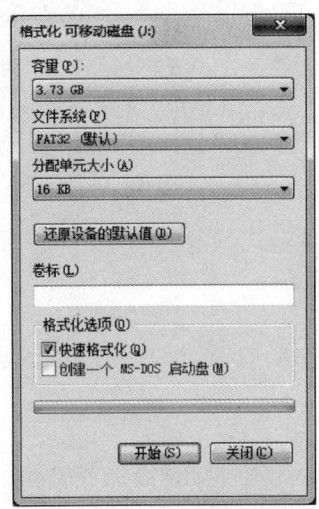

图 1-2-20 "格式化"对话框

式显示,并进行窗口的移动、改变大小、最小化及还原、最大化及还原等操作,然后关闭该窗口。

2. 准备一个 U 盘,将其进行快速格式化。

3. 在 U 盘上建立一个文件夹 SJL,并在该文件夹下新建文件 name.txt。

4. 将 C:\Windows\System32\autoplay.dll 和 C:\Windows\System32\console.dll 文件复制到 U 盘的 SJL 文件夹中,再将 SJL 文件夹下的 autoplay.dll 文件改名为 auto.dll。

实验 1-3　Windows 7 系统的基本配置与控制

实验目的

1. 掌握用户密码、系统时间及日期的设置。
2. 了解基本的系统配置方法。
3. 掌握声音和显示属性的设置。
4. 掌握打印机的管理方法。

实验内容

一、用户与密码的设置

1. 创建一个新用户"eoho",将"eoho"设置为"标准用户"

【指导步骤】

① 选择"开始/控制面板"命令,打开"控制面板"窗口,如图 1-3-1 所示。

图 1-3-1　"控制面板"窗口

② 单击"添加或删除用户帐户",打开"选择希望更改的帐户"窗口,如图 1-3-2 所示。

第1部分　Windows 7 操作系统

图1-3-2　"用户帐户"窗口

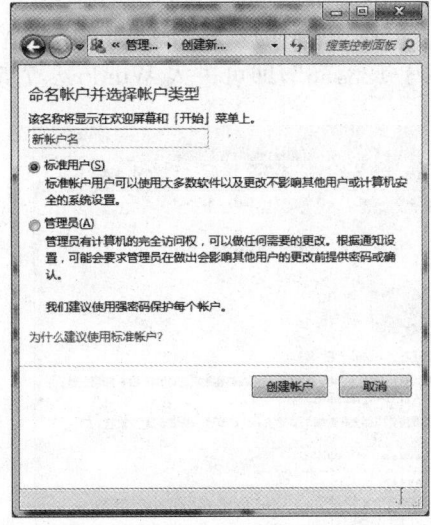

图1-3-3　"创建新帐户"窗口

③ 单击"创建一个新账户",弹出"创建新账户"窗口,如图1-3-3所示。

④ 输入新账户名"eoho",新账户名称不能超过20个字符,选中"标准用户"单选按钮。

若选择"管理员"单选按钮,则用此新账户登录Windows 7后,可以创建、更改和删除账户,可以进行系统范围的更改,还可以安装程序和访问所有文件。

若选择"标准用户"单选按钮,则用此新账户登录Windows 7后,可以更改用户图片、文档和密码,也可以删除用户密码,但控制面板中的一些设置将不可访问。

⑤ 单击"创建账户"按钮,即可返回主页窗口,完成新账户的创建。

2. 为用户"eoho"设置密码"123456"

在创建完"用户帐户"之后,还可以对现有账户的名称、图像、类别或密码进行更改,也可以删除现有账户。具体操作步骤如下:

① 单击"添加或删除用户帐户",打开"选择希望更改的帐户"窗口,如图1-3-2所示。

② 单击选择某个计算机账户"echo",打开如图1-3-4所示的对话框,在该对话框中用户可以对用户名称、类型、密码、图片等进行更改。

③ 单击"创建密码"按钮,如图1-3-5所示,在"新密码"框中输入密码"123456",在"确认新密码"框中再次输入密码,单击"创建密码"按钮返回。

④ 继续对当前账户名称等进行更改。

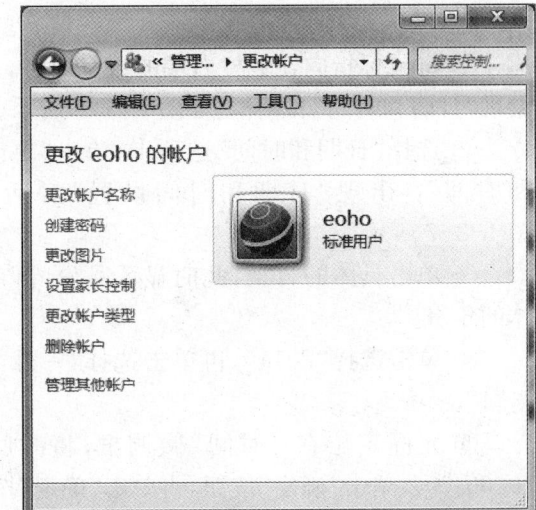

图1-3-4　更改echo的帐户

提示:在"密码"框中输入的任何字符都以"●"显示。

如需以刚刚新建的用户身份操作计算机,需要先注销当前的用户,方法是:单击"开始"

菜单，再单击"关机"按钮右边的小箭头，然后选择"注销"命令，在弹出的"注销 Windows"对话框中，单击"切换用户"按钮，此时出现 Windows 7 的登录界面，选择新的用户名"eoho"，输入密码"123456"，即可进入 Windows 7 系统。

图 1-3-5 为 echo 的账户创建一个密码

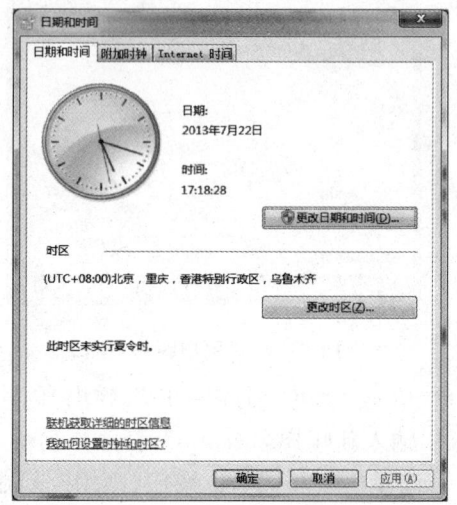

图 1-3-6 "日期和时间"对话框

二、系统时间与日期的设定

将当前的系统日期改为 2014 年 1 月 1 日，时间为 00 点 0 分 0 秒。

【指导步骤】

① 将鼠标指向任务栏右端的数字时钟，单击数字时钟，单击"更改日期和时间设置"，出现"日期和时间"对话框，如图 1-3-6 所示。

② 选择"日期和时间"选项卡，单击"更改日期和时间"，出现"日期和时间设置"对话框，如图 1-3-7 所示。

③ 单击具体的日期，此时显示月份，再单击具体的年份。

④ 单击选择"2014"，再单击选择"一月"，再单击"1"。

⑤ 光标定位在"时间"微调框，将时间改为"0:00:00"，单击"确定"按钮，再单击"确定"按钮。

⑥ 观察任务栏的日期时间，已经更改。

提示：练习后，请将系统时间恢复。

图 1-3-7 "日期和时间设置"对话框

三、系统配置

查看当前使用机器的显示卡型号。

【指导步骤】

① 选择"开始/控制面板"命令,打开"控制面板"窗口。

② 单击"硬件和声音"图标,出现"硬件和声音"对话框,如图1-3-8所示。

③ 单击"设备管理器"命令按钮,出现"设备管理器"窗口,单击"显示适配器"项前的"▷",出现当前显示卡的型号,如图1-3-9所示。

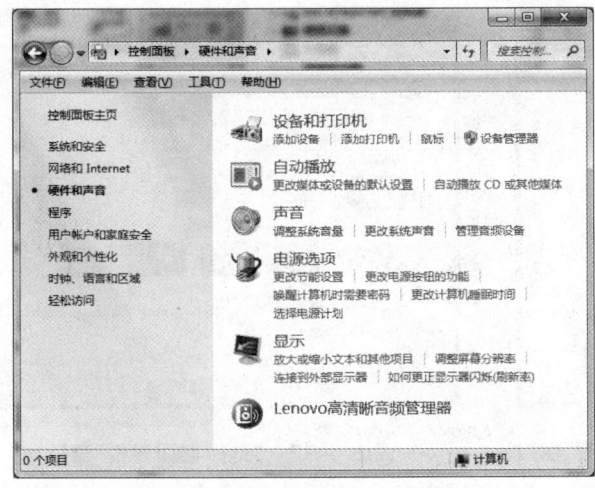

图1-3-8 "硬件和声音"对话框

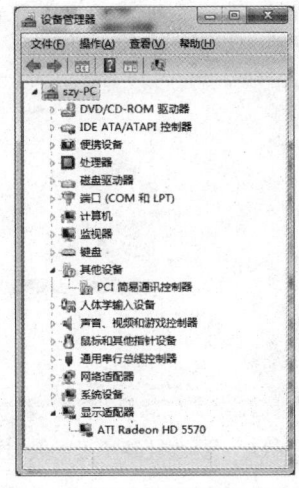

图1-3-9 "设备管理器"窗口

④ 关闭对话框。

四、声音的属性设定

进行声音设置,要求当弹出菜单时播放"Windows通知"音乐。

【指导步骤】

① 选择"开始/控制面板"命令,打开"控制面板"窗口。

② 单击"硬件和声音"图标,出现"硬件和声音"对话框,如图1-3-8所示。

③ 单击"声音"图标下的"更改系统声音"。

④ 在"声音"选项卡里,在"程序事件"列表框中单击选择"弹出菜单"项,在"声音"下面的命令按钮上单击,出现列表框,单击选择"Windows通知",如图1-3-10所示,单击"浏览"命令按钮左边的"测试",可以试听该声音的效果。

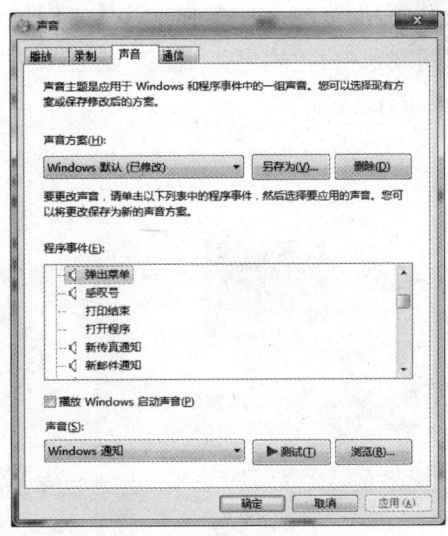

图1-3-10 "声音"选项卡

⑤ 单击"确定"按钮,在窗口中任意右击菜单,可以听到新添加的声音。

五、显示的属性设定

1. 将桌面背景设置为"中国"分组中的图片"CN_wp5"

【指导步骤】

① 在桌面空白位置右击鼠标,执行快捷菜单中的"个性化"命令,出现"更改计算机上的视觉效果和声音"窗口,如图1-3-11所示。

② 在该窗口的左下角,单击"桌面背景"图标,打开"桌面背景"窗口。如图1-3-12所示。

图1-3-11 "更改计算机上的视觉效果和声音"窗口   图1-3-12 "选择桌面背景"窗口

③ 此时下面的列表框中会显示场景、风景、建筑、人物、中国和自然6个图片分组的36张精美图片,这里移动垂直滚动条往下,在"中国"分组中的图片"CN_wp5"上单击将其选中(在"桌面背景"窗口中可选择一幅喜欢的背景图片,或选择多个图片创建幻灯片。也可以单击"浏览"按钮,在本地磁盘或网络中选择其他图片作为桌面背景)。在"图片位置"下拉列表框中有"填充"、"适应"、"居中"、"平铺"和"拉伸"五个选项,用于调整背景图片在桌面上的位置。

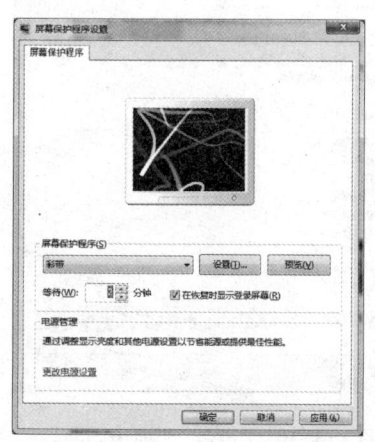

图1-3-13 "屏幕保护程序设置"窗口

④ 桌面背景选好再单击"保存修改"按钮,返回"更改计算机上的视觉效果和声音"窗口。

2. 将屏幕保护程序设置为"彩带",等待时间为2分钟

【指导步骤】

① 在"更改计算机上的视觉效果和声音"窗口的右下角,单击"屏幕保护程序"图标,打开"屏幕保护程序设置"窗口。

② 在"屏幕保护程序"下拉列表框选择"彩带"项,"等待"文本框中输入"2",如图1-3-13所示。

提示:一般设置"屏保"是为了防止他人不经本人同意擅自使用电脑,所以,最好同时选择"在恢复时显示登录屏幕"选项。

③ 屏幕保护程序选好再单击"确定"按钮,返回"更改计

算机上的视觉效果和声音"窗口。

3. 将屏幕的分辨率调整到 800×600

【指导步骤】

① 在"更改计算机上的视觉效果和声音"窗口的左下角,单击"显示",出现"显示"窗口。如图 1-3-14 所示。

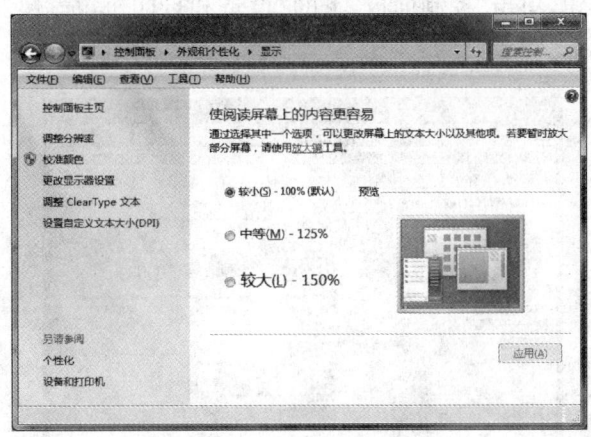

图 1-3-14 "显示"窗口

② 单击"调整分辨率",打开"更改显示器的外观"窗口。如图 1-3-15 所示。

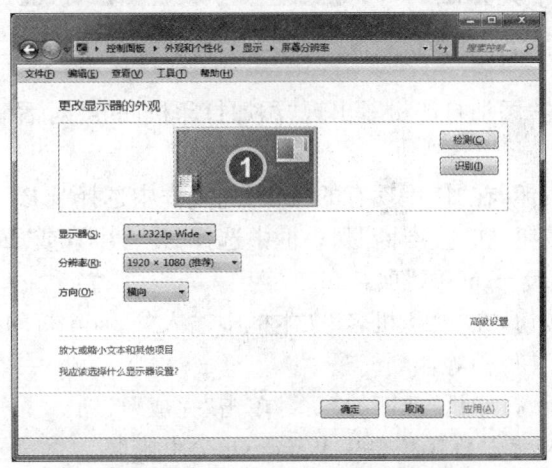

图 1-3-15 "更改显示器的外观"窗口

③ 在"分辨率"右侧的按钮上单击,拖动大、小之间的滑块到 800×600 像素,单击"确定"按钮。

④ 此时会弹出一个信息框,单击"保留更改"按钮,如图 1-3-16 所示。

提示:分辨率是不能随意修改的,要与显示器适配卡的参数相一致,练习完后请马上设置回原来的分辨率。

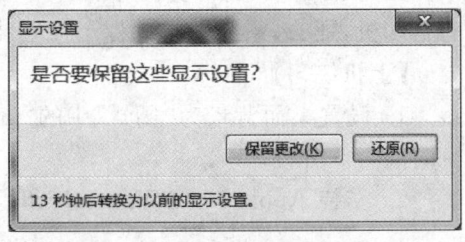

图 1-3-16 "显示设置"对话框

六、打印机管理

安装一台本地打印机,打印机端口为 LPT1,打印机名为"Epson 打印机",型号为 Epson 公司的"LQ-1600K"。

【指导步骤】

① 单击"开始"按钮,单击"控制面板"下的"设备和打印机"命令,打开"设备和打印机"窗口,如图 1-3-17 所示。

图 1-3-17 "设备和打印机"窗口

② 单击工具栏上的"添加打印机",出现"添加打印机向导"对话框,选择"添加本地打印机"项。

③ 单击"下一步"按钮,在"使用现有的端口"列表框中选择"LPT1"端口。

④ 单击"下一步"按钮,在"生产商"列表框中选择"爱普生"(或"Epson")项,在"打印机"列表框中选择"Epson LQ-1600K"项。

⑤ 单击"下一步"按钮,在"打印机名"文本框中输入"Epson 打印机"。

⑥ 单击"下一步"按钮,稍等片刻。

⑦ 取消"设置为默认打印机"前面的"√",单击"完成"按钮。

提示:安装打印机时所需的资料要从 Windows 7 中获取。

⑧ 安装完毕后,在"打印机"窗口中出现一个"Epson 打印机"图标。

因为 Windows 7 支持"即插即用"功能,所以当你在安装 Windows 7 时如果主机上已连有打印机,那么,系统会自动提示你安装打印机。

【上机练习】

1. 设置桌面背景为"场景"中的"img25",居中显示,并设置屏幕保护程序为"气泡",等待时间为 5 分钟。

2. 安装 Apple LaserWriter 打印机到 LPT1,将打印机名称改为 Apple。

第 2 部分 Word 2010 文字处理

实验 2-1 文档的基本编辑和排版

实验目的

1. 熟悉 Word 的启动与退出。
2. 了解 Word 的窗口组成及基本操作。
3. 掌握 Word 文档的建立、保存、打开与修订。

实验内容

一、建立并保存文档

利用"智能 ABC 输入法"或你熟悉的输入法输入以下内容(段首不要空格),并以"wd1.docx"为文件名保存在当前文件夹中,然后关闭该文档。

雄伟巍峨的青山,广阔无垠的碧海,幽深博大的蓝天,是令人心驰神往的自然风景。

痛饮黄龙的岳武穆,青史留名的文天祥,诗文并茂的苏东坡,是璀璨夺目的人文风景。

"史家之绝唱,无韵之离骚"的《史记》,"飘若浮云,矫若惊龙"的《兰亭集序》,"笔落惊风雨,诗成泣鬼神"的太白诗,是深邃奥妙的精神风景。

大千世界,无奇不有,芸芸众生,卧虎藏龙。绚丽多彩的自然风景,琳琅满目的人文风景,深不可测的精神风景,真是"百般红紫斗芳菲"。但在这"乱花渐欲迷人眼"的世界里,不要"云深不知处",而应当"不畏浮云遮望眼",傲泰山之雄、庐山之险、峨眉之秀,欺沧海横流、百川到海,敢于挑战自我,呼喊出自己沉稳而有力、铿锵而优美的心声:我就是一道风景线。

1. 新建 Word 文档

【指导步骤】

使用下列三种基本方法建立 Word 文档:

① 通过执行"开始"→"所有程序"→"Microsoft Office"→"Microsoft Word 2010"启动 Word。

② 双击桌面的 Word 快捷方式启动 Word。

③ 单击"文件"选项卡中的"新建"命令,显示如图 2-1-1 所示的"新建"列表框,可单击不同的列表项,从而建立不同类型的新文档。通过单击"空白文档"列表项,并单击"创建"按钮创建空文档。

启动后，Word 会自动建立一个名为"文档 1"的新文档。

2．输入文本内容

【指导步骤】

（1）段落标记

Word 有自动换行的功能，当输入到达每行的末尾时不必按 Enter 键，Word 会自动换行，只有需要另起一个新的段落时才按下 Enter 键。按 Enter 键表示一个段落的结束，新段落的开始。回车符（又称硬回车）是 Word 文档的段落标记。

（2）手动换行符

结束一行而非一段输入时，可用 Shift＋Enter 输入手动换行符（又称软回车）。

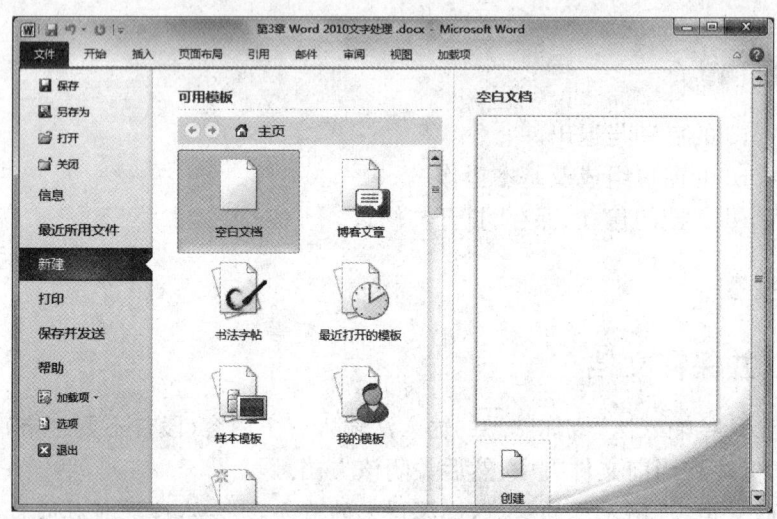

图 2-1-1 "新建"列表框

3．保存 Word 文档

【指导步骤】

输入完成后采用以下三种方式保存 Word 文档：

● 单击"快速访问工具栏"中的"保存"按钮 。

● 单击"文件"→"保存"命令。

● 直接按快捷键 Ctrl＋S。

当对新建的文档第一次进行"保存"时，此时的"保存"命令相当于"另存为"命令，会出现如图 2-1-2 所示的对话框。在"另存为"对话框中，首先需要在与"保存位置"有关的列表框中选定一个要保存文件的文件夹，接着在"文件名"文本框中输入文件名 wd1，在"保存类型"列表框中选择此文件要保存的类型，保存类型的默认设置是扩展名为 docx 的 Word 文档。完成以上操作后，单击"保存"按钮完成保存文件的操作。

4．关闭文档

【指导步骤】

在不退出 Word 应用程序窗口的情况下，关闭 Word 文档，可单击文档窗口标题栏的关闭按钮 或选择"文件"选项卡中的"关闭"命令。对于修改后没有存盘的文档，系统会给出

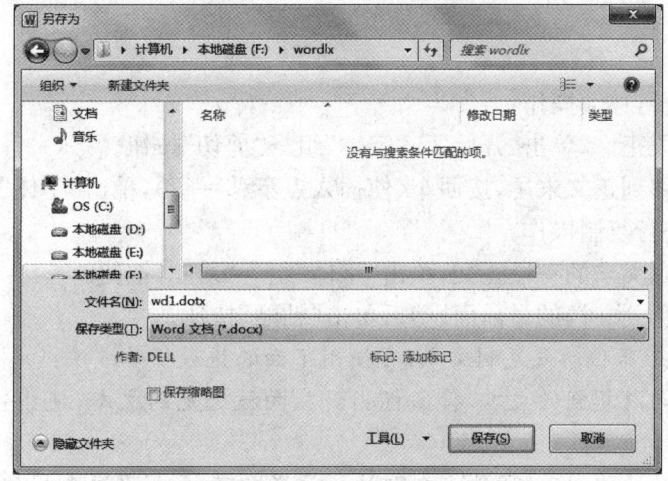

图 2-1-2 "另存为"对话框

提示信息,选择"保存"或"不保存"或"取消"三者之一,退出或继续编辑文档。

二、编辑文档

1. 选定文本

对文本进行移动、复制或进行格式编排时,一般要先选定这些内容,再进行所需的操作,即"先选定,后操作"。默认情况下,被选定的文本以加底纹形式突出显示。

注意:除了用鼠标选定文本之外,对使用键盘选定文本的方法(Shift＋ →、↑ 、←、↓)应该掌握。因为在鼠标不太灵活的时候,使用键盘选定文本可能更方便。

打开"wd1.docx"文档,练习选定文本的各种操作。

【指导步骤】

① 单击"文件"→"打开"命令,打开所保存的"wd1.docx"文档。

② 在某一段落中单击三下,可选定该段落。

③ 如果要选定部分文本,先将插入点移动到被选文本的文字或字符前,然后按住鼠标左键拖动鼠标到被选文本的末尾。

④ 如果要选定某一行,先将鼠标指针移到待选行的左端(文本选定区),使鼠标指针变成指向右上方的斜向空心箭头,此时单击便选定该行。如果按住鼠标左键在文本选定区上下拖动,可选定连续的多行文本。

⑤ 如果在选定大块文本,首先用鼠标指针单击选定区域的开始处,然后按住 Shift 键,再配合滚动条将文本翻到要选定区域的末尾,再单击选定区域的末尾。

⑥ 选定不连续文本,按下 Ctrl 键,通过鼠标选择不同的不连续文本,进行追加选择。

⑦ 利用下列键盘操作也可选定文本

按 Shift ＋ 方向键(→、←、↑、↓),可选定插入点周围的文本。

按 Ctrl ＋A 键,可选定整个文本。

⑧ 在文本区的任意处单击,可撤消已选定的文本。

2. 复制和移动文本

将第一段正文移动到最后一段的下面,然后再将移动到最后的一段正文复制到文档的最前面。

【指导步骤】

(1) 按要求进行移动操作：

① 选定第一段正文，单击"开始"→"字体"组→"剪切"按钮。

② 将插入点移到正文末尾，按回车（使插入点下移一行），单击"字体"组→"粘贴"按钮。

(2) 按要求进行复制操作：

① 选定移动到文末的一段正文，单击"字体"组→"复制"按钮。

② 将插入点移到文档的最前面，然后单击"粘贴"按钮。

提示：对于短距离移动或复制文本，可使用下面的拖放操作方法：

① 选定要移动或复制的文本，将鼠标指针指向被选定的文本，使指针形状变成指向左上方的空心箭头。

② 如果是移动操作，拖动所选文本到另一位置即可；如果是复制操作，需按住Ctrl键再拖动所选文本到另一位置。

3. 插入与删除

插入标题"迷人的风景"，在标题前面插入Wingdings字体的书本符号"📖"，然后在第一段正文前插入两个长划线字符。

删除最后一段正文。

提示：观察状态栏上的"插入"框。注意当前输入状态是"插入"状态，还是"改写"状态。按下"Insert"键或单击"插入"或"改写"框可以切换这两种状态。

【指导步骤】

① 将插入点移到文档的最前面，按回车，插入一空行。

② 将插入点上移到所插入的空行行首，输入"迷人的风景"。

③ 将插入点移到标题行前面，选择"插入"→"符号"组→"符号"按钮，打开下拉列表，选择"其他符号…"出现相应的对话框。

④ 在"符号"选项卡中，单击"字体"下拉列表，选择Wingdings，然后在下面的符号列表中单击书本符号"📖"，如图2-1-3所示。

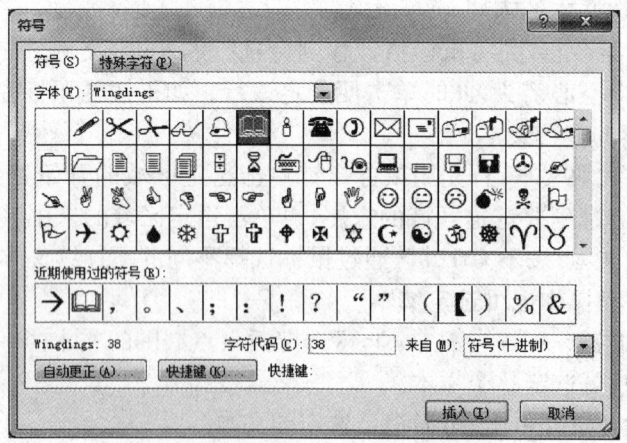

图2-1-3 "符号"对话框

⑤ 单击"插入"按钮,然后单击"关闭"按钮(注:未单击"插入"按钮前,该位置为"取消"按钮)。

⑥ 将插入点移到第一段正文前,选择"插入"→"符号"组→"符号"按钮,打开下拉列表,选择"其他符号…",出现相应的对话框。

⑦ 选择"特殊字符"选项卡,在下面出现的特殊字符中单击"长划线",再单击两次"插入"按钮,然后单击"关闭"按钮。

⑧ 选定最后一段正文。

⑨ 单击"开始"→"剪切板"组→"剪切"按钮,或者按 Delete 键。这样就可将最后一段正文的内容删除。

4. 撤消与恢复

先删除任意一段文本,再进行"撤消"与"恢复"操作。

【指导步骤】

① 选定任意一段文本,单击"剪切"按钮或者按 Delete 键,即可删除被选文本。

② 单击"快速访问工具栏"上的"撤消"按钮,可撤消已进行的删除操作。

③ 单击"快速访问工具栏"上的"重复"按钮,可恢复删除操作。

5. 替换

将文档中所有的"风景"文字替换为"风光"。

【指导步骤】

① 选定所有文档,然后选择"开始"→"编辑"组→"替换"按钮,出现"查找和替换"对话框。

② 在"查找内容"框中输入"风景",在"替换为"框中输入"风光",如图 2-1-4 所示。

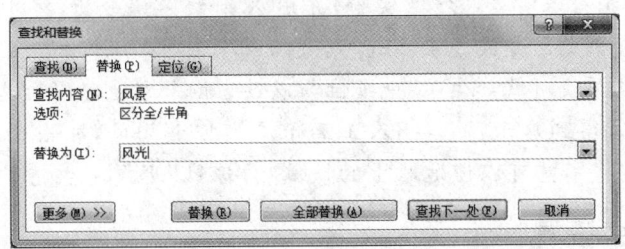

图 2-1-4 "查找和替换"对话框

③ 单击"全部替换"按钮。

④ 在出现的对话框中单击"否"按钮(表示不替换未选定的部分),接着单击"关闭"按钮,关闭"查找和替换"对话框。

【上机练习】

1. 在 E 盘建立 lx1.docx 文档,请准确输入以下内容:

在接入网环境中用光纤取代铜缆可带来一系列的好处:消除电信网的带宽瓶颈、降低维护费用、易于实现业务融合和提供新业务、提高信息传输和通信可靠性、方便系统扩容、节省建设投资等等。接入网宽带光纤化成为必然,而 PON 技术因其多业务、低投资、易维护等特点,将成为未来宽带接入网的技术热点。

随着固网运营商实施业务转型,众多的运营商都在着手改造承载网,以适应这一变化。

开始改造核心网以后,接入网的带宽瓶颈问题日益突出。虽然 ADSL 已经成为宽带网络当前的主流接入技术,但是如果要提供高清晰度或交互式视频业务,ADSL 则难胜其任,难尽其责。

2. 将输入的两段正文互换位置。
3. 在互换位置后的第一段正文前插入特殊符号"☆"。
4. 将文中所有的"技术"替换为"Technology"。

实验 2-2 设置文本格式(一)

实验目的

1. 掌握文字格式的设置。
2. 掌握段落格式的设置。
3. 掌握页面格式的设置。

实验内容

输入以下内容,并以 wd2.docx 文件保存,然后进行下面的实验。

众所周知,铁有一个致命的缺点:容易生锈,空气中的氧气会使坚硬的铁变成一堆松散的铁锈。为此科学家费了不少心思,一直在寻找让铁不生锈的方法。可是没想到,月亮给我们带来了曙光。月球探测器带回来的一系列月球铁粒样品,在地球上待了好几年,却毫无氧化生锈的痕迹。这是怎么回事呢?

于是,科学家模拟月球实验环境做实验,并用 X 射线光谱分析,终于发现了其中的奥秘。原来月球缺乏地球外围的防护大气层,在受到太阳风冲击时,各种物质表层的氧均被"掠夺"走了,长此以往,这些物质便对氧产生了"免疫性",以致它们来到地球以后也不会生锈。

这件事使科学家得到启示:要是用人工离子流模拟太阳风,冲击金属表面,从而形成一层防氧化"铠甲",这样不就可以使地球上的铁像"月球铁"那样不生锈了吗?

一、文字格式设置

1. 利用"开始"→"字体"组中各按钮进行设置

将第一段中的"容易生锈"几个字设置为红色楷体、小三号、加粗、倾斜、加下划线。

将正文第二段中的"免疫性"几个字设置为三号,加字符边框和字符底纹,并放大至 150%。

【指导步骤】

① 选定第一段中的"容易生锈"几个字,单击"字体"组中的"字体颜色"按钮右端的下拉按钮,在其下拉框中单击代表红色的小方格。

② 保持选定,单击"字体"组中"字体"按钮 宋体(中文正) 右边的向下箭头,在下拉列表中单击"楷体"。

③ 保持选定,单击"字体"组中"字号"按钮 五号 右边的向下箭头,在下拉列表中单击"小三"。

④ 保持选定,单击"字体"组中"加粗"、"倾斜"和"下划线"按钮。

⑤ 选定第二段中的"免疫性"几个字,单击"字号"按钮 五号 右边的向下箭头,在下拉列表中单击"三号"。

⑥ 保持选定,单击"字体"组中"字符边框"按钮 A 和"字符底纹"按钮 A。

⑦ 单击"段落"组中"中文版式"按钮 右边的向下箭头,在下拉列表中选择"字符缩放"选择"150%"。

2. 利用"字体"对话框设置文字格式

在第一段前插入标题"为什么铁在月球上不生锈?",格式设置为二号、加粗、字符间距加宽4磅。

【指导步骤】

① 将插入点移到文档的最前面,按回车,插入一空行。

② 将插入点上移到所插入的空行,输入标题"为什么铁在月球上不生锈?"。

③ 选定标题"为什么铁在月球上不生锈?",单击右键在弹出的快捷菜单中选择"字体"按钮,或通过单击"开始"功能区下"字体"组中右下角的"字体"按钮,打开如图2-2-1所示的对话框。

④ 在"字体"选项卡中,单击"中文字体"下拉按钮,选定"宋体",选择"字号"列表框中的"二号"、"字形"列表框中的"加粗"。

⑤ 单击"高级"选项卡。在"间距"下拉列表中选择"加宽",其"磅值"设置为"4磅"。在预览框中查看,确认后单击"确定"按钮。设置结果如图2-2-2所示。

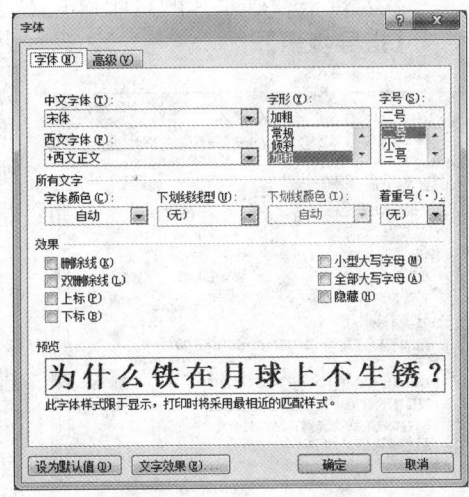

图2-2-1 "字体"对话框

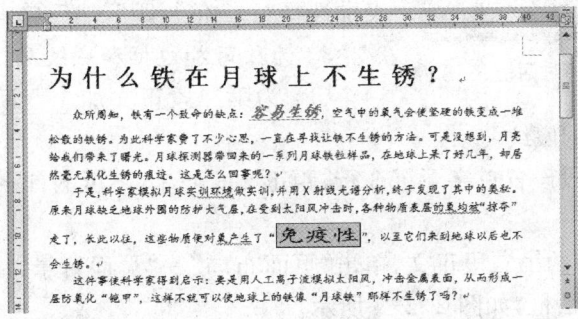

图2-2-2 文字格式结果图示

二、段落格式设置

1. 分段及段落的对齐

(1) 将"可是没想到……这是怎么回事呢?"另起一段。

(2) 将标题居中。

【指导步骤】

① 将插入点移到第一段正文中的"可是没想到……"的前面。

② 按回车键。

提示：如果要取消分段，删除段落标记即可。

③ 选定标题，或者将插入点置于标题中的任意位置。

④ 单击"开始"→"段落"组上的"居中"按钮。

2. 段落的缩进及设定间距

(1) 将最后两段正文首行缩进 0.8 厘米。

(2) 将标题的段前间距设为 6 磅、段后间距设置为 10 磅。

(3) 将第一段正文的行距设置为"1.5 倍行距"。

【指导步骤】

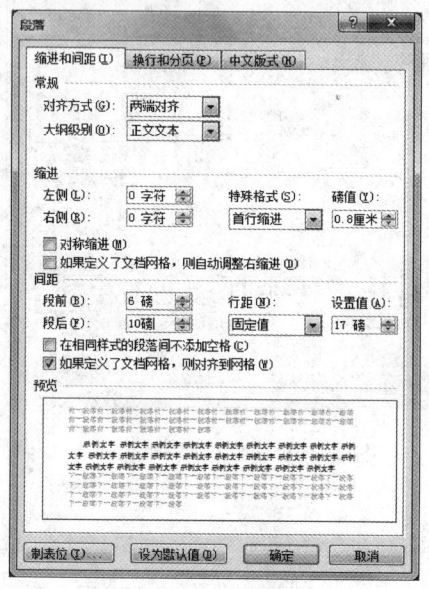

图 2-2-3 "段落"对话框

① 选定最后两段正文，"开始"→"段落"组中右下角的"段落"按钮，出现相应的对话框（如图 2-2-3 所示）。

② 在"缩进和间距"选项卡中，"特殊格式"选择"首行缩进"，然后在"磅值"下面的框中输入或选择"0.8 厘米"，单击"确定"按钮。

③ 选定标题，在打开的"段落"对话框中选择"缩进和间距"选项卡。

④ 在"段前"框中输入或单击旁边的上/下三角选择"6 磅"，在"段后"框中输入"10 磅"，单击"确定"按钮。

⑤ 选定标题下面的第一段正文，在打开的"段落"对话框中选择"缩进和间距"选项卡，在"行距"下拉列表中选择"1.5 倍行距"，然后单击"确定"按钮。

3. 为段落加边框和底纹及首字下沉

(1) 为第二段正文加 1.5 磅的"阴影边框"及"白色，背景，深色 15%"的底纹。

(2) 将正文第一段设置首字下沉 3 行，距正文 0 厘米，下沉的首字为宋体；并保存文档。

【指导步骤】

① 选定标题下面的第二段正文，单击"页面布局"→"页面背景"组→"页面边框"按钮，打开"边框和底纹"对话框，如图 2-2-4 所示。

② 单击"边框"选项卡，选择"阴影"边框格式，"样式"保持"单线"，"宽度"选择"1.5 磅"，"应用于"保持为"文字"。

③ 选择"底纹"选项卡，在"填充"下拉列表中选择深色"白色，背景，深色 15%"应用于保持为"文字"，然后单击"确定"按钮。

④ 选定正文第一段，或将插入点置于第一段中。

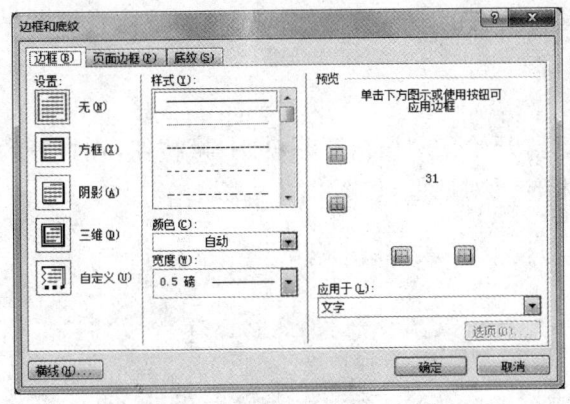
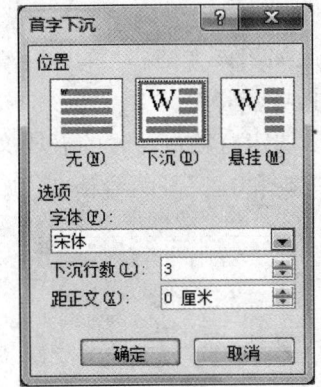

图 2-2-4　"边框和底纹"对话框　　　　图 2-2-5　"首字下沉"对话框

⑤ 单击"插入"功能区"文本"组中"首字下沉"按钮,在打开的"首字下沉"下拉列表中,选择"首字下沉选项"命令,打开"首字下沉"对话框,如图 2-2-5 所示。选择"下沉",在"选项"框中设置首字下沉文字的"字体"为宋体,"下沉行数"为 3 行及"距正文"的距离为 0 厘米。

⑥ 单击"确定"按钮,即可使本段实现首字下沉。

4. 为段落加项目符号或编号

使用 Word 2010 提供的"编号"和"项目符号"功能,可在文档的段落或标题前快速添加编号或项目符号,从而使整个文档的层次清晰、突出重点、易于阅读和理解。

(1) 新建一个空文档,输入以下内容,然后通过"编号"和"项目符号"按钮为"段落对齐,段落缩进"开始的五行文本添加项目符号。

段落格式设置包括:

段落对齐、段落缩进

段落间距、行间距

为段落加边框、底纹

为段落加项目符号或编号

首字下沉

【指导步骤】

① 单击"文件"→"新建"命令,打开一个新文档。

② 输入所要求的内容。

③ 选定"段落对齐,段落缩进"开始的五行文本,单击"开始"→"段落"组→"项目符号"按钮,则选定的并列项前都加上了圆点项目符号,如图 2-2-6 所示。

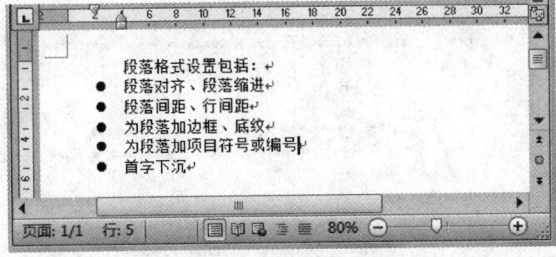

图 2-2-6　设置"项目符号"

（2）通过"定义新编号格式"对话框将所有的项目符号并列项改为带括号的编号并列项，然后关闭该文档。

【指导步骤】

① 选定有项目符号的五段文本，选择"开始"→"段落"组→"编号"按钮，在打开的下拉列表中选择"定义新编号格式"项，出现相应的对话框，如图2-2-7所示。

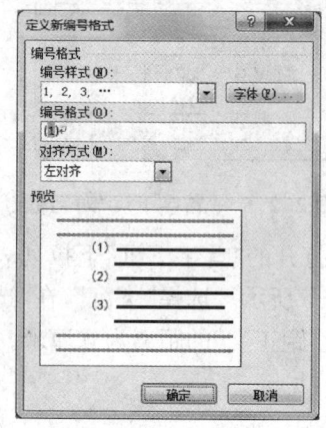

图2-2-7 "定义新编号格式"对话框

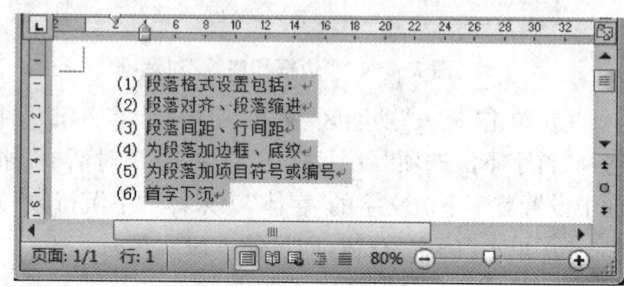

图2-2-8 设置"编号"

② 在"编号样式"下拉列表框中选择带"1,2,3…"编号，在"编号格式"文本框中"1"域两边加一对圆括号，单击"确定"按钮。编号的设置结果如图2-2-8所示。

③ 选择"文件"选项卡下的"关闭"命令，在出现的对话框中单击"保存"按钮。

提示：由于系统的"记忆"能力，在出现项目符号或编号的段尾按回车时，新的段落将出现相同的项目符号或变化的编号。如果要取消所出现的项目符号或编号，只要单击"段落"组的"项目符号"或"编号"按钮取消即可。

三、页面格式设置

1. 分页符的插入和删除

将正文第二段及其以后的文本另起一页，然后删除所插入的分页符。

【指导步骤】

① 将插入点移到正文第一段段尾"……这是怎么回事呢？"的后面。

② 选择"插入"→"页"组→"分页"按钮；插入分页符。

③ 将鼠标指针移到"分页符"所在行的左端文本选定区单击，选定该行，如图2-2-9所示。

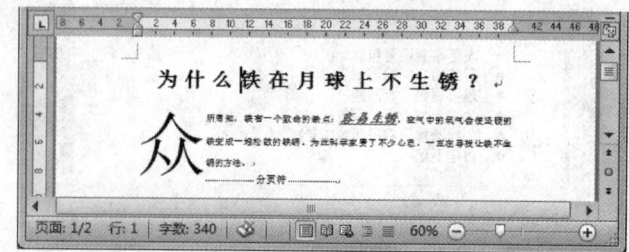

图2-2-9 手动分页

提示：如果没显示图 2-2-9 中所示的分页符，可单击"开始"→"段落"组→"显示/隐藏编辑标记"按钮，使其处于选中状态。

④ 按 Delete 键即可删除此分页符，从而取消分页。

2. 页面设置

设置页面左、右边距为 3 厘米，纸张大小为 16 开。

【指导步骤】

① 选择"页面布局"→"页面设置"组中右下角的页面设置按钮，出现相应的对话框。

② 选择"页边距"选项卡，在"应用于"下拉列表中选择"整篇文档"，在"左"、"右"框中均输入或选择"3 厘米"，其余保持原先的默认值，如图 2-2-10 所示。

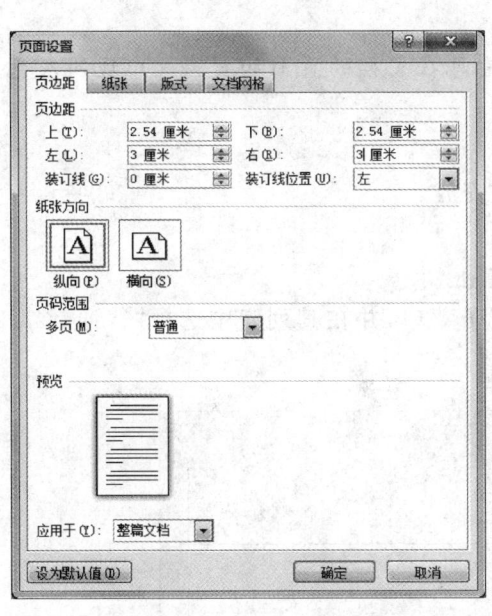

图 2-2-10 "页面设置"对话框

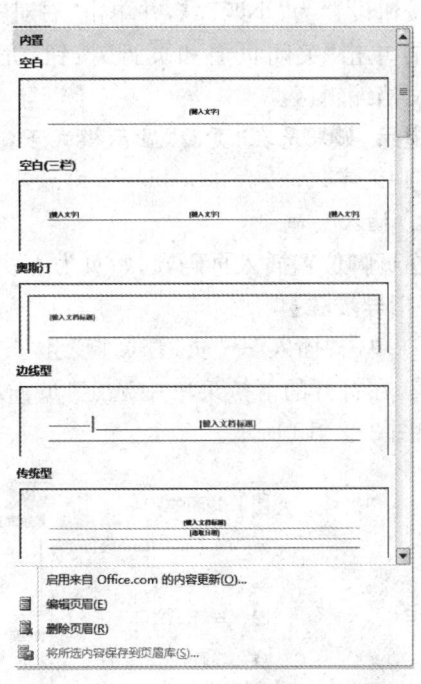

图 2-2-11 内置"页眉"版式列表

③ 选择"纸张"选项卡，在"纸张大小"下拉列表中选择"16 开"。

④ 单击"确定"按钮。

3. 设置页眉/页脚

按下列要求设置页眉与页脚：

① 添加页眉"白色污染"，黑体、四号、左对齐。

② 将当前日期作为页脚，小四号、右对齐。

【指导步骤】

① 选择"插入"→"页眉/页脚"组"页眉"按钮，打开内置"页眉"版式列表，如图 2-2-11 所示。

② 在内置"页眉"版式列表中选择"空白"页眉版式，并随之键入页眉内容"白色污染"。此时 Word 窗口中会自动添加一个名为"页眉和页脚工具"的功能区并使其处于激活状态。

③ 选定输入的页眉内容，通过"开始"功能区中的相关按钮设置字体为"黑体"、字号为

"四号"、"左对齐"。

④ 单击"页眉和页脚工具"功能区"导航"组中的"转至页脚"按钮,切换到页脚输入处。

⑤ 单击"页眉和页脚工具"功能区"插入"组中的日历图案的"插入日期"按钮,在打开的对话框(如图 2-2-12)中选择"语言"栏为"中文(中国)","可用格式"选择第二项,单击"确定",插入中文版式的当前日期。

⑥ 选定插入的当前日期,通过"字体"组中的相关按钮设置为"小四"号,并单击"右对齐"按钮。

⑦ 单击"关闭页眉和页脚"按钮,完成设置并返回文档编辑区。

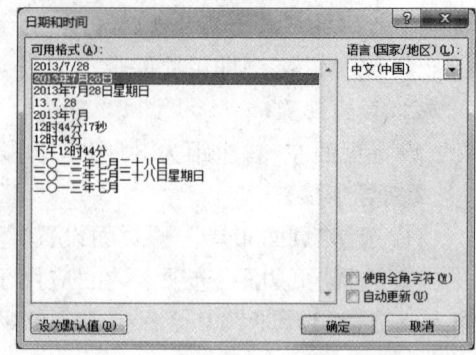

图 2-2-12 "插入日期"对话框

提示:如果是在"页面"显示模式下,可以看见在文档的页眉和页脚处出现淡灰色的页眉、页脚文字。

4. 插入页码

在页脚位置插入页码,起始页为1,并居中安放。

【指导步骤】

① 单击"插入"→"页眉/页脚"组"页码"按钮。

② 在打开的下拉菜单中选定"页面底端"子菜单,并在其列表中选择"普通数字 2"版式,如图 2-2-13 所示。

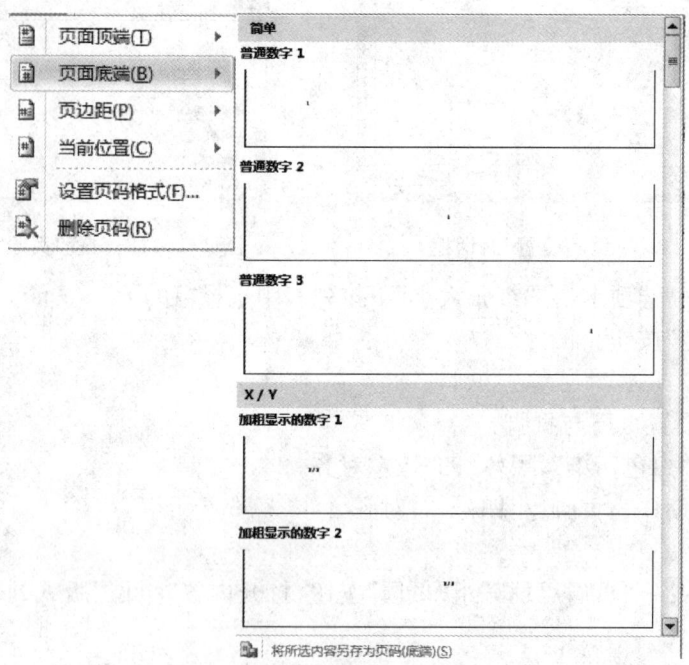

图 2-2-13 "插入页码"列表

③ 如果要更改页码格式,可执行"页码"按钮并在其打开的下拉菜单中选择"设置页码格式"命令,打开"页码格式"对话框,在此对话框中设定页码格式并单击"确定"按钮即可完成。

提示:如果是在"页面"显示模式下("视图"菜单下选"页面"),可看见页码标注在每页底部的中间。

5. 删除页码

删除在页脚位置插入的页码。

【指导步骤】

① 在"页面"显示模式下,双击页脚位置的页码,进入页脚编辑区。
② 选定插入的页码,按 Delete 键删除。
③ 或执行"插入"→"页眉/页脚"组"页码"按钮,在打开的下拉菜单中选择"删除页码"命令。

【上机练习】

1. 将上一实验练习中建立的文档 lx1.docx 另存为 lx2.docx。
2. 在正文前加入标题"PON 在宽带光接入网络中的应用",黑体,二号,居中。
3. 将第一段正文缩进 2 个字符,并加上 2.25 磅蓝色的右、下段落边框线。
4. 将正文的行距设为 1.5 倍行距,并为第一段添加铅笔项目符号。
5. 设置页面左、右边距为 3 厘米,页眉距边界为 2.5 厘米;并加上页眉"POP 技术"。
6. 保存所做的修改。

实验 2-3 设置文本格式(二)

实验目的

1. 掌握节格式设置与分栏操作。
2. 了解整个文档格式的设置。
3. 掌握使用样式设置格式。
4. 掌握格式复制与查找替换操作。

实验内容

输入以下内容,并以 wd3.docx 文件保存,然后进行下面的实验。

为什么水星和金星只在早晚才能看见?

除了我们居住的地球之外,太阳系的其余八个大行星当中,不用天文望远镜而能够看到的只有水星、金星、火星、土星和木星。如果条件合适,在地球轨道外面的火星、木星、土星等外行星,整晚都可以看到。而水星和金星,就完全不是这样,不管条件多么好,只能在一早一晚看到它们。

我们知道,水星和金星的轨道都在地球轨道的里面,它们与太阳的平均距离,分别是地球的 30% 和 72%。所以从地球上看起来,它们老是在太阳的东西两侧不远的天空中来回地移动着,绝不会"跑"得太远。

不管它们是在太阳的东面也好,西面也好,到达离太阳一定的距离之后,就不再继续增大而开始减小了。

一、节格式设置与分栏

1. 分节符的插入和删除

在第二段正文的前面插入一个分节符,使第二段正文及其以后的文档从下一页开始显示。

删除所插入的分节符。

【指导步骤】

① 将插入点移到第二段正文的前面,选择"页面布局"功能区"页面设置"组中"分隔符"按钮。

② 在打开的下拉菜单中选择"分节符"框中的"下一页"选项,完成插入。

③ 选择"开始"功能区中的"段落"组,单击"显示和隐藏编辑标记"按钮,即可显示或隐藏插入的分节符,现使其显示。

④ 选定待删除的分节符,单击"剪切"按钮或者按 Delete 键。可删除选定的分节符。

2. 分栏显示

将整个文档分成 2 栏,将第二段以后的正文设置在右边一栏。

【指导步骤】

① 单击文档中任意处(不选定任何文本),然后单击"页面布局"→"页面设置"组→"分栏"按钮,在打开的"分栏"下拉菜单中选择"两栏"项即可。

② 将插入点移至第二段段首。

③ 然后单击"页面布局"→"页面设置"组→"分隔符"按钮,在打开的下拉菜单中单击"分栏符"。

3. 多栏并存

进行下列分栏操作,然后单击关闭该文档:

将整个文档恢复成一栏。

将第一段正文分成等宽的两栏。

将最后一段正文分成 3 栏,前两栏的栏宽分别为 3 厘米和 4.5 厘米,中间加分割线。

【指导步骤】

① 选定第一段下面的分栏符,单击"剪切"按钮(删除分栏符)。

提示:如果"显示/隐藏编辑标记"按钮不是突出显示状态,则单击之,以便观察插入的分栏符。

② 选择"分栏"按钮,在打开的下拉菜单中选择"栏数"为"一栏"。

③ 选定第一段正文,单击"分栏"按钮。

④ 选择"分栏"按钮,在打开的下拉菜单中选择"两栏"命令。

⑤ 在文末按一下回车键,再选定最后一段正文(不要包括下面的空段),然后选择"分栏"按钮,在打开的下拉菜单中选择"更多分栏"命令。打开"分栏"对话框。

⑥ 先选择"栏数"为"3";再单击"栏宽相等"前的小方框,使"√"选中标记消失;再在前

两栏的栏"宽度"中分别输入 3 厘米、4.5 厘米;然后单击"分隔线"前的小方框,使其出现"√"选中标记。如图 2-3-1 所示。

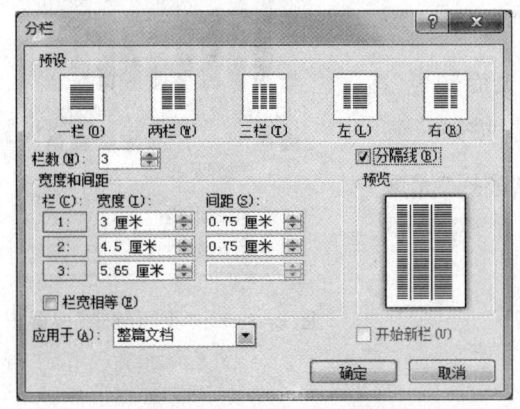

图 2-3-1 "分栏"对话框

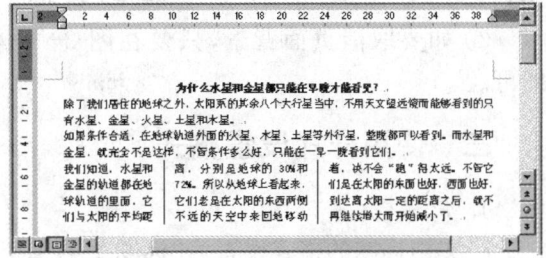

图 2-3-2 分栏结果

⑦ 单击"确定"按钮。设置结果如图 2-3-2 所示。

⑧ 选择"文件"菜单下的"关闭"命令,在随后出现的对话框中单击"不保存"按钮。

二、整个文档格式设置

1. 设置文字方向

打开所关闭的 wd3.docx 文件,将整个文档的文字方向设置为竖排文字,然后恢复横排文字。

【指导步骤】

① 打开 wd3.docx 文件。

② 选择"页面布局"功能区"页面设置"组中"文字方向"按钮,在打开的下拉菜单中选择"垂直"命令,则整个文档的文字方向为纵向,如图 2-3-3 所示。

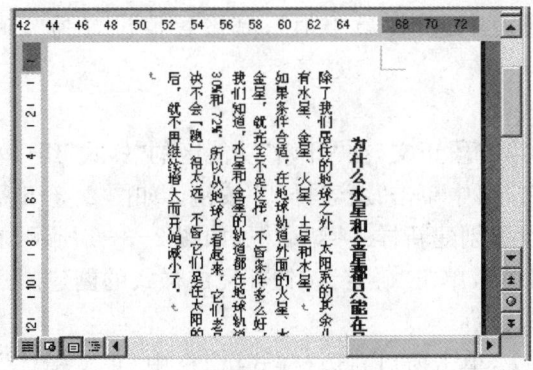

图 2-3-3 设置"文字方向"

③ 再次单击"文字方向"按钮,在下拉菜单中选择"水平"命令,则整个文档的文字方向恢复为横向。

2. 设置文档的背景颜色

将整个文档的背景颜色设置为蓝色,然后再恢复白底黑字的显示模式。

【指导步骤】

① 选择"页面布局"功能区"页面背景"组中"页面颜色"按钮 ,在出现的下拉列表中选择"蓝色"(如图 2-3-4 所示)。

② 如要取消页面背景,只要在图 2-3-4 中选择"无颜色"即可。

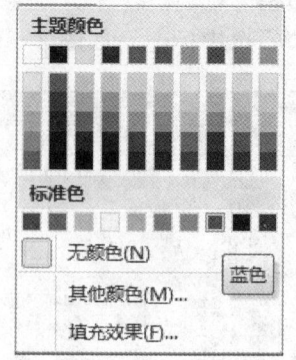

图 2-3-4 "页面颜色"设置

三、使用样式设置格式

1. 使用样式

将文档标题的格式设置为"标题 1"样式。

【指导步骤】

选定标题,切换到"开始"功能区,单击"样式"组中右下角的"样式"按钮,从打开的"样式"窗格中选择"标题 1"样式即可。

2. 创建样式

按下列要求创建并使用自定义的样式:

① 将第二段正文设置为楷体,行距最小值为 20 磅;并将该段的段落样式定义为"正文楷体"。

② 对最后一段正文使用"正文楷体"样式,然后恢复"正文"样式。

【指导步骤】

(1) 按要求设置格式:

① 选定标题下面的第二段正文,通过"字体"组中的"字体"按钮设置字体为"楷体"。

② 保持选定,单击"开始"功能区中的"段落"组右下角的"段落"按钮,打开"段落"对话框。

③ 在"行距"下拉列表中选择"最小值",其设置值设置为"20 磅",然后单击"确定"按钮。

(2) 按要求创建样式:

① 选定标题下面的第二段正文,在"开始"功能区的"样式"组中单击"样式"按钮。

② 在打开的"样式"窗格中单击"新建样式"按钮。如图 2-3-5 所示。

③ 打开"根据格式设置创建新样式"对话框,如图 2-3-6 所示,在"名称"编辑框中输入新建样式的名称"正文楷体",单击"确定"按钮即完成样式的创建。

(3) 按要求使用样式:

① 选定最后一段正文,单击窗口右边"样式"窗格中"正文楷体"样式,则该段即应用了"正文楷体"样式。

② 保持选定,再次在"样式"窗格中选择"正文"样式,则将该段恢复为原来的"正文"样式。

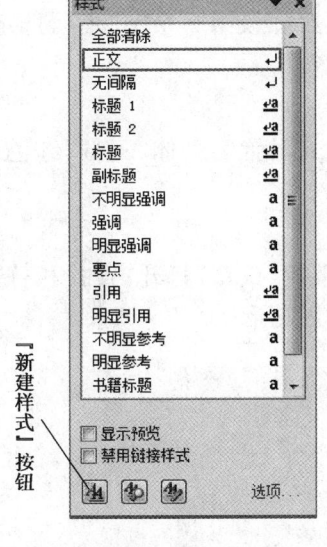

图 2-3-5 "样式"窗格

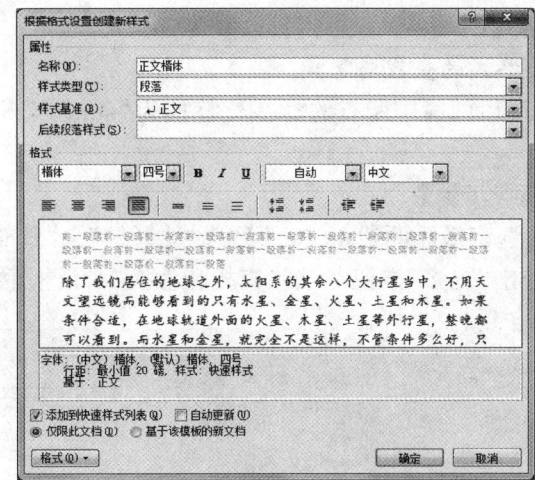

图 2-3-6 "根据格式设置创建新样式"对话框

3. 修改样式

修改自定义的"正文楷体"样式:将字体大小改为四号。

【指导步骤】

① 打开"样式"任务窗格。

② 将鼠标移到"正文楷体"样式上,然后单击其右边的向下箭头,在弹出的下拉菜单中选择"修改样式"按钮,出现"修改样式"对话框。

③ 单击"格式"区的字号下拉框选择"四号",选中"自动更新"复选框。

④ 单击"确定"按钮,关闭"修改样式"对话框。

⑤ 观察使用该样式的第二段正文,可以发现更改过的样式已经起作用。

4. 删除样式

删除自定义的"正文楷体"样式。

【指导步骤】

① 在"样式"窗格中将光标移到"正文楷体"样式上,然后单击右键选择"删除'正文楷体'"命令。

② 观察使用该样式的第二段正文。

四、格式的复制与查找替换

1. 格式复制(格式刷的使用)

将正文的第一个字设置为隶书、二号、红色、然后使正文各段的第一字具有与上述设置相同的格式。

【指导步骤】

① 选定正文的第一个字"除",通过"字体"组中相关按钮设置字体和字号分别为"隶书"、"二号",并单击"字体颜色"按钮,选择红色。

② 保持正文第一个字"除"的选定,双击"开始"→"剪切板"组→ 格式刷按钮,此时鼠标

指针的旁边出现一把小刷子(格式刷)。

③ 用带格式刷的指针依次选定第二段第一个字"我"、第三段第一个字"不",选定完毕单击"格式刷"按钮,鼠标指针恢复为正常形状。

2. 格式的查找与替换

将最后两段中所有的"太阳"替换为"sun","sun"的格式设置为斜体、三号、红色、加下划粗线。

【指导步骤】

① 选定最后两段正文,然后选择"开始"→"编辑"→"替换"按钮,打开"查找和替换"对话框,单击"更多"按钮,扩展"查找和替换"对话框(如图 2-3-7 所示)。

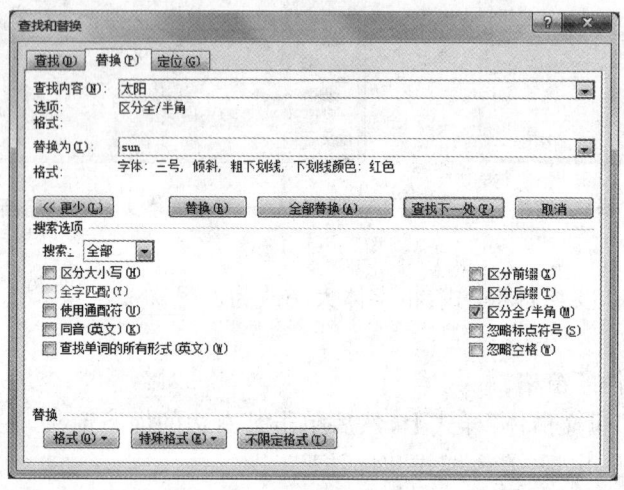

图 2-3-7　更多"查找和替换"对话框

② 在"查找内容"框中输入"太阳",在"替换为"框中输入"sun",并将插入点保持在"替换为"框中,然后单击"格式"按钮。

③ 在打开的对话框中选择"字体"选项卡,"字形"选择"倾斜","字号"选择"三号","下划线"选择"粗线","颜色"选择"红色",然后单击"确定"按钮,返回"查找和替换"对话框(注意观察"替换为"下面的"格式")。

④ 单击"全部替换"按钮,在出现的对话框中单击"否"按钮(表示不替换未选定的部分),接着单击"关闭"按钮,关闭"查找和替换"对话框。替换结果如图 2-3-8 所示。

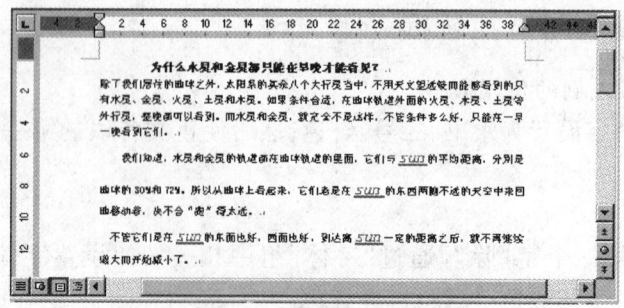

图 2-3-8　替换结果

【上机练习】

打开前面保存的 lx2.docx,然后进行下面的操作:

1. 将标题设置为"标题 2"样式,并分散对齐。
2. 将最后一段分成等栏宽的 2 栏显示,并加上分隔线。
3. 将第一段正文的前两个字首字下沉二行,字体为隶书。
4. 将正文中所有"Technology"替换为楷体、加粗、四号、蓝色、加下划波浪线。

实验 2-4 表格的制作

实验目的

1. 掌握表格的建立。
2. 掌握表格的编辑。
3. 掌握文本与表格的转换。
4. 了解表格计算。

实验内容

一、建立表格

建立下面的表格:

系别	1系	2系	3系	4系	5系
奖贷金	5520	5400	5280	5160	5890
学生数	600	550	500	450	550

【指导步骤】

① 启动 Word 2010,打开一新文档。

② 单击"插入"功能区"表格"组中的"插入表格"按钮,弹出如图 2-4-1 所示的"插入表格"下拉菜单。

③ 将鼠标指针移到网格最左列的第一格子中,按下左键,拖曳选择 4 行 6 列,然后释放左键,则得到一张 4×6 的空表格。

④ 在表格的各单元格中输入所要求的内容。

注意:各单元格内容输入完毕时,可按 TAB 键或方向键(→、←、↑、↓)使插入点移入下一格或直接单击下一格。不要按回车键,否则会增加多余的行空间。

图 2-4-1 "插入表格"下拉菜单

二、编辑表格

如同编辑文本一样,编辑表格通常也要先选定表格元素,然后再执行相应的编辑操作。在表格中,每个单元格、每行或每列都有一个不可见的选定区,选定表格元素的方法如下:

- 选定表格:将鼠标指针移到表格中,当在表格左上角上出现⊞时单击之,则选择整个表格。
- 选定单元格:将鼠标指针移到单元格的左边界处(选定区),指针变成指向右上方的箭头时单击。
- 选定列:将鼠标指针移到一列的顶部(选定区),指针变成向下的粗箭头时单击。
- 选定行:将鼠标指针移到一行的左边文本选定区,指针变成指向右上方的箭头时单击。
- 选定多个单元格、多行或多列:在要选定的单元格、行或列上拖动鼠标;或者,先选定某一单元格、行或列,然后按住 Shift 键单击其他单元格、行或列。
- 选定行、列或整个表格,除了利用鼠标选定之外,还可以先单击表格内相应的位置,然后选择"表格工具"功能区"布局"选项卡中"表"组的 选择 按钮,在打开的下拉菜单中选择"选择单元格"、"选择行"、"选择列"或"选择表格"命令。

1. 改变列宽

将表格第 1、2 列的宽度调整为 2 厘米,其余各列的宽度调整为 2.5 厘米。

【指导步骤】

① 选定表格第 1、2 列,选择"表格工具"功能区"布局"选项卡中"单元格大小"组的"表格列宽"设置按钮,在编辑框内设置列宽为 2 厘米。

② 选定表格第 3~6 列,用同样的方法设置列宽为 2.5 厘米。

2. 改变行高

将表格第 1 行的行高最小值设置为 25 磅。

【指导步骤】

① 选定表格第 1 行,选择"表格工具"功能区"布局"选项卡中"单元格大小"组中右下角的"表格属性"按钮,在出现的对话框中选择"行"选项卡(如图 2-4-2 所示)。

② 选中"指定高度"复选框,在右边的文本框中输入 25 磅,右面"行高值是"下拉框中选"最小值",然后单击"确定"按钮。

3. 插入表格元素

在表格的第 2 行前和最后一行的下面各增加一行,在表格第 3 列和最后一列的后面各增加一列。新的数据按下表输入:

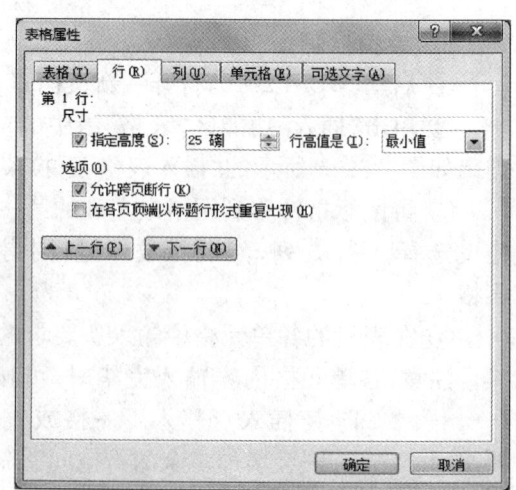

图 2-4-2 "表格属性"对话框

系别	1系	2系		3系	4系	5系	合计
奖贷金	5520	5400		5280	5160	5890	
学生数	600	550		500	450	550	
生均值							

【指导步骤】

① 将插入点置于表格第 2 行的任一单元格中,选择"表格工具"功能区"布局"选项卡中"行和列"组的"在上方插入"按钮,则在表格第 2 行的上面增加一空行。

② 将插入点置于表格最后一行的最后一个单元格中,按 Tab 键,则在表格最后一行的下面增加一空行。

③ 选定表格第 3 列,选择"表格工具"功能区"布局"选项卡中"行和列"组的"在右侧插入"按钮,则在表格第 3 列的后面增加一空列。用同样的方法在最后一列的后面增加一空列。

④ 在增加的空行和空列中输入所要求的数据,如上表所示。

4. 删除表格元素

删除表格中的空列、空行。

【指导步骤】

选定表格的第 4 列,选择"表格工具"功能区"布局"选项卡中"行和列"组的"删除"按钮,在打开的下拉菜单中选择"删除列"命令,即可删除该列。

选定表格的第 2 行,选择"行和列"组的"删除"按钮,在打开的下拉菜单中选择"删除行"命令按钮,即可删除该行。同样的方法删除第 5 行。

注意:按 Delete 键只能删除表格被选行/列中的内容。

5. 移动/复制表格元素

将表格第 2 行移动到最后一行的前面。

【指导步骤】

① 选定表格的第 2 行("奖贷金"的数据),单击"开始"功能区的"剪切"按钮。

② 将插入点移到最后第 2 行的第一个单元格中,单击"开始"功能区的"粘贴"按钮,在打开的"粘贴选项"列表中选择"以新行的形式插入"命令。

③ 表格行、列的复制与文本的移动、复制类似:可以选择"开始"功能区中的"剪贴"、"复制"、"粘贴"按钮;或者选择右键打开的快捷菜单中的"剪贴"、"复制"、"粘贴"命令;或者使用更简单的拖放编辑功能。

6. 拆分与合并单元格

在表格第 1 行的上面插入一行,然后将该行的第 2 个单元格一分为三,再将该行合并为一个单元格,输入表格标题"学校各系奖贷金使用情况统计表",如图 2-4-3 所示。

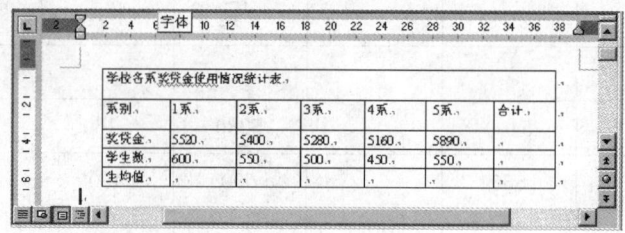

图 2-4-3　合并单元格

【指导步骤】

(1) 按要求插入行,并拆分单元格

① 将插入点移到表格第 1 行的任一单元格中,选择"表格工具"功能区"布局"选项卡中"行和列"组的"在上方插入"按钮,则在表格第 1 行的上面增加一空行。

② 选定新行的第 2 个单元格,选择"表格工具"功能区"布局"选项卡中"合并"组的"拆分单元格"按钮,打开"拆分单元格"对话框。

③ 选择拆分"列数"为"3"(如图 2-4-4 所示),然后单击"确定"按钮。

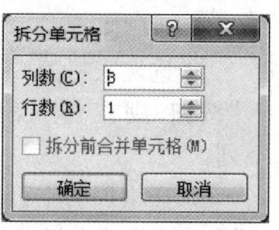

图 2-4-4　"拆分单元格"对话框

(2) 按要求合并单元格,并输入表格标题

① 选定所插入的新行,单击"合并"组的"合并单元格"按钮。

② 在合并的单元格中输入表格标题"学校各系奖贷金使用情况统计表"。

7. 拆分与合并表格

将表格拆分成如图 2-4-5 所示的两张表格,再将两个表格合并成一个表格。

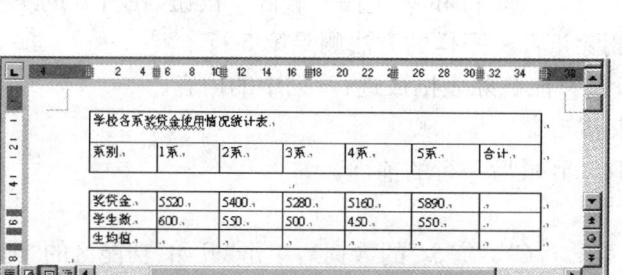

图 2-4-5　拆分后的表格

【指导步骤】

(1) 按样图将表格拆分

① 将插入点移到表格倒数第 3 行的任一单元格中。

② 选择"合并"组的"拆分表格"按钮。

(2) 按要求合并表格

选定两表格中间的段落标记,单击 Delete 按钮,两表格合成一个表格。

提示:选定下面一个表格,然后将鼠标指针移到选定区域(鼠标指针变成左斜空心箭头),按住鼠标左键,拖拽到上面一个表格的下一行行首,释放左键,也可合并两个表格为一个表。

8. 格式化表格

将整个表格居中。

将表格的外框线改为1.5磅单线,给第2行添加"白色,背景,深色底纹15%,1.5磅上下双线"。

【指导步骤】

(1) 设置表格对齐方式

① 将光标移入表格中任何一个单元格中,选择"表格工具"功能区"布局"选项卡中"表"组的"属性"按钮,在出现的如图2-4-6所示的对话框中选择"表格"选项卡。

图2-4-6　表格属性对话框

② 在"对齐方式"区选择"居中",单击"确定"按钮。

(2) 设置边框和底纹

利用"绘图边框"组中的相关按钮设置表格框线。

● 按要求更改表格的外框线:

① 选定整个表格,选择"表格工具"功能区"设计"选项卡。其中"绘图边框"组的相关按钮如图2-4-7所示。

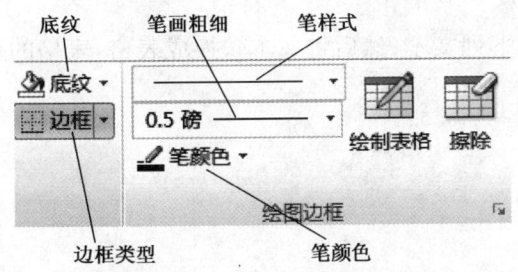

图2-4-7　"绘图边框"组中按钮

② 单击“绘图边框”组中“笔样式”下拉按钮，在打开的下拉列表中选择“单实线”。在“绘图边框”组中单击“笔画粗细”下拉按钮，在打开的下拉列表中选择“1.5 磅”。

③ 再应用边框类型，单击“边框”右边的下拉三角按钮，在下拉列表中选择“外框线”，这样表格的外框线就被设置为 1.5 磅的单线。

● 按要求格式化表格第 2 行：

① 选定表格第 2 行，单击“底纹”按钮旁的向下三角，在出现的底纹选项板中单击“白色背景，深色－15%”。

② 保持选定，在“笔样式”下拉列表中选择双线，在“笔画粗细”下拉列表中选择“1.5 磅”，在“边框”下拉列表中单击“上框线”选项，再在“边框”下拉列表中单击“下框线”选项。

格式化后的表格如图 2-4-8 所示。

学校各系奖贷金使用情况统计表						
系别	1系	2系	3系	4系	5系	合计
奖贷金	5520	5400	5280	5160	5890	
学生数	600	550	500	450	550	
生均值						

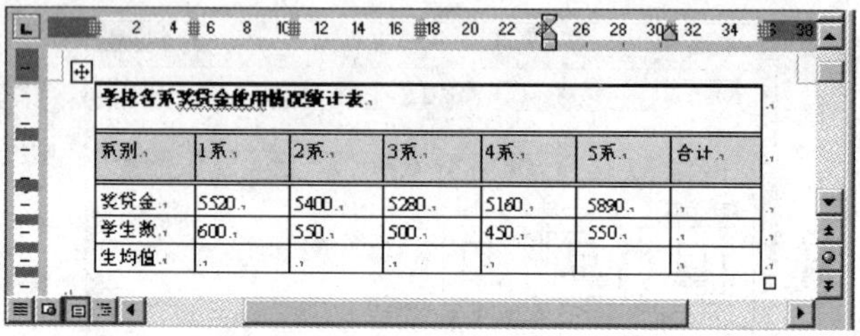

图 2-4-8　格式化后的表格

9. 表格中文字的格式设置

将表格第 1 行(标题)的字体设置为粗楷体、四号，再将第 2 行的字体设置为隶书、小四号，然后将第 1、2 行的文字水平、垂直居中。

【指导步骤】

① 选定表格第 1 行，在“字体”组中选择“楷体”、“四号”，单击“加粗”按钮。

② 选定表格第 2 行，在“字体”组中选择“隶书”、“小四”。

③ 选定表格第 1、2 行，单击“表格工具”功能区“布局”选项卡，在“对齐方式”组内选择“中部居中”按钮(如图 2-4-9 所示)。最后保存文档为 wd4.docx。

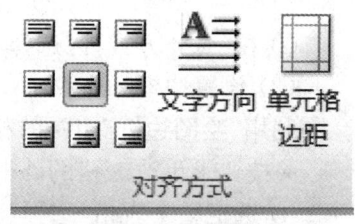

图 2-4-9　“对齐方式”组

三、文本与表格的转换

1. 将文本转换成表格

打开一新文件，输入下列文本；然后将文本转换成表格，表格的列宽为 2 厘米：

一月，二月，三月

100，150，120

200，180，190

190，220，170

【指导步骤】

① 单击“文件”选项卡中的“新建”命令(打开一新文件)，然后输入所要求的四行文本(注意：逗号一定要输入西文逗号)。

② 选定输入的四行文本,单击"插入"功能区"表格"组中的"插入表格"按钮,弹出"插入表格"下拉菜单。

③ 在"插入表格"下拉菜单中选择"文本转换成表格…"命令,出现"将文字转换成表格"对话框,如图 2-4-10 所示。

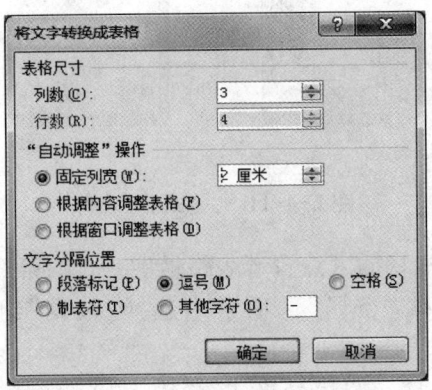

图 2-4-10 "将文字转换成表格"对话框

④ "固定列宽"设置为"2厘米",文字分隔位置为"逗号",然后单击"确定"按钮。转换后的表格如下所示。

一月	二月	三月
100	150	120
200	180	190
190	220	170

2. 将表格转换成文本

将文档中的表格转换成文本,以"♯"号作为文本分隔符,然后关闭文档。

【指导步骤】

① 选定表格,在"表格工具"功能区"布局"选项卡中,选择"数据"组里的"转换为文本"命令,出现相应的对话框。

② 在"其他"框中输入"♯",然后单击"确定"按钮。结果如下所示:

一月♯二月♯三月
100♯150♯120
200♯180♯190
190♯220♯170

③ 选择"文件"选项卡下的"关闭"命令,在出现的对话框中单击"保存"按钮,保存文档为 wd4_1.docx。

四、表格计算

在表格的最后一行,统计"生均值",保留 1 位小数,在最后一列计算"合计"。

【指导步骤】

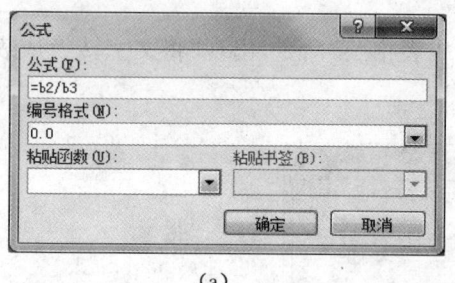
(a)

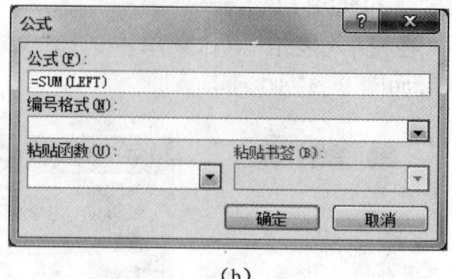
(b)

图 2-4-11 "公式"对话框

① 打开 wd4.docx 文件,将插入点置于表格最后一行的第 2 个单元格中。

② 在"表格工具"功能区"布局"选项卡中选择"数据"组里的"公式"按钮,出现如图 2-4-11(a)所示对话框。

③ 将公式改为"=b3/b4",在"编号格式"栏输入"0.0"(表示保留 1 位小数),单击"确定"按钮。同样的方法在右边的单元格中输入公式 c3/c4、d3/d4、e3/e4。

④ 将插入点置于表格第 3 行最后一列的单元格中,选择"数据"组里的"公式"按钮,出现图 2-4-11(b)所示的对话框,在公式框的文本框中自动出现"=SUM(LEFT)"公式。

⑤ 单击"确定"按钮,完成求和计算。

提示:将插入点置于其他要计算的单元格中,按 Ctrl+Y 重复刚才的操作,完成各合计值的计算。

【上机练习】

1. 新建一文档 lx4.doc。
2. 在文档中建一表格如下:

	学号	姓名	总分	名次
信息表	00001	张三	630	1
	00011	李四	600	2
	00045	王二	599	3

3. 依照上面表格的样式,合并单元格,并将外框线设置为 2 磅,内框线设置为 1 磅,框线全为红色,给第一列加白色背景,深色 15% 的底纹。

4. 将第 1 列列宽设置为 1 厘米,其他的设置为 1.5 厘米;第 1 行行高为 1 厘米。

5. 表格中文字中部居中、宋体、四号。

实验 2-5 对象的插入与编辑

【实验目的】

1. 掌握图片和图形的使用。

2. 掌握艺术字的使用。
3. 了解图表和公式的使用。
4. 掌握对象的基本编辑方法。

实验内容

输入以下内容,并以 wd5.docx 文件保存,然后进行下面的实验。

高校科技实力排名

高校科技实力排名由教委授权,uniranks.edu.cn 网站(一个纯公益性网站)6 月 7 日独家公布了 2012 年度全国高等学校科技统计数据和全国高校校办产业统计数据。据了解,这些数据是由教委科技司负责组织统计,全国 1000 多所高校的科技管理部门提供的。因此,其公正性、权威性是不容置疑的。

根据 6 月 7 日公布的数据,目前我国高校从事科技活动的人员有 27.5 万人,2008 年全国高校通过各种渠道获得的科技经费为 99.5 亿元,全国高校校办产业的销售(经营)总收入为 379.03 亿元,其中科技型企业销售收入 267.31 亿元,占总额的 70.52%。为满足社会各界对确切、权威的高校科技实力信息的需要,本版特公布其中的"高校科研经费排行榜"。

一、插入图片和图形对象

1. 图片对象

(1) 插入剪贴画

在文末插入一幅"科技"类别中的剪贴画。

【指导步骤】

① 将插入点移到文末,单击"插入"→"插图"组→"剪贴画"按钮,显示"剪贴画"任务窗格。

② 在"剪贴画"任务窗格"搜索文字"文本框中输入"科技",在"结果类型"下拉列表框中点选"图片"复选框(如图 2-5-1 所示),单击"搜索"按钮,满足搜索要求的图片显示在结果列表框中。

③ 在搜索结果列表框中选择一幅图片,单击右键选择"插入"命令,剪贴画被插入到文件末。

(2) 插入图片文件

在标题前面以嵌入方式插入图片 AG00004_.GIF,该图片在 C:\Program Files\Microsoft Office\CLIPART\PUB60COR 文件夹中。

【指导步骤】

① 将插入点移到标题前面,单击"插入"→"插图"组→"图片",弹出"插入图片"对话框。选择"C:\Program Files\Microsoft Office\CLIPART\PUB60COR"文件夹。

② 并在下面的列表中选定 AG00004_.GIF 图片文件,如图 2-5-2 所示。

③ 单击"插入"按钮。注:此时插入的图片是以嵌入方式插入的,

图 2-5-1 "剪贴画"任务窗格

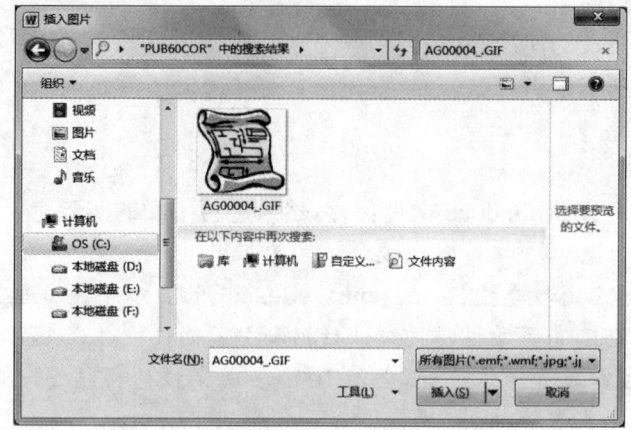

图 2-5-2 "插入图片"对话框

暂时不去管它。

(3) 设置图片的格式

按下面要求进行图片的设置：

① 将标题前所插入的图片高缩小至 25％、宽缩小至 30％。

② 将文档中的剪贴画高和宽缩小至 30％、并设置"四周型"环绕方式,然后将该图片拖到文档的右下角,使文字环绕在图片的两边。

【指导步骤】

(1) 按要求设置标题前的图片的格式

① 右击标题前的图片(使图片的四周出现八个小方块),弹出快捷菜单。

② 选择菜单中的"位置和大小"命令,在出现的对话框中选择"大小"选项卡。

③ 如图 2-5-3 所示,先在"缩放"区,取消对"锁定纵横比"的选定(去掉小方框中的"√"),再将"高度"框中值改为 25％,将"宽度"框中的值改为"30％"。

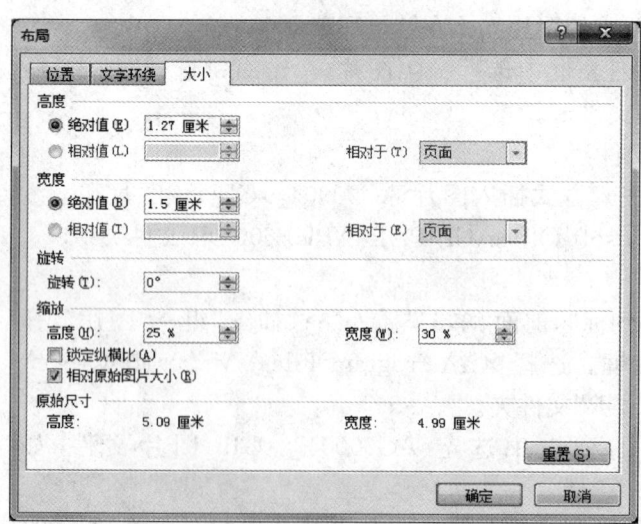

图 2-5-3 "布局"对话框

④ 单击"确定"按钮。

（2）按要求设置文档中剪贴画图片的格式

① 右击文档末尾中的剪贴画（使图片的四周出现八个小方块），弹出快捷菜单，选择"位置和大小"命令。

② 在出现的对话框中选择"大小"选项卡，保持"锁定纵横比"的选定（小方框中有"√"），再将"高度"或"宽度"框中的值改为"30％"。

③ 选择"文字环绕"选项卡，环绕方式选择"四周型"，环绕位置选择"两边"，然后单击"确定"按钮。

④ 将该图片拖到文档的右下角，使文字环绕在图片的两边，如图 2-5-4 所示。

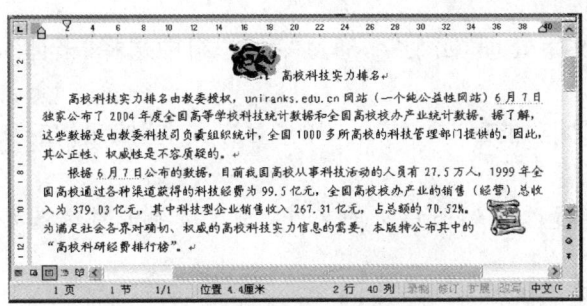

图 2-5-4　"图片格式"设置

2. 图形对象

（1）自选图形的插入

按下列要求进行操作：

① 在文末的左下方插入如图 2-5-5 所示的自选图形。

图 2-5-5　"上凸带形"图形

图 2-5-6　"图形"列表框

② 在图形中输入文字,并将文字居中,设置为粗楷体、四号。

【指导步骤】

(1) 按样图插入自选图形

① 单击"插入"→"插图"组→"形状"按钮,弹出"图形"列表框。

② 指向"星与旗帜"→单击"上凸带形"按钮(如图 2-5-6 所示)。

③ 将鼠标指针移到文末的左下方,拖曳出一个适当大小的"上凸带形"图形。

(2) 按要求在自选图形中添加文字

① 右键单击所插入的"上凸带形"图形,在弹出的快捷菜单中选择"添加文字",插入点光标出现在图形中。

② 输入"文字处理"。

③ 选定输入的"文字处理"四个字,通过"字体"组中选择"楷体","四号",单击"加粗"按钮。

④ 选择"绘图工具"功能区"文本"组中的"对齐文本"按钮,在打开的下拉菜单中选择"中部对齐"命令。

提示:如果要编辑修改自选图形中的文字,可直接单击自选图形中的文字部分,进行修改。

(2) 设置图形对象的格式

将自选图形的高调整为 2.3 厘米、宽调整为 6 厘米,将填充颜色设置为"水绿",并设置"四周型"环绕方式;然后将该图形拖到文档的左下角,使文字环绕在图形的两边。

【指导步骤】

(1) 按要求设置自选图形的格式

① 右击文末的自选图形(使图形的四周出现八个小方块),在打开的快捷菜单中选择"其他布局选项"命令,出现"布局"对话框。

② 选择"大小"选项卡,将"高度"框中的值改为"2.3 厘米",将"宽度"框中的值改为"6 厘米"。

③ 选择"文字环绕"选项卡,环绕方式选择"四周型",环绕位置选择"两边",然后单击"确定"按钮。

④ 再一次地右击文末的自选图形,在打开的快捷菜单中选择"设置形状格式"命令,出现"设置形状格式"对话框。在左边窗格选择"填充",单击右边"颜色"框右边的向下三角,在出现的颜色选择框中单击"水绿"色小方块,如图 2-5-7 所示。

(2) 按要求移动图形

将该图形拖到文档的左下角,并适当调整图形的位置,使文字环绕在图形的两边。

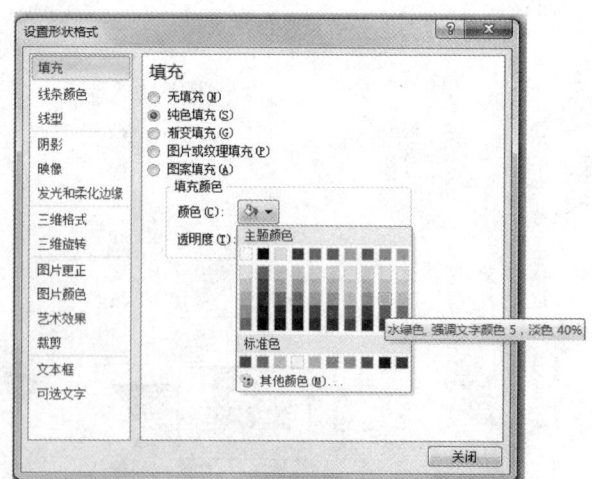

图 2-5-7 "设置形状格式"对话框

3. 插入文本框

按下列要求进行操作：

① 在文末的正下方插入横排文本框，并在其中输入"为满足社会各界对确切、权威的高校科技实力信息的需要，本版特公布其中的'高校科研经费排行榜'"。

② 设置文本框中文字格式为楷体、五号。线条颜色为实线、红色，线型宽度为 2 磅、双线、长划线，阴影效果为预设的外部右下斜偏移。

③ 文本框内部边距为四周均为 0.25 厘米。设置效果如图 2-5-8 所示。

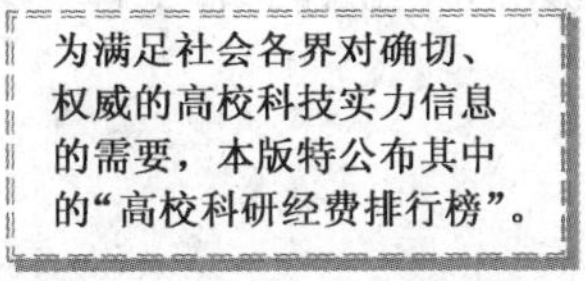

图 2-5-8　文本框设置结果

【指导步骤】

（1）插入横排文本框，并输入文字内容

① 单击"插入"→"插图"组→"形状"按钮，弹出"图形"列表框。

② 指向"基本形状"→单击"文本框"按钮（如图 2-5-6 所示）。（也可单击"文本"组的"文本框"按钮）

③ 将鼠标指针移到文末的正下方，拖曳出一个适当大小的横排文本框，并按要求在文本框中添加文字，并利用"开始"→"字体"组的相关按钮设置文字格式为楷体、五号。

（2）设置文本框的格式

① 右键单击所插入的文本框边框，在弹出的快捷菜单中选择"设置形状格式"，打开"设置形状格式"对话框，如图 2-5-9 所示。

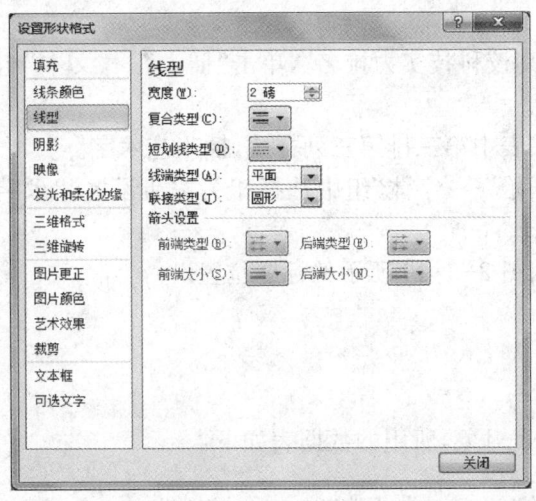

图 2-5-9　"设置形状格式"对话框

② 在对话框中选择左边窗格的"线条颜色"项，在右边窗格中设置线条颜色为"实线"、"红色"。

③ 继续在对话框中选择左边窗格的"线型"项，在右边窗格中设置线型宽度为"2 磅"，复合类型为"双线"，短划线类型为"长划线"。

④ 继续在对话框中选择左边窗格的"阴影"项，在右边窗格中单击"预设"下拉框，在列表中选择"外部"区中的第一项"右下斜偏移"。

⑤ 完成设置，单击"关闭"按钮。

二、艺术字的使用

插入艺术字对象

删除标题前面的图片,原标题改成用艺术字"高校科技实力排名"作为标题(如图 2-5-10 所示),艺术字的字体为隶书、36 磅。

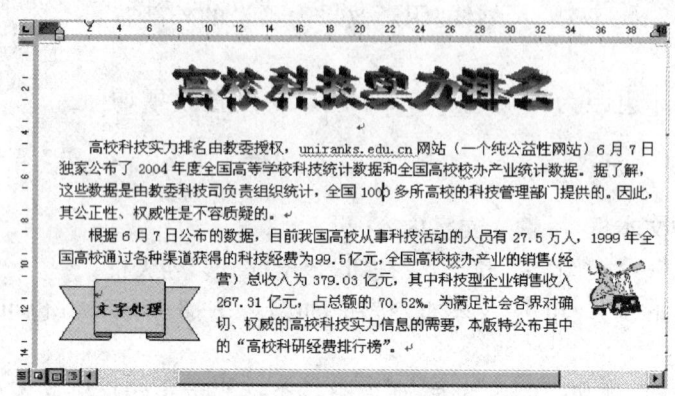

图 2-5-10　插入艺术字

【指导步骤】

(1)删除标题前面的图片

选定标题前面的图片,然后单击"剪切"按钮或者按 Delete 键。

(2)插入艺术字

① 选定标题文字"高校科技实力排名",单击"插入"→"文本"组→单击"艺术字"按钮,出现"艺术字"样式列表。

② 选定艺术字样式表中第三排第三列样式,插入艺术字。

③ 保持选择,在"开始"→"字体"组中选择相关按钮设置艺术字字体为"隶书",字号为"36 磅"。

④ 将艺术字拖放到图 2-5-10 所示的标题位置。

三、插入图表

1. 插入图表

在文档下面插入图表对象,所用的数据表如下:

学生	小学生	初中生	高中生
支出(元)	370.79	610.65	1248.25

【指导步骤】

① 将插入点移到文末,单击"插入"→"绘图"→单击"图表"按钮,出现"插入图表"对话框,选择"柱形图"及右侧的子图,如图 2-5-11 所示。

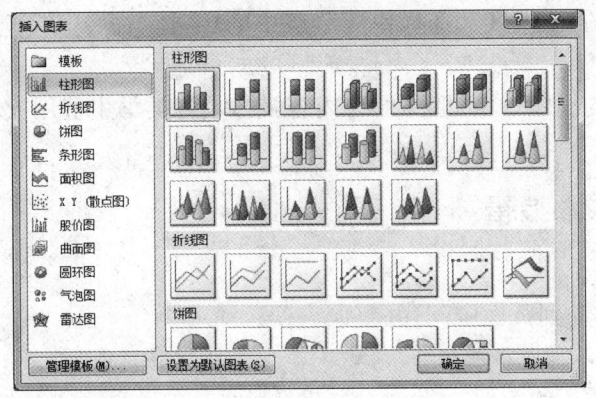

图 2-5-11 "插入图表"对话框

② 单击"确定"按钮，打开并修改"数据表"窗口中的数据，如图 2-5-12 所示。

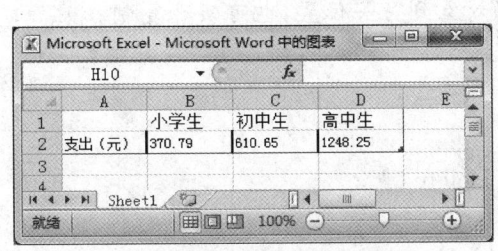

图 2-5-12 "数据表"窗口　　　　图 2-5-13 插入的图表

③ 关闭"数据表"窗口，返回原文档编辑窗口，插入如图 2-5-13 所示的图表。
④ 修改图表的环绕方向为上下型，将插入的图表移动到文档下面。

2. 改变图表类型

① 将图表类型改为柱形图的第三种子类型。
② 修改图表中的数据。
③ 修改图表中各元素的格式，设置图表区的字体大小为 8 磅，将图表标题内容改为"各类学生费用支出表"。

【指导步骤】

（1）将图表类型改为柱形图的第三种子类型

右击图表，选择快捷菜单中的"更改图表类型"命令。打开"更改图表类型"对话框，选择柱形图的第三个子图，按"确定"按钮完成更改。

（2）修改图表中的数据。

① 右击图表，选择快捷菜单中的"编辑数据"命令，打开数据表编辑窗口，如图 2-5-12 所示。
② 在此修改表中的数据。修改后关闭数据表编辑窗口返回当前文档。

（3）修改图表中各元素的格式，设置图表区的字体大小为 8 磅，将图表标题内容改为"各类学生费用支出表"

① 右击图表中的"图表区",选择快捷菜单中的"字体"命令,在打开的对话框中设置字体为 8 磅。
② 单击图表中的标题对象,删除原有内容,输入"各类学生费用支出表"即可。
最后保存文档。

四、对象的基本编辑

1. 移动/复制对象

将插入的图形移动到页面中间,并复制一份。

【指导步骤】

① 单击选定所插入的图形。
② 将指针移动到选定对象的边框处,待指针形状变为十字形箭头时,按住左键,将该对象水平地拖动到页面中间。
③ 单击"复制"按钮,然后单击"粘贴"按钮。
④ 适当移动两个图形,使它们分开。

提示:选定对象后,按住 Ctrl 键的同时,拖动对象到另一位置,也可实现复制。

2. 删除对象

删除一个图形。

【指导步骤】

单击选定一个图形,单击"剪切"按钮或者按 Delete 键。
最后保存 wd5.docx 文档。

【上机练习】

打开 lx1.doc,并进行如下操作:

1. 在正文第二段插入一幅剪贴画(任选),并将其设置为四周环绕,高、宽缩小到 30%,并添加 1 磅的单线框。

2. 在正文后插入自选图形,如样图所示,并在其中添加文字"科技导读",自选图形的外框线为红色虚线,2 磅,设置自选图形格式,使其中文字为黑体,2 号,并居中放置。

3. 正文前插入艺术字"PON 在宽带光接入网络中的应用",样式选第一行第三列,艺术字的字体为楷体,32 磅。

4. 插入公式:

$$x = \frac{-b \pm \sqrt{b^2 - 4ac}}{2a}$$

第 3 部分 Excel 2010 电子表格

实验 3-1　Excel 2010 的基本操作

实验目的

1. 熟悉 Excel 2010 的用户界面。
2. 掌握对象的选择操作。
3. 掌握数据的输入和编辑操作。

实验内容

一、选择工作对象

1. 选择工作表 Sheet2

【指导步骤】

鼠标单击 Sheet2 工作表的标签。

2. 选择 B5 单元格

【指导步骤】

直接单击：鼠标单击 B5 单元格。

用"名称框"：单击编辑栏中的"名称框"，输入单元格地址：B5，按【Enter】回车键。

3. 选取 A1:F10 区域

【指导步骤】

① 拖拽：单击左上角的单元格 A1，按住鼠标左键拖拽至右下角 F10。

② Shift+单击：单击左上角的单元格 A1，按住 Shift 键单击右下角 F10。

4. 同时选择 A1:B4 和 C6:E7

【指导步骤】

用上述方法先选择 A1:B4，按住【Ctrl】键，再选择 C6:E7。

5. 选择第 3 行(或第 3 列)所有单元格

【指导步骤】

单击行号"3"(或列标"C")。

6. 选择第 3~5 三行

【指导步骤】

单击行号"3"，拖拽到行号"5"。

二、输入数据

	A	B	C	D	E	F	G	H
1	计算机信息高新技术考试（CITT）考生登记表							
2	编号	姓名	性别	年龄	职业	模块	考试日期	总分
3	30001	刘永森	男	28	教师	办公应用	2007/8/14	90
4	30002	王芳	女	21	秘书	数据库	2007/8/26	84.5
5	30003	徐娟	女	22	学生	办公应用	2007/8/16	80
6	30004	王敏	女	24	教师	数据库	2007/7/16	68
7	30005	吴兰	女	23	教师	计算机速记	2007/5/12	75
8	30006	陶达	男	22	学生	图形图像处理	2007/6/16	85

图 3-1-1　Sheet1 工作表中输入的数据

1．在 Sheet1 工作表中输入如图 3-1-1 所示的数据

【指导步骤】

① 单击 Sheet1 工作表的标签，单击 A1 单元格，输入表格标题"计算机信息高新技术考试（CITT）考生登记表"。

② 在 A2：H2 单元格中输入列标题"编号"、"姓名"、"性别"、"年龄"、"职业"、"模块"、"考试日期"、"总分"。

③ 在 A3 单元格中按文本数据输入考生编号：'30001（注意：'为英文单引号），用"智能填充功能"拖拽 A3 单元格右下角的填充柄至 A8。

④ 依次在 B3：H8 单元格中输入其他内容。

"年龄"和"总分"按数值数据输入、"考试日期"按日期格式数据输入、其他内容按文本数据输入。

注意：如果单元格的宽度不够，将鼠标指针移至该单元格的列标右边界处，指针变成双向箭头时拖动至合适位置松开。双击列标右边的边界可以将该列调整为最适合列宽（列中能显示最宽内容的单元格的宽度）。

2．在 Sheet2 工作表中输入下列数据

(1) 在 A3 单元格中输入分数：3/7。

【指导步骤】

单击 A3 单元格，先输入 0（零）和半角空格，再输入分数：0 3/7

(2) 分别在 A5、A6 单元格中输入当前的日期和时间。

【指导步骤】

单击 A5 单元格，同时按下【Ctrl】+【;】(分号)键。

单击 A6 单元格，同时按下【Ctrl】+【Shift】+【;】(分号)键。

(3) B1：B20 单元开始的列中输入数值 2，4，6，8，…，40（用智能填充功能）。

【指导步骤】

在 B1、B2 单元格中分别输入"2"、"4"，选择 B1、B2 两单元格，拖拽该单元格区域右下角的填充柄至 B20。

(4) C2：C20 区域中依次输入"一月"，"二月"，"三月"，…（用智能填充功能）。

【指导步骤】

单击 C2 单元格，输入"一月"，拖拽 C2 单元格右下角的填充柄至 C20。

(5) D1：D20 区域中依次输入"1 月 1 日"，"1 月 2 日"，…"1 月 20 日"（用智能填充功能）。

【指导步骤】

单击 D1 单元格,输入"1月1日",拖拽 D1 单元格右下角的填充柄至 D20。

(6) E1:E20 区域中依次输入数值 100,50,25,12.5,6.25,3.125…(用智能填充功能)。

【指导步骤】

在 E1、E2 单元格中分别输入"100"、"50",选择 E1、E2 两单元格,用右键拖拽该单元格区域右下角的填充柄至 E20。在弹出的右键快捷菜单中选择"等比序列"菜单项。

Sheet2 工作表中数据输入结果如图 3-1-2 所示。

	A	B	C	D	E
1		2		1月1日	100
2		4	一月	1月2日	50
3	3/7	6	二月	1月3日	25
4		8	三月	1月4日	12.5
5	2008-5-19	10	四月	1月5日	6.25
6	05:03 PM	12	五月	1月6日	3.125
7		14	六月	1月7日	1.5625
8		16	七月	1月8日	0.78125
9		18	八月	1月9日	0.390625
10		20	九月	1月10日	0.1953125
11		22	十月	1月11日	0.09765625
12		24	十一月	1月12日	0.048828125
13		26	十二月	1月13日	0.024414062
14		28	一月	1月14日	0.012207031
15		30	二月	1月15日	0.006103516
16		32	三月	1月16日	0.003051758
17		34	四月	1月17日	0.001525879
18		36	五月	1月18日	0.000762939
19		38	六月	1月19日	0.00038147
20		40	七月	1月20日	0.000190735

图 3-1-2　Sheet2 工作表中数据输入结果

三、数据的移动和复制

1. 将 Sheet1 工作表中的 A2:H3 区域的数据复制到 A10 单元格开始的区域中

【指导步骤】

方法一:

① 选择 A2:H3 区域。

② 单击"开始"选项卡"剪贴板"命令组中的"复制"按钮,或单击右键,选择右键快捷菜单中的"复制"菜单项;或者按【Ctrl】+【C】键。

③ 单击目标区域的左上角单元格 A10。

④ 单击"开始"选项卡"剪贴板"命令组中"粘贴"按钮,或单击右键,选择右键快捷菜单中"粘贴选项"下的"粘贴"按钮,或者按【Ctrl】+【V】键。

方法二:

① 选择 A2:H3 区域。

② 将鼠标指针指向 A2:H3 区域的边框上,使其变为带双向箭头的指针。

③ 按住【Ctrl】键拖移鼠标,鼠标箭头上会增加一个带"+"号的虚线框。

④ 当虚线框到达目标区 A10:H11 后,如图 3-1-3 所示,先松开鼠标左键,再松开【Ctrl】键。

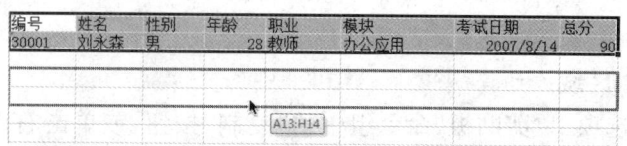

图 3-1-3　将工作表中的数据复制到另一个区域

2. 将刚复制的 A10:H11 区域的数据搬移到 A13:H14 单元格区域中

【指导步骤】

方法一：

① 选择 A10:H11 区域。

② 单击"开始"选项卡"剪贴板"命令组中的"剪切"按钮，或单击右键，选择右键快捷菜单中的"剪切"命令，或者按【Ctrl】+【X】键。

③ 单击目标区域的左上角单元格 A13。

④ 单击"开始"选项卡"剪贴板"命令组中"粘贴"按钮，或单击右键，选择右键快捷菜单中"粘贴选项"下的"粘贴"按钮，或者按【Ctrl】+【V】键。

方法二：

① 选择 A10:H11 区域。

② 将鼠标指针指向 A10:H11 区域的边框上，使其变为带双向箭头的指针。

③ 拖移鼠标，鼠标箭头上会增加一个虚线框。

④ 当虚线框到达目标区 A13:H14 后，如图 3-1-4 所示，松开鼠标左键。

图 3-1-4　将工作表中的数据剪切到另一个区域

3. 数据行列的互换

将 Sheet1 工作表中的 A2:H8 区域的数据复制到 Sheet3 工作表 A1 单元格开始的区域中，并使其中的数据行列互换。

【指导步骤】

① 选择 Sheet1 工作表中的 A2:H8 区域，单击"开始"选项卡"剪贴板"命令组中的"复制"按钮。

② 单击 Sheet3 工作表 A1 单元格。

③ 选择"开始"选项卡"剪贴板"命令组中"粘贴"命令，或单击右键，均可出现"选择性粘贴"选项，单击它，弹出"选择性粘贴"对话框，如图 3-1-5 所示。

④ 在"选择性粘贴"对话框中选中"转置"复选框。单击"确定"按钮。

⑤ 调整单元格的列宽,操作结果如图 3-1-6 所示。

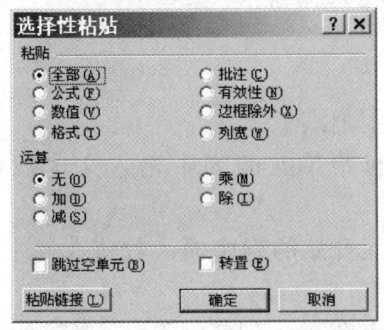

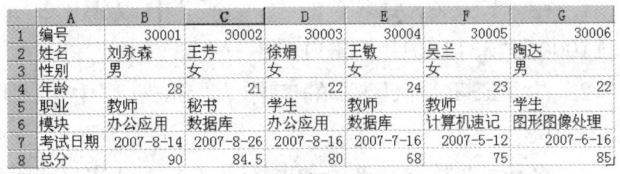

图 3-1-5 "选择性粘贴"对话框　　　　图 3-1-6 数据行、列互换的结果

四、单元格、行、列的插入和删除

在 Sheet1 工作表中进行如下操作。

1. F3 单元格处插入一空白单元格,将 F3:F8 单元格中的原内容下移一个单元格

【指导步骤】

右击 F3 单元格,在弹出的右键快捷菜单中选择"插入"菜单项,在弹出的"插入"对话框中选择"活动单元格下移"单选框,如图 3-1-7 所示,单击"确定"按钮。

2. 删除刚插入的空白单元格,恢复原样

【指导步骤】

右击 F3 单元格,在弹出的右键快捷菜单中选择"删除"菜单项,弹出的"删除"对话框,如图 3-1-8 所示,选择"下方单元格上移"单选框,单击"确定"按钮。

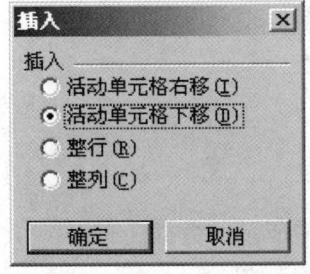
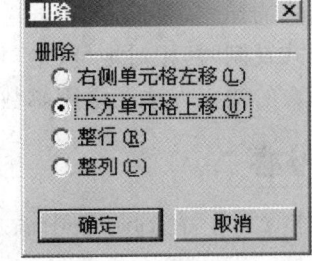

图 3-1-7 "插入"对话框　　　　图 3-1-8 "删除"对话框

3. 在"总分"列前插入一空列

【指导步骤】

右击列标"H",在弹出的右键快捷菜单中选择"插入"菜单项。

4. 在列标题下面插入一空行

【指导步骤】

右击行号"3",在弹出的右键快捷菜单中选择"插入"菜单项。

5. 将前面插入的行、列全部删除

【指导步骤】

分别右击列标"H"、行号"3",在弹出的右键快捷菜单中选择"删除"菜单项。

将以上内容保存在 D 盘 Esy1.xlsx 中。

【上机练习】

打开 Excel 工作簿文件 TESTA.XLSX,依次完成下列操作:

1. 在 TESTA.XLSX 的"Sheet2"中以 B1 单元为起始单元的列中输入文本数据 "3311000","3311001","3311002"…"3311020"。

2. 在 TESTA.XLSX 的工作表"Sheet2"中以 C1 单元开始的列中输入数值 3,6,12, 24,…,768。

3. 将数据"考点 20","考点 18","考点 16",……,"考点 2"输入到 TESTA.XLSX 的工作表"Sheet2"中的以单元 D1 开始的列中。

4. 将 TESTA.XLSX 的工作表"Sheet3"中 C5:D7 区域中的数据与 E7:F9 区域中的数据交换。

5. 在 TESTB.XLSX 的"销售报告"中的 C4 单元格开始处插入一个 3×3 的空白区,要求现有单元格下移。

6. 转置显示 TESTA.XLSX 的工作表"表 1"中 B5:H9 区域中的数据,放置在以 B12 为左上角开始的区域中,要求转置时表格的边框除外。

7. 将 TESTA.XLSX 的工作表"表 1"中 B5:H9 区域中的数值(不要格式)复制到 "Sheet3"中 B14 单元格开始的区域中。

实验 3-2 公式与函数的使用

实验目的

1. 掌握公式的输入、编辑方法。
2. 掌握公式复制时,相对地址、绝对地址的区别。
3. 掌握函数的输入方法及常用函数的使用。

实验内容

新建一工作簿文件,在 Sheet1 中输入如表 3-2-1 所示的数据。

表 3-2-1 精品家电城销售表

精品家电城销售表(万元)				
	一月	二月	三月	销售合计
电视机	32	28	30	
空调	40	35	28	
电冰箱	30	25	20	
音响设备	25	20	18	
洗衣机	32	30	28	
季度总销售额				

一、公式的使用

1. 计算各种家电的"销售合计"及"季度总销售额"

【指导步骤】

① 单击 E3 单元格。

② 输入英文半角"="号。

③ 在"="号后输入公式：B3+C3+D3，按 Enter 回车键或单击编辑栏中的"√"按钮，确认刚才输入的公式。

或直接单击"开始"选项卡"编辑"命令组的"自动求和"按钮 Σ▾，如图 3-2-1 所示，按【Enter】回车键确认。

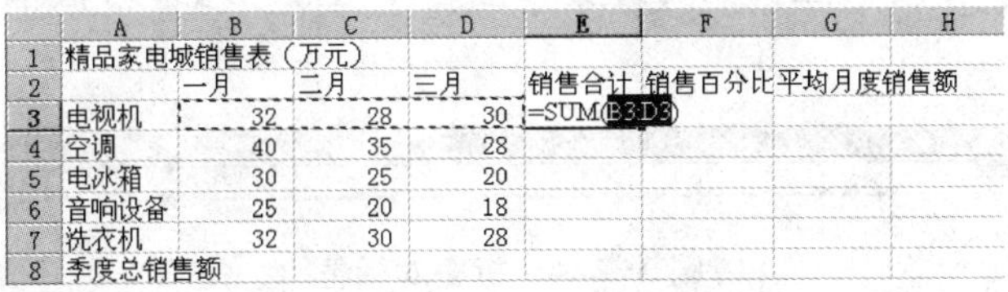

图 3-2-1　单击"自动求和"按钮的结果

④ 拖拽 E3 单元格右下角的填充柄至 E7。

⑤ 单击 E8 单元格，单击"开始"选项卡"编辑"命令组的"自动求和"按钮 Σ▾，确认公式为：=SUM(E3:E7)，按【Enter】回车键确认。

2. 计算各种家电的"销售百分比"（销售百分比=销售合计/季度总销售额*100）

【指导步骤】

① 单击 F3 单元格。

② 输入公式：=E3/E8*100。

③ 在编辑栏的公式中单击单元格地址 E8，再按【F4】键将相对地址转换成绝对地址，公式变为"=E3/\$E\$8*100"。

④ 拖拽 F3 单元格右下角的填充柄至 F7。

思考题：如果跳过第③步，直接到第④步的智能填充，结果会如何？为什么？

二、函数的输入

计算各种家电的"平均月度销售额"

【指导步骤】

① 单击 G3 单元格。

② 单击编辑栏中的插入函数按钮（f_x），弹出"插入函数"对话框，如图 3-2-2 所示。

③ 在"选择类别"中选择"常用函数"，在"选择函数"框中选择"AVERAGE"，单击"确定"按钮。

④ 弹出"函数参数"对话框，如图 3-2-3 所示。

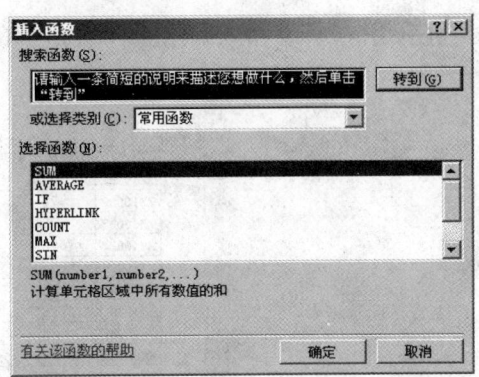

图 3-2-2　"插入函数"对话框

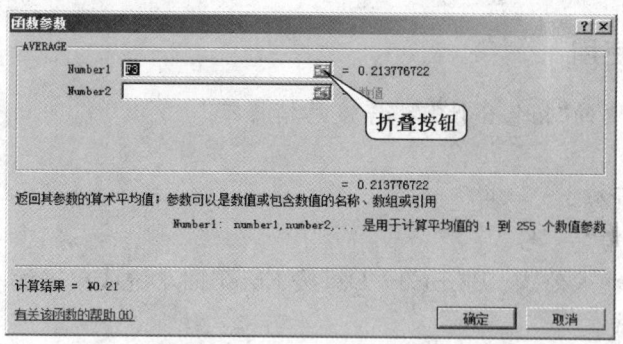

图 3-2-3 "函数参数"对话框

⑤ 单击"Number1"文本框右侧的折叠按钮,"函数参数"对话框变换成如图 3-2-4 所示的"折叠"对话框。

图 3-2-4 折叠对话框

⑥ 用鼠标选择求平均值的数据区域"B3:D3",选择完后,再单击右侧的折叠按钮返回。
⑦ 单击"确定"按钮;G3 单元格中的公式为:=AVERAGE(B3:D3)。
⑧ 拖拽 G3 单元格右下角的填充柄至 G7。
Sheet1 中"精品家电城销售表"的计算结果如图 3-2-5 所示。

	A	B	C	D	E	F	G	H
1	精品家电城销售表(万元)							
2		一月	二月	三月	销售合计	销售百分比	平均月度销售额	
3	电视机	32	28	30	90	21.377672	30	
4	空调	40	35	28	103	24.465558	34	
5	电冰箱	30	25	20	75	17.814727	25	
6	音响设备	25	20	18	63	14.964371	21	
7	洗衣机	32	30	28	90	21.377672	30	
8	季度总销售额				421			

图 3-2-5 "精品家电城销售表"的计算结果

三、常用函数的使用

在 Sheet2 中输入如图 3-2-6 所示的数据。

	A	B	C	D	E	F	G	H	I	J
1		初二(1)班期中成绩单								
2										
3		学号	外语	数学	地理	语文	总分	平均分	名次	等级
4		XX10001	76	87	57.5	65				
5		XX10002	76	78	79	76				
6		XX10003	79	68	78	78				
7		XX10004	98	45	68	91				
8		XX10005	97	98	45	90				
9		XX10006	76	87	98	68				
10		XX10007	78	50	65	78				
11		XX10008	68	88	76	70				
12		XX10009	60	45	73	45				
13		XX10010	98	82	85	98				
14		XX10011	77	87	67	89				
15		XX10012	89	77	45	77				

图 3-2-6 Sheet2 中输入的数据

1. 计算各学生的"总分"

【指导步骤】

① 单击 G4 单元格。

② 单击"开始"选项卡"编辑"命令组的"自动求和"按钮 Σ ▼,确认公式为:＝SUM(C4:F4),按【Enter】回车键。

③ 拖拽 G4 单元格右下角的填充柄至 G15。

2. 计算各学生的"平均分"

【指导步骤】

① 单击 H4 单元格。

② 单击"开始"选项卡"编辑"命令组的"自动求和"按钮 Σ ▼ 的下拉箭头,在下拉列表中选择"平均值",如图 3-2-7 所示。

③ 用鼠标选择计算的单元格区域:C4:F4,确认公式为:＝AVERAGE(C4:F4),按【Enter】回车键。

④ 拖拽 H4 单元格右下角的填充柄至 H15。

3. 根据每个学生的"总分",求出他们的"名次"

【指导步骤】

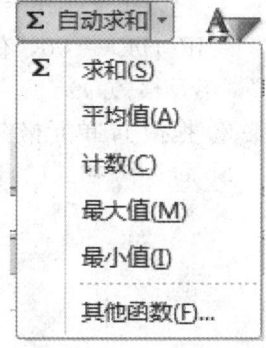

图 3-2-7 "自动求和"按钮下拉列表

① 单击 I4 单元格。

② 单击编辑栏中的插入函数按钮(fx),弹出"插入函数"对话框,如图 3-2-2 所示。

③ 在"搜索函数"文本框中输入"RANK",按【Enter】回车键,在"选择函数"列出的函数中选择"RANK"。

④ 单击"确定"按钮,弹出"函数参数"对话框。

⑤ 在"Number"文本框中输入当前的求名次的单元格"G4"。

⑥ 单击"Ref"右侧的折叠按钮,在弹出的"折叠"对话框中选择求名次的数据区域"G4:G15"。选择完后,再单击右侧的折叠按钮返回。

⑦ 单击单元格地址"G4",再按【F4】键将相对地址转换成绝对地址"＄G＄4",同样将"G15"转换成"＄G＄15"。

⑧ "Order"省略,按降序排列进行排位,即"G4:G15"中数值最大的排名为"1",RANK函数的参数设置结果如图 3-2-8 所示。

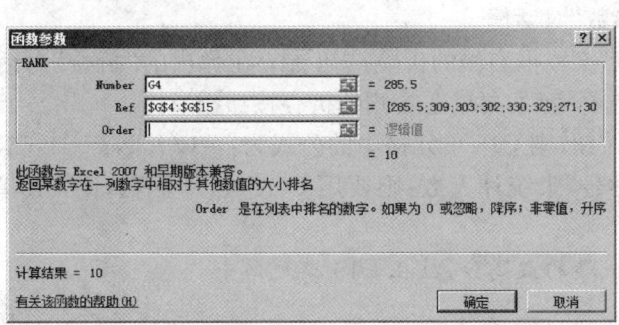

图 3-2-8 RANK 函数的参数设置结果

⑨ 单击"确定"按钮,I4 单元格中的公式为:

=RANK(G4,$G$4:$G$15)。

⑩ 拖拽 I4 单元格右下角的填充柄至 I15。

思考题：如果跳过第⑦步，直接到第⑧步，结果会如何？为什么？

4. 根据学生的"平均分"，将其转换成"优、良、中、及格、不及格"五级制"等级"

【指导步骤】

① 单击 J4 单元格。

② 输入英文半角"="号，在"="号后输入下列公式：

=IF(H4>=90,"优",IF(H4>=80,"良",IF(H4>=70,"中",IF(H4>=60,"及格","不及格"))))

③ 拖拽 J4 单元格右下角的填充柄至 J15。

Sheet2 中"初二(1)班期中成绩单"的计算结果如图 3-2-9 所示。

	A	B	C	D	E	F	G	H	I	J
1					初二（1）班期中成绩单					
2										
3		学号	外语	数学	地理	语文	总分	平均分	名次	等级
4		XX10001	76	87	57.5	65	285.5	71	10	中
5		XX10002	76	78	79	76	309	77	5	中
6		XX10003	79	68	78	78	303	76	6	中
7		XX10004	98	45	68	91	302	76	7	中
8		XX10005	97	98	45	90	330	83	2	良
9		XX10006	76	87	98	68	329	82	3	良
10		XX10007	78	50	65	78	271	68	11	及格
11		XX10008	68	88	76	70	302	76	7	中
12		XX10009	60	45	73	45	223	56	12	不及格
13		XX10010	98	82	85	98	363	91	1	优
14		XX10011	77	87	67	89	320	80	4	良
15		XX10012	89	77	45	77	288	72	9	中

图 3-2-9 "初二(1)班期中成绩单"的计算结果

5. 统计"初二(1)班"学生的人数，放在 C16 单元格中

【指导步骤】

① 单击 C16 单元格。

② 单击编辑栏中的插入函数按钮（f*），弹出"插入函数"对话框。

③ 在"选择类别"中选择"常用函数"，在"选择函数"框中选择"COUNT"，单击"确定"按钮。

④ 弹出"函数参数"对话框。

⑤ 单击"Value1"文本框右侧的折叠按钮，在弹出的"折叠"对话框中选择统计的数据区域"C4:C15"。选择完后，再单击右侧的折叠按钮返回。

⑥ 单击"确定"按钮，则 C16 单元格中的公式为：=COUNT(C4:C15)。

注意：如果用"学号"来统计人数，则要用 COUNTA 函数，则 B16 单元格中的公式为：=COUNTA(B4:B15)。

6. 求出"数学"成绩的最高分，放在 D16 单元格中

【指导步骤】

① 单击 D16 单元格。

② 单击编辑栏中的插入函数按钮（f*），弹出"插入函数"对话框。

③ 在"选择类别"中选择"常用函数"，在"选择函数"框中选择"MAX"，单击"确定"

按钮。

④ 弹出"函数参数"对话框。

⑤ 单击"Number1"文本框右侧的折叠按钮，在弹出"折叠"对话框中选择统计的数据区域"D4:D15"。选择完后，再单击右侧的折叠按钮返回。

⑥ 单击"确定"按钮，则 D16 单元格中的公式为：
＝MAX(D4:D15)

四、条件函数的使用

在 Sheet3 中输入如图 3-2-10 所示的数据。

	A	B	C	D	E	F	G
1	职工工资情况表						
2	职工编号	职称	基本工资	奖金	补贴	工资总额	排名
3	BM010123	工程师	315	253	100	668	
4	BM020456	工程师	285	230	100	615	
5	BM030789	高级工程师	490	300	200	990	
6	BM010426	临时工	200	100	0	300	
7	BM010761	高级工程师	580	320	300	1200	
8	BM020842	工程师	390	240	150	780	
9	BM030861	高级工程师	500	258	200	958	
10	BM030229	工程师	300	230	100	630	
11	BM020357	临时工	230	100	0	330	
12	工程师的人数：						
13	工程师的工资总额：						
14	"补贴"大于100的总和：						
15	工程师人均工资：						

图 3-2-10　Sheet3 中输入的数据

1. 求出工程师的人数，放在 C12 单元格中

【指导步骤】

① 单击 C12 单元格。

② 单击编辑栏中的插入函数按钮（f_x），弹出"插入函数"对话框，如图 3-2-2 所示。

③ 在"搜索函数"文本框中输入"COUNTIF"，按【Enter】回车键，在"选择函数"列出的函数中选择"COUNTIF"。

④ 单击"确定"按钮，弹出"函数参数"对话框。

⑤ 单击"Range"文本框，直接键入或用鼠标选择用于条件判断的单元格区域：B3:B11。

⑥ 在"Criteria"文本框中输入:"工程师"，如图 3-2-11 所示。

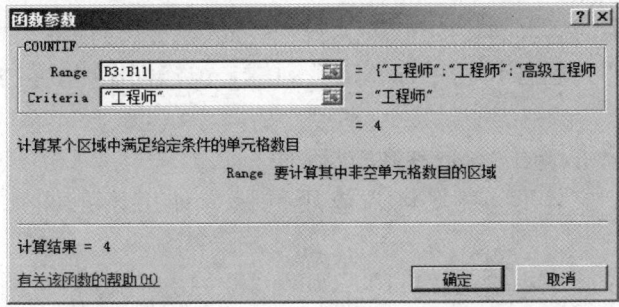

图 3-2-11　COUNTIF "函数参数"对话框

注意:工程师两边的"(英文双引号)可以不键入,此时在"Range"文本框中单击,你会发现工程师两边的"已自动加上;或单击"确定"按钮退出,Excel 也会自动加上"。

⑦ 单击"确定"按钮,则 C12 单元格中的公式为:
=COUNTIF(B3:B11,"工程师")

2. 求出工程师的工资总额,放在 C13 单元格中

【指导步骤】

① 单击 C13 单元格。

② 单击编辑栏中的插入函数按钮(*f_x*),弹出"插入函数"对话框,如图 3-2-2 所示。

③ 在"搜索函数"文本框中输入"SUMIF",按【Enter】回车键,在"选择函数"列出的函数中选择"SUMIF"。

④ 单击"确定"按钮,弹出"函数参数"对话框。

⑤ 单击"Range"文本框,直接键入或用鼠标选择用于条件判断的单元格区域:B3:B11。

⑥ 在"Criteria"文本框中输入:"工程师"。

⑦ 单击"Sum_range"文本框,用鼠标选择求和的单元格区域:F3:F11,如图 3-2-12 所示。

⑧ 单击"确定"按钮,则 C13 单元格中的公式为:
=SUMIF(B3:B11,"工程师",F3:F11)

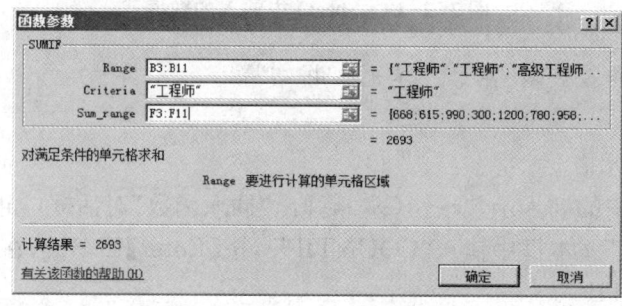

图 3-2-12 SUMIF "函数参数"对话框

3. 求出"补贴"大于 100 的总和,放在 C14 单元格中

【指导步骤】

① 单击 C14 单元格。

② 单击编辑栏中的插入函数按钮(*f_x*),弹出"插入函数"对话框,如图 3-2-2 所示。

③ 在"搜索函数"文本框中输入"SUMIF",按【Enter】回车键,在"选择函数"列出的函数中选择"SUMIF"。

④ 单击"确定"按钮,弹出"函数参数"对话框。

⑤ 单击"Range"文本框,直接键入或用鼠标选择用于条件判断的单元格区域:E3:E11。

⑥ 在"Criteria"文本框中输入:">100",如图 3-2-13 所示。

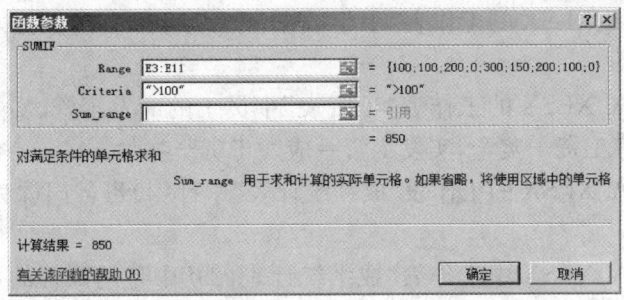

图 3-2-13 SUMIF "函数参数"对话框(二)

⑦ 单击"确定"按钮,则 C14 单元格中的公式为:
=SUMIF(E3:E11,">100")

思考题:同样是 SUMIF 函数,与前一实验相比,这里省略了 Sum_range,两者有什么差异?

4. 求出工程师人均工资,放在 C15 单元格中

【指导步骤】

① 单击 C15 单元格。

② 单击编辑栏中的插入函数按钮(f_x),弹出"插入函数"对话框,如图 3-2-2 所示。

③ 在"搜索函数"文本框中输入"AVERAGEIF",按【Enter】回车键,在"选择函数"列出的函数中选择"AVERAGEIF"。

④ 单击"确定"按钮,弹出"函数参数"对话框。

⑤ 单击"Range"文本框,直接键入或用鼠标选择用于条件判断的单元格区域:B3:B11。

⑥ 在"Criteria"文本框中输入:"工程师";

⑦ 单击"Average_range"文本框,用鼠标选择求平均值的单元格区域:F3:F11,如图 3-2-14 所示。

⑧ 单击"确定"按钮,则 C15 单元格中的公式为:
=AVERAGEIF(B3:B11,"工程师",F3:F11)

将以上内容保存在 D 盘 Esy2.xlsx 中。

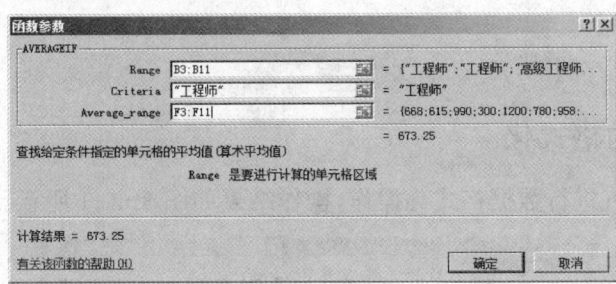

图 3-2-14 AVERAGEIF"函数参数"对话框

【上机练习】

打开 Excel 工作簿文件 TESTA.XLSX,请依次完成下列操作:

1. 计算 TESTA.XLSX 的工作表"小组数据"中 A 组和 B 组数据之和,放置在单元格 B12 中。

2. 计算 TESTA.XLSX 的工作表"工资表"中员工的应发工资、实发工资,其中应发工资=基本工资+职务工资+奖金,实发工资=应发工资-扣除。

3. 计算 TESTA.XLSX 的工作表"成绩统计表"中计(4)班各门课程的总分,填入第 28 行的相应单元格中。

4. 计算 TESTA.XLSX 中工作表"成绩统计表(2)"中各门课程的平均分和最高分,填入第 28 行和 29 行的相应单元格中。

5. 计算 TESTA.XLSX 中的工作表"学生考试成绩"中每位学生的总分和均分;在 H1 单元格中输入文本:"等第",用 IF 函数计算每位学生的成绩等第,当总分大于 310 时等第为"优",否则不输入等第。

6. 计算 TESTA.XLSX 的工作表"职称统计"中本科以上的比例,计算公式为:(本科生人数+研究生人数)/员工人数。

实验 3-3 工作表格式化

实验目的

1. 掌握"数字"的格式化。
2. 掌握"对齐"的格式化。
3. 掌握"字体"的格式化。
4. 掌握"边框"的格式化。
5. 掌握"填充"的格式化。
6. 掌握调整行高与列宽的方法。
7. 掌握套用表格格式的使用。
8. 掌握格式的复制和样式的应用。
9. 掌握条件格式的应用。

实验内容

打开实验二中保存的 Esy2.xlsx 文件。

一、"数字"的格式化

对 Sheet1 工作表进行数据格式化操作,操作结果如图 3-3-1 所示。

	A	B	C	D	E	F	G
1	精品家电城销售表(万元)						
2		一月	二月	三月	销售合计	销售百分比	平均月度销售额
3	电视机	32.0	28.0	30.0	90.0	21.38%	¥30.00
4	空调	40.0	35.0	28.0	103.0	24.47%	¥34.33
5	电冰箱	30.0	25.0	20.0	75.0	17.81%	¥25.00
6	音响设备	25.0	20.0	18.0	63.0	14.96%	¥21.00
7	洗衣机	32.0	30.0	28.0	90.0	21.38%	¥30.00
8	季度总销售额				421		

图 3-3-1 Sheet1 工作表的数字格式化结果

1. 将 B3:E7 区域的数据保留 1 位小数

【指导步骤】

① 选择单元格区域 B3:E7。

② 单击"开始"选项卡"数字"命令组右下角的"对话框启动按钮"（或在右键快捷菜单中选择"设置单元格格式"），弹出"设置单元格格式"对话框。

③ 在"设置单元格格式"对话框中选择"数字"选项卡，如图 3-3-2 所示。

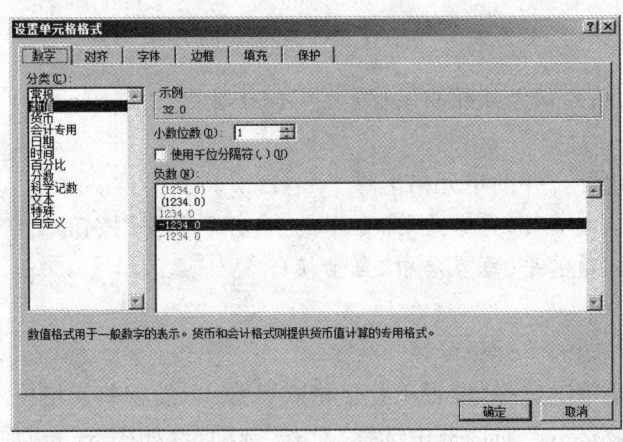

图 3-3-2 "数字"选项卡

④ 在"分类"列表框中选择"数值"，"小数位数"设置为 1。

⑤ 单击"确定"按钮。

2. "销售百分比"列设为"百分比"格式，保留 2 位小数

【指导步骤】

在设置前，先将"销售百分比"的计算公式修改为：＝销售合计/季度总销售额。将"*100"去掉，因为设置"百分比"格式时会自动乘以 100。

① 选择"销售百分比"列的单元格区域 F3:F7。

② 在"设置单元格格式"对话框中选择"数字"选项卡。

③ 在"分类"列表框中选择"百分比"，"小数位数"设置为 2。

④ 单击"确定"按钮。

3. "平均月度销售额"列前加上人民币符号"￥"，保留 2 位小数

【指导步骤】

① 选择"平均月度销售额"列的单元格区域 G3:G7。

② 在"设置单元格格式"对话框中选择"数字"选项卡。

③ 在"数字"选项卡的"分类"列表框中选择"货币"，"小数位数"设置为 2，"货币符号"列表框中选择"￥"。

④ 单击"确定"按钮。

二、"对齐"的格式化

对 Sheet1 工作表进行对齐格式化操作，操作结果如图 3-3-3 所示。

	A	B	C	D	E	F	G
1	精品家电城销售表（万元）						
2		一月	二月	三月	销售合计	销售百分比	平均月度销售额
3	电视机	32.0	28.0	30.0	90.0	21.38%	￥30.00
4	空调	40.0	35.0	28.0	103.0	24.47%	￥34.33
5	电冰箱	30.0	25.0	20.0	75.0	17.81%	￥25.00
6	音响设备	25.0	20.0	18.0	63.0	14.96%	￥21.00
7	洗衣机	32.0	30.0	28.0	90.0	21.38%	￥30.00
8	季度总销售额				421		

图 3-3-3　Sheet1 工作表的对齐格式化结果

1. 将表格标题"精品家电城销售表（万元）"合并居中

【指导步骤】

① 选择表格标题要合并的单元格区域 A1:G1。

② 单击"开始"选项卡"对齐方式"命令组的"合并后居中"按钮 。

2. 将表格的列标题水平、垂直居中，自动换行

【指导步骤】

① 选择表格列标题的单元格区域 B2:G2。

② 在右键快捷菜单中选择"设置单元格格式"，弹出"设置单元格格式"对话框。

③ 在"设置单元格格式"对话框中选择"对齐"选项卡，如图 3-3-4 所示。

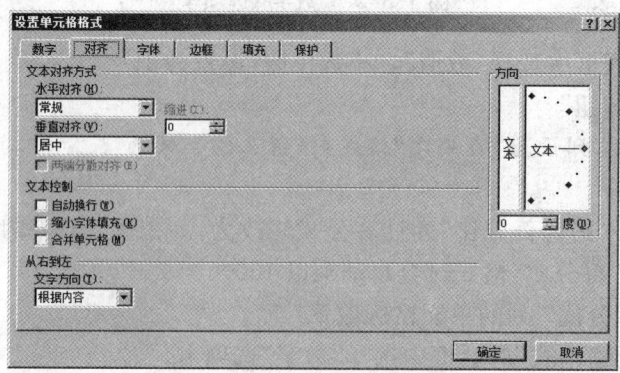

图 3-3-4　"对齐"选项卡

④ 在"文本对齐方式"栏的"水平对齐"列表中选择"居中"，"垂直对齐"列表中选择"居中"。

⑤ 选中"文本控制"栏的"自动换行"复选框。

⑥ 单击"确定"按钮。

3. 将表格的第 1 列的内容左对齐，自动换行

【指导步骤】

① 选择第 1 列的单元格区域 A3:A8。

② 在"设置单元格格式"对话框中选择"对齐"选项卡。

③ 在"文本对齐方式"栏的"水平对齐"列表中选择"靠左（缩进）"。

④ 选中"文本控制"栏的"自动换行"复选框。

⑤ 单击"确定"按钮。

4. 将表格的其余内容水平居中

【指导步骤】

① 选择表格其余内容的单元格区域 B3:G8。

② 单击"开始"选项卡"对齐方式"命令组的"居中"按钮。

三、"字体"的格式化

对 Sheet1 工作表进行字体格式化操作,操作结果如图 3-3-5 所示。

图 3-3-5　Sheet1 工作表的字体格式化结果

1. 将表格标题设置为隶书、加粗、16 磅、蓝色

【指导步骤】

① 选择表格标题单元格(已合并)。

② 在右键快捷菜单中选择"设置单元格格式",弹出"设置单元格格式"对话框。

③ 在"设置单元格格式"对话框中选择"字体"选项卡,如图 3-3-6 所示。

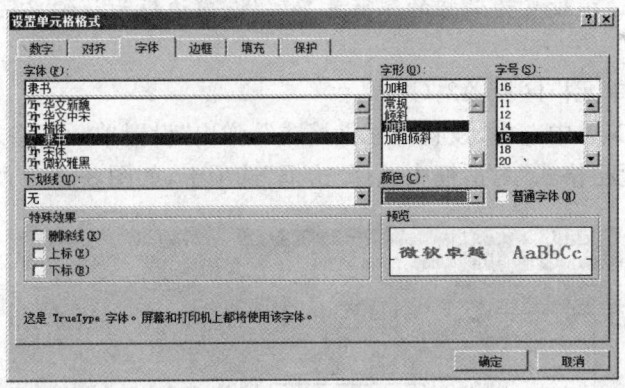

图 3-3-6　"字体"选项卡

④ 在"字体"列表中选择"隶书","字形"列表中选择"加粗","字号"列表中选择"16",在"颜色"下拉列表"标准色"中选择"蓝色"(倒数第 3 个)。

⑤ 单击"确定"按钮。

2. 将表格中的其余汉字设置为楷体、倾斜、深红

【指导步骤】

① 选择表格其余汉字的单元格区域 B2:G2 和 A3:A8。

② 在"开始"选项卡"字体"命令组中,选择"字体"为"楷体","字形"为"倾斜",在"颜色"下拉列表"标准色"中选择"深红"(第1个),如图3-3-7所示。

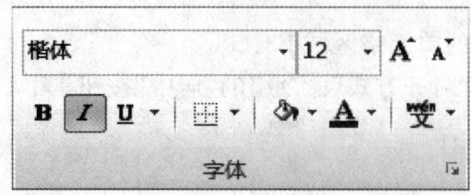

图3-3-7 "开始"选项卡"字体"命令组

四、"边框"的格式化

对Sheet1工作表表格(不包括表格标题)进行边框格式化操作,操作结果如图3-3-8所示。

	A	B	C	D	E	F	G
1				精品家电城销售表(万元)			
2		一月	二月	三月	销售合计	销售百分比	平均月度销售额
3	电视机	32.0	28.0	30.0	90.0	21.38%	¥30.00
4	空调	40.0	35.0	28.0	103.0	24.47%	¥34.33
5	电冰箱	30.0	25.0	20.0	75.0	17.81%	¥25.00
6	音响设备	25.0	20.0	18.0	63.0	14.96%	¥21.00
7	洗衣机	32.0	30.0	28.0	90.0	21.38%	¥30.00
8	季度总销售额				421		

图3-3-8 Sheet1工作表的边框格式化结果

1. 将表格的外边框设置为最粗的深蓝色单实线,内边框为最细单实线

【指导步骤】

① 选择表格的单元格区域A2:G8。
② 在右键快捷菜单中选择"设置单元格格式",弹出"设置单元格格式"对话框。
③ 在"设置单元格格式"对话框中选择"边框"选项卡,如图3-3-9所示。

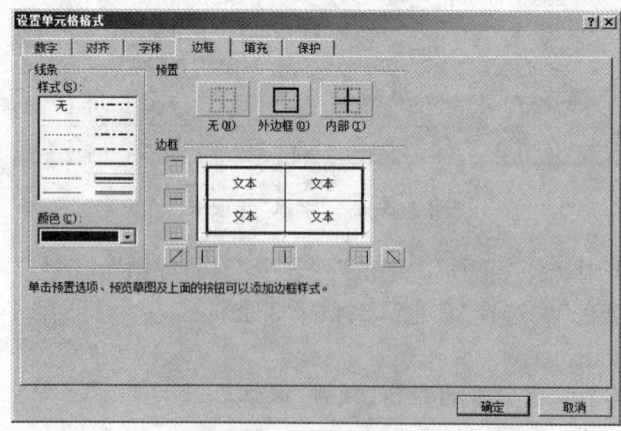

图3-3-9 "边框"选项卡

④ 在"样式"栏中选择最粗的单实线,在"颜色"下拉列表"标准色"中选择"深蓝"(倒数第 2 个),单击"预置"栏中的"外边框"按钮。

⑤ 在"样式"栏中选择最细的单实线,在"颜色"下拉列表中选择"自动",单击"预置"栏中的"内部"按钮。

⑥ 单击"确定"按钮。

2. 将第 1 列的右边框线和第 1 行(表格列标题行)的下边框线设置为双线

【指导步骤】

① 选择第 1 列的单元格区域 A2:A8。

② 在"设置单元格格式"对话框中选择"边框"选项卡。

③ 在"样式"栏中选择双线,在"颜色"下拉列表中选择"自动",单击"边框"栏中的"右边框"按钮。

④ 选择第 1 行的单元格区域 A2:G2。

⑤ 在"设置单元格格式"对话框中选择"边框"选项卡。

⑥ 在"样式"栏中选择双线,在"颜色"下拉列表中选择"自动",单击"边框"栏中的"下边框"按钮。

⑦ 单击"确定"按钮。

五、"填充"的格式化

对 Sheet1 工作表进行背景色格式化操作,操作结果如图 3-3-10 所示。

图 3-3-10　Sheet1 工作表的填充格式化结果

给表格第 1 列和第 1 行(表格列标题行)添加灰色的背景色

【指导步骤】

① 选择第 1 列和第 1 行的单元格区域 A2:A8 和 A2:G2。

② 在"开始"选项卡"字体"命令组中,单击"填充颜色"下拉箭头,在弹出的下拉列表"主题颜色"中选择"白色,背景 1,深色 15％"(第 3 排第 1 个)。

六、调整行高与列宽

1. 将表格第 1 行(表格列标题行)的行高调整为 35

【指导步骤】

① 单击列标题行的行号"2"。

② 单击“开始”选项卡“单元格”命令组中的“格式”按钮，在下拉列表中选择“行高”命令，弹出“行高”对话框。

图 3-3-11 “行高”对话框

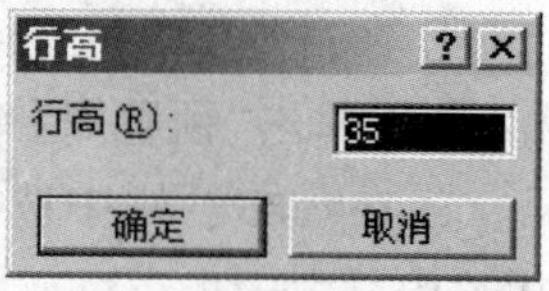

③ 在“行高”文本框中输入“35”，如图 3-3-11 所示。

2. 将 A～G 列的列宽设置为能容纳该列中最宽的数据

【指导步骤】

方法一：

① 选择 A～G 列。

② 单击“开始”选项卡“单元格”命令组中的“格式”按钮，在下拉列表中选择“自动调整列宽”命令。

方法二：

① 将鼠标指针移至“A”列和“B”列的列标交界处，指针变成双向箭头时，如图 3-3-12 所示，双击列边界可以将“A”列调整为“最适合的列宽”。

图 3-3-12 双向箭头

② 用同样的方法将 B～G 列调整为“最适合的列宽”。

七、套用表格格式

打开实验一中保存的 Esy1. xlsx 文件。

	A	B	C	D	E	F	G	H
1	计算机信息高新技术考试（CITT）考生登记表							
2	编号	姓名	性别	年龄	职业	模块	考试日期	总分
3	30001	刘永森	男	28	教师	办公应用	39308	90
4	30002	王芳	女	21	秘书	数据库	39320	84.5
5	30003	徐娟	女	22	学生	办公应用	39310	80
6	30004	王敏	女	24	教师	数据库	39279	68
7	30005	吴兰	女	23	教师	计算机速记	39214	75
8	30006	陶达	男	22	学生	图形图像处理	39249	85

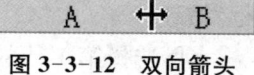

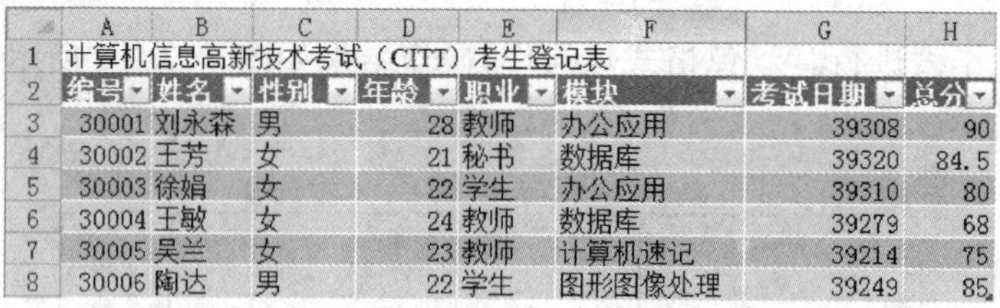

图 3-3-13 套用表格格式的结果

将 Sheet1 中的数据设置成“表样式中等深浅 9”的格式，操作结果如图 3-3-13 所示

【指导步骤】

① 选取要套用表格格式的单元格区域 A2:H8。

② 单击“开始”选项卡“样式”命令组中的“套用表格格式”按钮，弹出表格格式列表。

③ 单击“表样式中等深浅 9”格式(“中等深浅”第 2 行第 2 个)。

八、应用样式

1. 创建一新样式“new”，要求：水平居中、垂直居中、字体为隶书、文字颜色为深蓝

【指导步骤】

① 在“开始”选项卡上的“样式”命令组中，单击“单元格样式”按钮，在下拉列表中单击“新建单元格样式”命令。

② 弹出“样式”对话框，如图 3-3-14 所示，在“样式名”文本框中键入新样式的名称“new”。

③ 单击“格式”按钮，弹出“设置单元格格式”对话框。

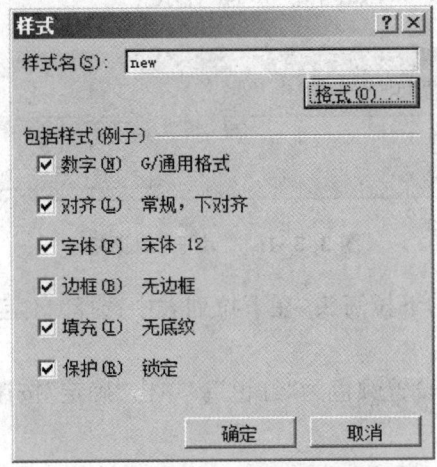

图 3-3-14 “样式”对话框

④ 在“设置单元格格式”对话框中，在“对齐”选项卡中设置“水平对齐”、“垂直对齐”都为“居中”；在“字体”选项卡中设置“字体”为“隶书”，“颜色”为“深蓝”。

⑤ 单击“确定”按钮返回“样式”对话框。

⑥ 单击“确定”按钮。

2. 将刚定义的新样式“new”应用在Sheet3工作表中的汉字上

【指导步骤】

① 选定要应用“new”样式的区域： A1:A8,B2:G3,B5:G6。

② 在“开始”选项卡上的“样式”命令组中，单击“单元格样式”按钮，在下拉列表“自定义”栏中单击“new”样式。操作结果如图3-3-15所示。

	A	B	C	D	E	F	G
1	编号	30001	30002	30003	30004	30005	30006
2	姓名	刘永森	王芳	徐娟	王敏	吴兰	陶达
3	性别	男	女	女	女	女	男
4	年龄	28	21	22	24	23	22
5	职业	教师	秘书	学生	教师	教师	学生
6	模块	办公应用	数据库	办公应用	数据库	计算机速记	图形图像处理
7	考试日期	2007/8/14	2007/8/26	2007/8/16	2007/7/16	2007/5/12	2007/6/16
8	总分	90	84.5	80	68	75	85

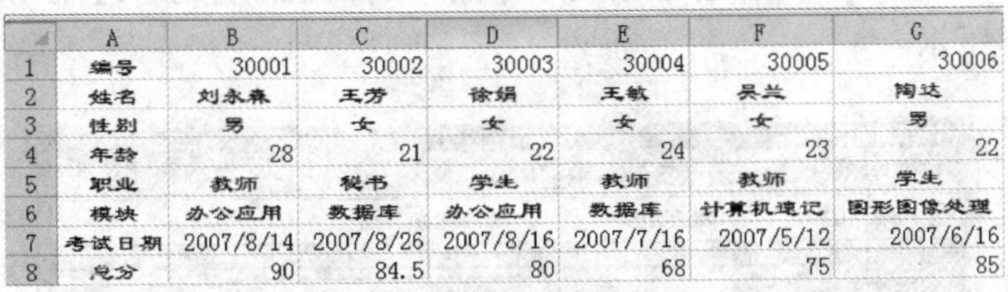

图 3-3-15 应用新样式“new”的操作结果

九、应用条件格式

打开实验二中保存的Esy2.xlsx文件。

1. 将Sheet2“初二(1)班期中成绩单”中所有学生外语、数学、地理、语文四门课程小于60的数据设置为“红色”

【指导步骤】

① 选定要设置条件格式的单元格区域C4:F15。

② 单击“开始”选项卡“样式”命令组中的“条件格式”按钮，在弹出的下拉列表中依次选择“突出显示单元格规则”/“小于”命令，弹出“小于”对话框。

③ 在左边文本框中键入 60,如图 3-3-16 所示。

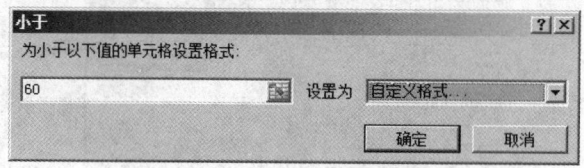

图 3-3-16 "小于"对话框

④ 单击右边"设置为"的下拉箭头,在下拉列表中选择"自定义格式",弹出"设置单元格格式"对话框。

⑤ 选择"字体"选项卡,设置颜色为"红色"。单击"确定"按钮,返回"小于"对话框。

⑥ 单击"确定"按钮。

以后如果这个区域中的数据小于 60,则会自动设置为"红色"字体。

2. 将 Sheet2"初二(1)班期中成绩单"中平均分用"三向箭头(彩色)"来描述,绿色的上箭头代表 90 分以上,黄色的横向箭头代表 60~90 分,红色的下箭头代表 60 以下。

【指导步骤】

① 选定要设置条件格式的单元格区域 H4:H15。

② 单击"开始"选项卡"样式"命令组中的"条件格式"按钮,在弹出的下拉列表中依次选择"图标集"/"三向箭头(彩色)"命令,默认效果如图 3-3-17 所示。

③ 选择区域不变,单击"开始"选项卡"样式"命令组中的"条件格式"按钮,在弹出的下拉列表中选择"管理规则"命令,弹出"条件格式规则管理器"对话框,如图 3-3-18 所示。

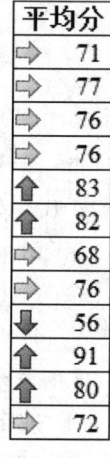

图 3-3-17 三向箭头默认效果

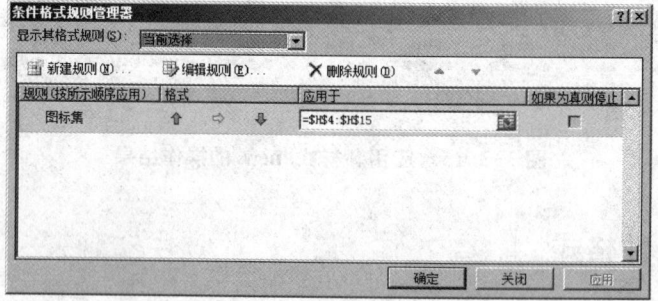

图 3-3-18 "条件格式规则管理器"对话框

④ 双击规则列表中的"图标集"规则,弹出"编辑格式规则"对话框,如图 3-3-19 所示。

⑤ 在"编辑规则说明"栏中,绿色上箭头的"类型"改为"数字","值"文本框中键入 90;黄色横向箭头的"类型"改为"数字","值"文本框中键入 60。

⑥ 单击"确定"按钮,退出"编辑格式规则"对话框。

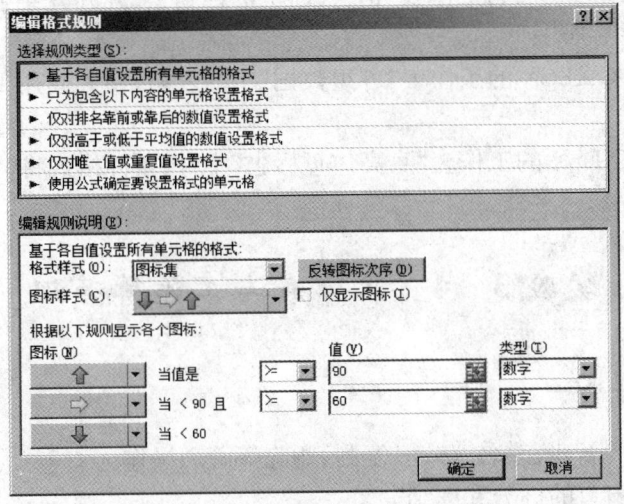

图 3-3-19 “编辑格式规则”对话框

⑦ 单击“条件格式规则管理器”对话框的“确定”按钮。操作结果如图 3-3-20 所示。

	A	B	C	D	E	F	G	H	I	J
1		初二（1）班期中成绩单								
2										
3		学号	外语	数学	地理	语文	总分	平均分	名次	等级
4		XX10001	76	87	57.5	65	285.5	⇨ 71	10	中
5		XX10002	76	78	79	76	309	⇨ 77	5	中
6		XX10003	79	68	78	78	303	⇨ 76	6	中
7		XX10004	98	45	68	91	302	⇨ 76	7	中
8		XX10005	97	98	45	90	330	⇨ 83	2	良
9		XX10006	76	87	98	68	329	⇨ 82	3	良
10		XX10007	78	50	65	78	271	⇨ 68	11	及格
11		XX10008	68	88	76	70	302	⇨ 76	7	中
12		XX10009	60	45	73	45	223	⇩ 56	12	不及格
13		XX10010	98	82	85	98	363	⇧ 91	1	优
14		XX10011	77	87	67	89	320	⇨ 80	4	良
15		XX10012	89	77	45	77	288	⇨ 72	9	中

图 3-3-20 “三向箭头(彩色)”设置结果

保存 Esy1. xlsx、Esy2. xlsx 文件。

【上机练习】

打开 Excel 工作簿文件 TESTA. XLSX，请依次完成下列操作：

1. 设置 TESTA. XLSX 的工作表“结算表”中的数值数据的格式，使其小数位数为三位，使用千位分隔符，负数用红色圆括号式样表示。

2. 设置 TESTA. XLSX 的工作表“工资表”的标题“2000 年 5 月职工工资表”字体为隶书、字号为 20、加粗、粉红色，在 B1：H1 区域中“跨列居中”。

3. 设置 TESTA. XLSX 的工作表“工资表”的表格外框线条式样改为双线，线条颜色改为深红。

4. 将 TESTA. XLSX 的工作表“学生考试成绩”的行列设置为最适合的行高和列宽（自动调整行高、自动调整列宽）。

5. 设置 TESTA. XLSX 的工作表“销售报告”中 B3：H7 区域单元格的填充色为黄色。

6. 设置 TESTA.XLSX 的工作表"销售报告"的标题"一九九九年上半年销售报告"在 B1:H1 区域中"合并后居中"。

7. 设置 TESTA.XLSX 的工作表"各组数据"中的表格,使其套用 Excel 提供的表格格式"表样式浅色 2"。

8. 在 TESTA.XLSX 的工作表"身高体重标志"中,用条件格式将"身高一体重>50"的"标志"设置为红色。

实验 3-4 工作表与工作簿管理

——实验目的——

1. 掌握工作表的新建、改名、移动、复制、删除等管理操作。
2. 掌握工作表窗口的拆分和冻结。
3. 掌握工作表和工作簿的保护。
4. 掌握工作表的页面设置。

一、工作表的管理

在新建的工作簿 1.xlsx 中进行以下的操作。

1. 在工作表 Sheet1 前插入一新工作表

【指导步骤】

方法一:

① 单击"Sheet1"工作表标签。

② 单击"开始"选项卡"单元格"命令组中"插入"命令的下拉箭头,在下拉列表中单击"插入工作表"命令。

方法二:

① 右击"Sheet1"工作表标签,在右键快捷菜单中选择"插入"菜单项,弹出"插入"对话框。

② 选择"常用"选项卡中的"工作表"。

③ 单击"确定"按钮(新工作表自动命名为"Sheet4")。

2. 将新工作表 Sheet4 重命名为"新表"

【指导步骤】

① 双击"Sheet4"工作表的标签,或右击"Sheet4"工作表的标签,在弹出的快捷菜单中选择"重命名"菜单项。

② 输入新的工作表名字"新表"。

③ 按【Enter】回车键,或用鼠标在此标签外单击。

3. 将"新表"移到最右边

【指导步骤】

① 选择要移动的工作表"新表"。

② 用鼠标左键拖动标签,鼠标指针上会出现一个纸样的图标,标签上方会出现一个黑色倒三角形符号"▼",拖动图标使黑色倒三角形到"Sheet3"右边,如图 3-4-1 所示。

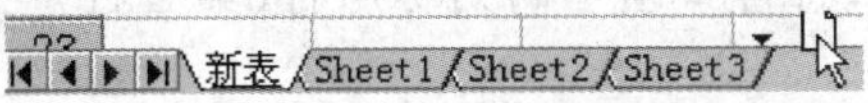

图 3-4-1　将"新表"移到最右边

③ 释放鼠标左键。

4．将"新表"复制到"Sheet3"前

【指导步骤】

① 选择要复制的工作表"新表"。

② 用鼠标左键拖动标签时按住【Ctrl】键,鼠标指针上会出现一个带"＋"号纸样的图标,标签上方会出现一个黑色倒三角形符号"▼",拖动图标使黑色倒三角形到"Sheet3"左边,如图 3-4-2 所示。

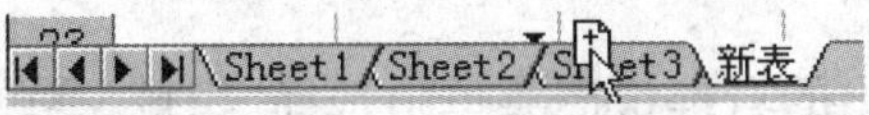

图 3-4-2　将"新表"复制到"Sheet3"前

③ 释放鼠标左键,再松开【Ctrl】键,复制的新工作表自动命名为"新表(2)"。

5．删除刚复制的新工作表"新表(2)"

【指导步骤】

右击"新表(2)"工作表标签,在右键快捷菜单中选择"删除"菜单项。

注意:由于"新表(2)"是空白表,所以直接就删除了,否则会弹出确定删除对话框;单击"删除"按钮才会删除工作表。

二、工作表窗口的调整

打开实验二中保存的 Esy2.xlsx 文件。

1．在 Sheet1 工作表中,以 B3 单元格为分割点,将工作表拆分成四个窗格,再撤消

【指导步骤】

① 单击 Sheet1 工作表的 B3 单元格,单击"视图"选项卡"窗口"命令组中的"拆分"按钮,操作结果如图 3-4-3 所示。

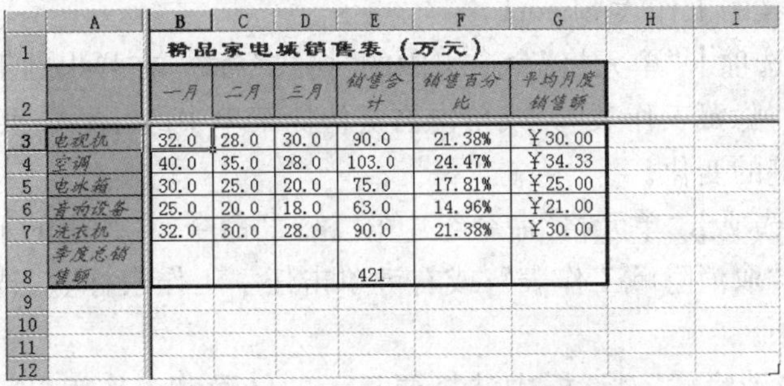

图 3-4-3　工作表拆分成四个窗格

② 拖动各个窗格中的滚动条,观察窗格中内容的变化。
③ 最后再次单击"拆分"按钮,取消窗口的拆分。
2. 在 Sheet2 工作表中,将窗口顶部的列标题行(第 2 行)生成水平冻结窗格

【指导步骤】
① 选定要冻结行的下边行:第 3 行。
② 单击"视图"选项卡"窗口"命令组中的"冻结窗格"命令,在下拉列表中选择"冻结拆分窗格"。
③ 拖动窗格中的滚动条,观察窗格中内容的变化。
④ 单击"冻结窗格"命令中的"取消冻结窗格",取消窗口冻结。

三、工作表和工作簿的保护

打开实验二中保存的 Esy2.xlsx 文件。
1. 将 Sheet1 工作表中第 2 行、第 2 列隐藏起来,再显示它们

【指导步骤】
① 右击行号"2",在弹出的右键快捷菜单中选择"隐藏"菜单项。
② 右击列标"B",在弹出的右键快捷菜单中选择"隐藏"菜单项,操作结果如图 3-4-4 所示,观察行号和列标的变化。

	A	C	D	E	F	G
1	精品家电城销售表(万元)					
3	电视机	28.0	30.0	90.0	21.38%	¥30.00
4	空调	35.0	28.0	103.0	24.47%	¥34.33
5	电冰箱	25.0	20.0	75.0	17.81%	¥25.00
6	音响设备	20.0	18.0	63.0	14.96%	¥21.00
7	洗衣机	30.0	28.0	90.0	21.38%	¥30.00
8	季度总销售额			421		

图 3-4-4 隐藏第 2 行、第 2 列

③ 选定"1"和"3"两行,单击右键快捷菜单中的"取消隐藏"命令。
④ 选定"A"和"C"两列,单击右键快捷菜单中的"取消隐藏"命令。
2. 将 Sheet1 工作表隐藏起来,再显示它

【指导步骤】
① 选定需要隐藏的工作表 Sheet1。
② 单击"开始"选项卡"单元格"命令组中的"格式"命令,在弹出的下拉列表中依次选择"隐藏和取消隐藏"/"隐藏工作表"。或单击右键快捷菜单中的"隐藏"菜单项。
观察工作表标签的变化。
③ 单击"开始"选项卡"单元格"命令组中的"格式"命令,在弹出的下拉列表中依次选择"隐藏和取消隐藏"/"取消隐藏工作表";或右键单击任一工作表标签,选择右键快捷菜单中的"取消隐藏"菜单项。
④ 在弹出的"取消隐藏"对话框中选择要显示的已隐藏工作表"Sheet1",如图 3-4-5 所示。

⑤ 单击"确定"按钮。

观察工作表标签的变化。

3. 将 Sheet1 工作表中 E3:G7 单元格的公式隐藏起来

【指导步骤】

① 选择要隐藏公式的单元格 E3:G7。

② 单击右键快捷菜单中的"设置单元格格式"菜单项,弹出"设置单元格格式"对话框。

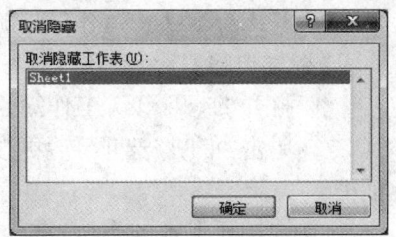

图 3-4-5 "取消隐藏"对话框

③ 在"保护"选项卡中选择"隐藏"复选框,如图 3-4-6 所示。

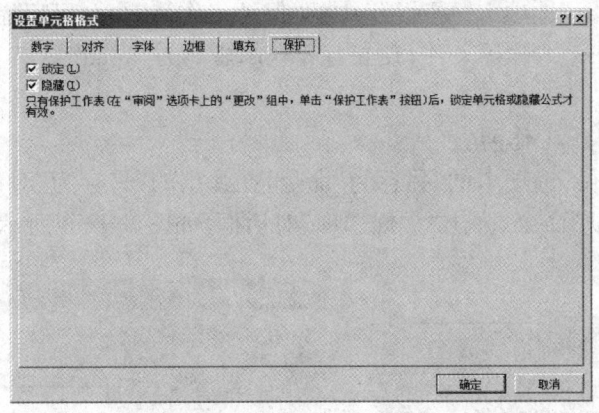

图 3-4-6 "保护"选项卡

④ 单击"确定"按钮。

⑤ 单击"审阅"选项卡"更改"组中的"保护工作表"命令,弹出"保护工作表"对话框,如图 3-4-7 所示。

⑥ 这里不设密码,单击"确定"按钮。

单击 E3:G7 区域中的单元格,观察编辑栏中的公式显示的变化。

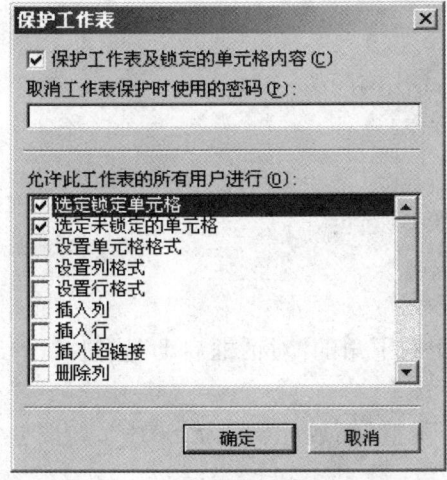

图 3-4-7 "保护工作表"对话框

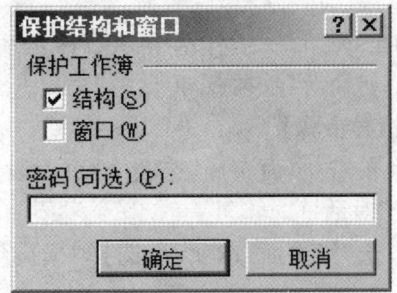

图 3-4-8 "保护结构和窗口"对话框

4. 将 Esy2.xlsx 工作簿保护起来，禁止对工作表的管理操作

【指导步骤】

① 打开 Esy2.xlsx 工作簿。

② 单击"审阅"选项卡"更改"组中的"保护工作簿"命令，弹出"保护结构和窗口"对话框。

③ 选择要保护的类型：结构，如图 3-4-8 所示。

④ 这里不设密码，单击"确定"按钮。

观察工作表的插入、删除、移动、隐藏、改名等管理操作有什么限制。

⑤ 再次单击"审阅"选项卡"更改"组中的"保护工作簿"命令可以撤消工作簿的保护。

5. 保护 Esy2.xlsx 工作簿文件，设置打开权限密码为"abcd"

【指导步骤】

① 打开 Esy2.xlsx 工作簿。

② 单击选择"文件"选项卡的"另存为"命令，在弹出的"另存为"对话框中单击"工具"下拉列表中的"常规选项"命令，弹出"常规选项"对话框，如图 3-4-9 所示。

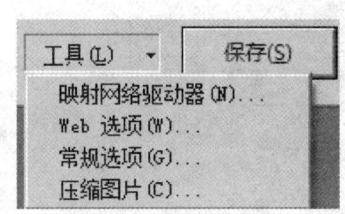
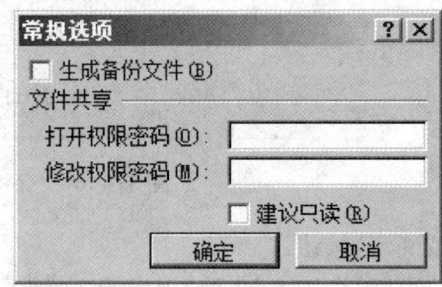

图 3-4-9　设置工作簿密码

③ 在"打开权限密码"文本框输入："abcd"，单击"确定"按钮。

④ 在弹出的"确认密码"对话框中再次输入相同的密码"abcd"。

⑤ 单击"确定"按钮，返回"另存为"对话框。

⑥ 单击"保存"按钮。

关闭文件，再打开，观察"打开权限密码"的保护作用。

四、工作表的页面设置

将 Esy2.xlsx 工作簿中 Sheet1 的页面进行如下设置：

1. 横向打印，缩放 80%

【指导步骤】

① 单击"页面布局"选项卡"页面设置"命令组右下角的"对话框启动"按钮，弹出"页面设置"对话框。

② 选择"页面"选项卡，选择"横向"单选框，调整"缩放比例"为"80%"，如图 3-4-10 所示。

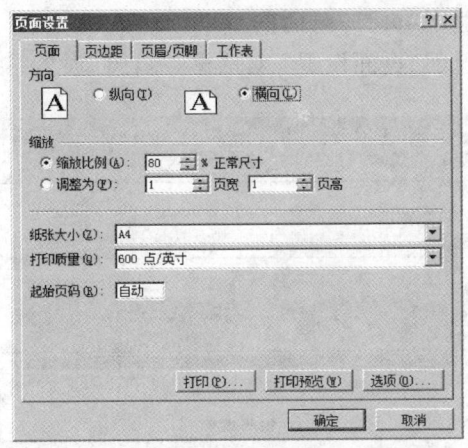

图 3-4-10 "页面"选项卡

2. 设置页脚为"精品家电",居中、隶书、粗体、16 磅

【指导步骤】

① 在"页面设置"对话框中选择"页眉/页脚"选项卡,单击"自定义页脚"按钮,弹出"页脚"对话框,如图 3-4-11 所示,在"中"文本框中输入文字"精品家电"。

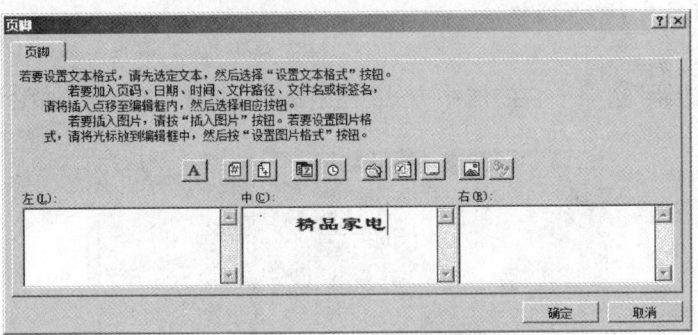

图 3-4-11 "页脚"对话框

② 选择输入的文字,单击"A"按钮,弹出"字体"对话框,设置"字体"为"隶书","字形"为"加粗","大小"为"16",如图 3-4-12 所示。

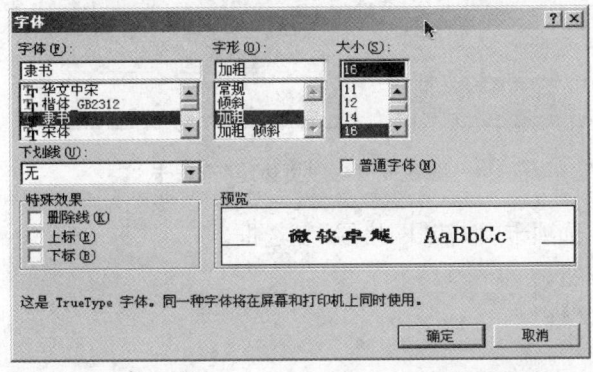

图 3-4-12 "字体"对话框

③ 单击"确定"按钮,返回"页脚"对话框。
④ 单击"确定"按钮,返回"页面设置"对话框,"页脚"设置结果如图 3-4-13 所示。

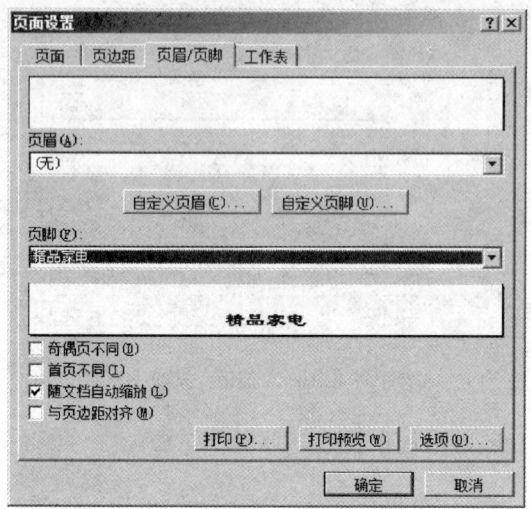

图 3-4-13 "页脚"设置结果

3. 文档垂直居中,取消网格线
【指导步骤】
① 选择"页边距"选项卡,在"居中方式"栏中选中"垂直"复选项,如图 3-4-14 所示。

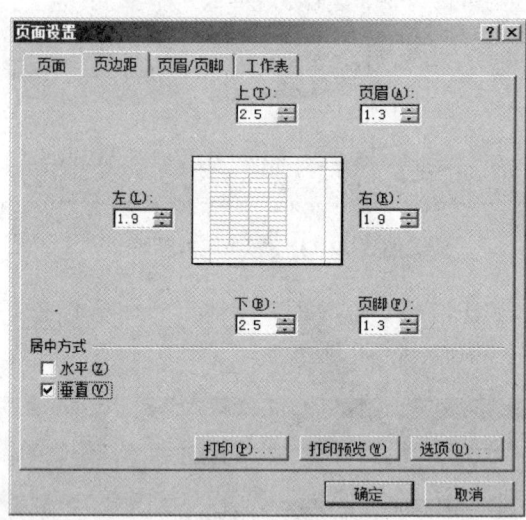

图 3-4-14 "页边距"选项卡

② 选择"工作表"选项卡,取消"网格线"复选框。
③ 单击"确定"按钮。
保存 Esy2.xlsx 文件。
【上机练习】
打开 Excel 工作簿文件 TESTA.XLSX、TESTB.XLSX,请依次完成下列操作:

1. 在 TESTA.XLSX 中插入一个新工作表,取名为"上机练习表",放置在紧跟工作表"Sheet2"之后。

2. 删除 TESTA.XLSX 中的工作表"工作表1"。

3. 在 TESTA.XLSX 中为工作表"结算表"表建立一个副本,取名为"结算表副本",放置在所有工作表的最后。

4. 将 TESTA.XLSX 中的工作表"职称统计"复制到 TESTB.XLSX 中,放置在"Sheet1"的前面。

5. 隐藏 TESTA.XLSX 的工作表"成绩统计表"中班号为"计(1)班"的行,隐藏"政治"、"外语"成绩列。

6. 恢复显示 TESTA.XLSX 的工作表"价格表"中所有被隐藏的行列。

实验 3-5 数据库管理

实验目的

1. 掌握数据清单的概念。
2. 掌握数据的排序。
3. 掌握数据的筛选。
4. 掌握数据的分类汇总。
5. 掌握数据透视表的创建操作。
6. 掌握数据的合并计算。

实验内容

打开前面保存的 Esy2.xlsx 文件。

一、数据的排序

1. 将 Sheet2 中的"初二(1)班期中成绩单"按"总分"由高到低(降序)排列

【指导步骤】

① 在"总分"列中单击任一单元格,注意:不要只选择"总分"一列。

② 单击"数据"选项卡"排序和筛选"命令组中的"降序"按钮。

2. 将 Sheet2 中的"初二(1)班期中成绩单"按"总分"降序排列,对总分相同的按"数学"降序排列,若"总分"和"数学"两项都相同,再按"外语"降序排列

【指导步骤】

① 选择 Sheet2 中的数据清单 B3:J15。

注意:由于 C16、D16 两单元格中存在统计数量、求最大值等非数据清单中的数据,所以不能用单击该区域中的任一单元格让系统自动识别数据清单。

② 单击"数据"选项卡"排序和筛选"命令组中的"排序"按钮,打开"排序"对话框,在"主要关键字"下拉列表框中选择"总分","次序"选择"降序"。

③ 单击"添加条件"按钮,在新增的"次要关键字"中,选择"数学"、"降序"。

④ 再单击"添加条件"按钮,在新增的"次要关键字"中,选择"外语"、"降序",如图 3-5-1 所示。

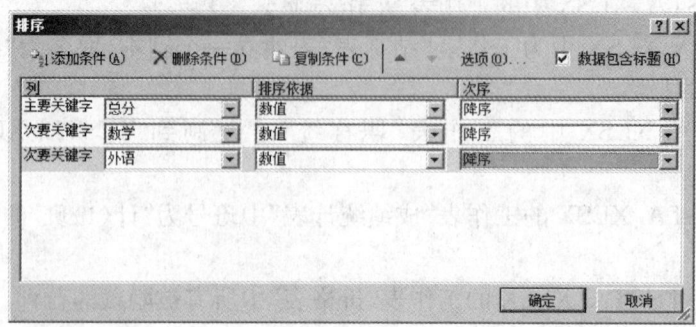

图 3-5-1　多字段排序

⑤ 单击"确定"按钮。

3. 将 Sheet2 中的"初二(1)班期中成绩单"按"等级"("优→良→中→及格→不及格")排列

【指导步骤】

① 选择 Sheet2 中的数据清单 B3:J15。
② 单击"数据"选项卡"排序和筛选"命令组中的"排序"按钮，打开"排序"对话框。
③ 单击"列"栏中上次实验的"次要关键字",再单击"删除条件"按钮删除它们。
④ 在"主要关键字"下拉列表中选择要进行排序的字段名:"等级"。
⑤ 单击"次序"下拉列表,选择"自定义序列",打开"自定义序列"对话框。
⑥ 在"输入序列"文本框中按顺序键入新建序列的各个条目:优→良→中→及格→不及格,每个条目占一行,按"Enter"键换行。最后单击"添加"按钮,新建的序列会出现在左边"自定义序列"列表框中,如图 3-5-2 所示。

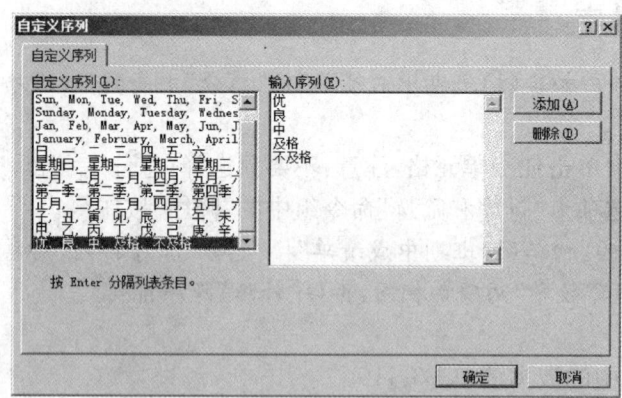

图 3-5-2　"自定义序列"对话框

⑦ 单击"确定"按钮返回"排序"对话框,如图 3-5-3 所示。
⑧ 单击"确定"按钮。

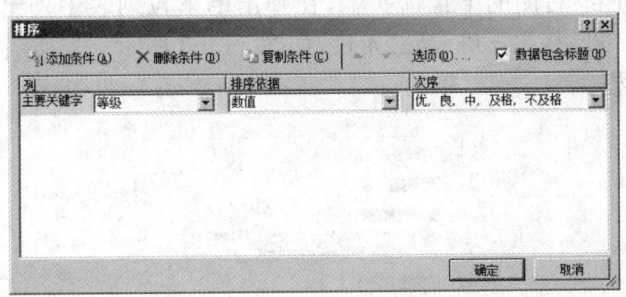

图 3-5-3 "自定义序列"排序

二、数据的筛选

新建一工作簿文件,在 Sheet1 中输入如图 3-5-4 所示的数据,保存在 D 盘 Esy5.xlsx 中。

班号	学号	政治	数学	语文	物理
高二1班	JD-0011	59	85	65	78
高二1班	JD-0020	65	56	57	59
高二1班	JD-0027	65	78	87	59
高二2班	JD-0003	89	78	90	56
高二2班	JD-0004	68	70.5	67	78
高二2班	JD-0006	96.5	87	89	49
高二2班	JD-0007	78	67.5	73.5	89
高二2班	JD-0008	54	54	76.5	89
高二2班	JD-0009	65	56	57	68
高二3班	JD-0005	89	78	76	85
高二3班	JD-0010	56	78	45	89
高二3班	JD-0012	60	49	67	78
高二3班	JD-0013	90.5	89	56	73.5
高二3班	JD-0014	89	78	90	89
高二3班	JD-0015	68	89	67	67
高二3班	JD-0016	89	78	76	54
高二3班	JD-0017	97	65	89	54
高二3班	JD-0025	79	87	67	67.5
高二3班	JD-0026	89	88	78	89
高二4班	JD-0018	78	67.5	73.5	65
高二4班	JD-0019	54	54	76.5	98
高二4班	JD-0021	98	56	45	60
高二4班	JD-0022	59	98	65	89
高二4班	JD-0023	60	49	67	89
高二4班	JD-0024	89	64	56	78

图 3-5-4 高二学生成绩报告单

1. 自动筛选

(1) 筛选出高二1班的学生记录。

【指导步骤】

① 选择数据清单 B3:G28 中的任一单元格。

② 单击"数据"选项卡"排序和筛选"命令组中的"筛选"按钮,进入"自动筛选"状态,在数据清单的每个列标题右侧都出现下拉箭头。

③ 单击标题"班号"右侧的下拉箭头,在弹出的下拉列表中列出了该字段的所有数据:高二1班、高二2班、高二3班、高二4班,如图3-5-5所示。先撤消"全选"复选框,再选择"高二1班"复选框。

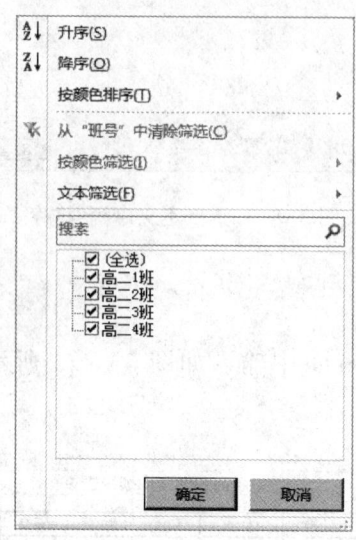

图3-5-5 "班号"筛选下拉列表

④ 单击"确定"按钮,筛选出高二1班的数据,如图3-5-6所示。

班号	学号	政治	数学	语文	物理
高二1班	JD-0011	59	85	65	78
高二1班	JD-0020	65	56	57	1900/2/28
高二1班	JD-0027	65	78	87	1900/2/28

图3-5-6 筛选结果

⑤ 单击"班号"下拉箭头中的"全选"复选框,再单击"确定"按钮,显示所有班级的记录。

(2) 筛选出"政治"成绩前10名的学生记录。

① 进入"自动筛选"状态。

② 单击标题"政治"右侧的下拉箭头,在弹出的下拉列表中依次选择"数字筛选"/"10个最大的值",弹出"自动筛选前10个"对话框,如图3-5-7所示。

③ 单击"确定"按钮。

图3-5-7 "自动筛选前10个"对话框

2. 自定义筛选,筛选出"政治"成绩大于等于80并且小于等于90的学生记录

【指导步骤】

① 单击"政治"标题右侧的下拉箭头 ,在下拉列表中单击"从'政治'中清除筛选",显示所有记录。

② 单击标题"政治"右侧的下拉箭头 ,在弹出的下拉列表中依次选择"数字筛选"/"大于或等于",弹出"自定义自动筛选方式"对话框,第一个条件的右边文本框中输入"80"。

③ 第二个条件的关系运算符中选择"小于或等于",右边的文本框中输入"90"。

④ 两个条件选择"与"的关系,如图3-5-8所示。

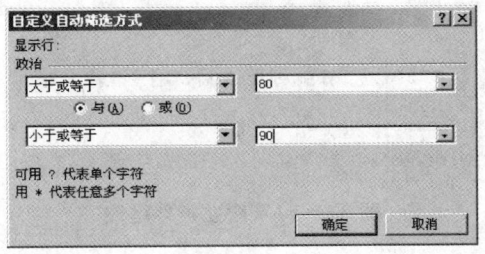

图3-5-8 "自定义自动筛选方式"对话框

⑤ 单击"确定"按钮,结果如图3-5-9所示。

	A	B	C	D	E	F	G
1			高二学生成绩报告单				
2							
3		班号	学号	政治	数学	语文	物理
7		高二2班	JD-0003	89	78	90	56
13		高二3班	JD-0005	89	78	76	85
17		高二3班	JD-0014	89	78	90	89
19		高二3班	JD-0016	89	78	76	54
22		高二3班	JD-0026	89	88	78	89
28		高二4班	JD-0024	89	64	56	78

图3-5-9 "自定义自动筛选"结果

3. 多字段筛选:筛选出高二1班数学大于80分的学生记录

① 清除工作表中的所有筛选:单击"数据"选项卡"排序和筛选"命令组中的"清除"按钮,重新显示所有行。

② 如前实验,先筛选出如图3-5-6所示的高二1班的学生记录。

③ 单击标题"数学"右侧的下拉箭头 ,在弹出的下拉列表中依次选择"数字筛选"/"大于",弹出"自定义自动筛选方式"对话框。

④ 在第一个条件的关系运算中选择"大于",右文本框中键入"80"。

⑤ 单击"确定"按钮。筛选结果如图3-5-10所示。

班号	学号	政治	数学	语文	物理
高二1班	JD-0011	59	85	65	78

图3-5-10 "多字段筛选"结果

4. 高级筛选：筛选出"语文大于 80"或"数学大于 80"的全部学生记录，放置在以 B30 为左上角开始的区域中

【指导步骤】

① 退出自动筛选：

再次单击"数据"选项卡"排序和筛选"命令组中的"筛选"按钮，退出自动筛选，同时清除所有的筛选。

② 建立条件区域：将字段名（列标题）复制到隔开一列的 I3:N3 中，"L4"单元格中输入">80"，"M5"单元格中输入">80"，如图 3-5-11 所示。

	G	H	I	J	K	L	M	N
1								
2								
3	物理		班号	学号	政治	数学	语文	物理
4	56					>80		
5	78						>80	
6	85							

图 3-5-11　建立条件区域

③ 单击数据清单 B3:G28 中任一单元格。

④ 单击"数据"选项卡"排序和筛选"命令组中的"高级"命令，弹出"高级筛选"对话框。

⑤ "列表区域"中"B3:G28"系统已选择好了，如果不对，可单击"列表区域"文本框右侧的折叠按钮重新选择，完了单击折叠按钮返回"高级筛选"对话框。

⑥ 单击"条件区域"文本框右侧的折叠按钮，选择条件区域"I3:N5"，单击折叠按钮返回"高级筛选"对话框。

⑦ 在"方式"栏选择"将筛选结果复制到其他位置"单选框，在"复制到"文本框中输入单元格地址"B30"，或单击"复制到"文本框右侧的折叠按钮，选择"B30"单元格，单击折叠按钮返回"高级筛选"对话框，如图 3-5-12 所示。

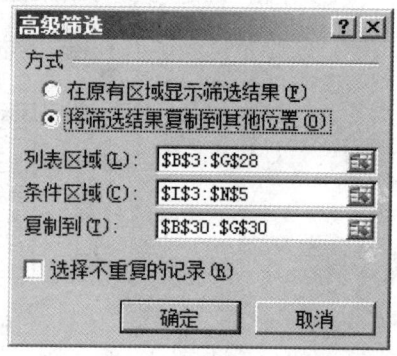

图 3-5-12　"高级筛选"对话框

⑧ 单击"确定"按钮。筛选结果如图 3-5-13 所示。

30	班号	学号	政治	数学	语文	物理
31	高二2班	JD-0003	89	78	90	56
32	高二2班	JD-0006	96.5	87	89	49
33	高二1班	JD-0011	59	85	65	78
34	高二3班	JD-0013	90.5	89	56	73.5
35	高二3班	JD-0014	89	78	90	89
36	高二3班	JD-0015	68	89	67	67
37	高二3班	JD-0017	97	65	89	54
38	高二4班	JD-0022	59	98	65	89
39	高二3班	JD-0025	79	87	67	67.5
40	高二3班	JD-0026	89	88	78	89
41	高二1班	JD-0027	65	78	87	59

图 3-5-13　"高级筛选"结果

三、分类汇总

1. 统计出 Sheet1"高二学生成绩报告单"中各班四门课程的平均分

【指导步骤】

① 以分类字段"班号"为关键字对数据清单进行排序。

② 单击数据清单 B3:G28 中的任一单元格。

③ 单击"数据"选项卡"分级显示"命令组中的"分类汇总"按钮,打开"分类汇总"对话框。

④ "分类字段"选择已排序的字段"班号"。

⑤ "汇总方式"选择"平均值"。

⑥ "选定汇总项"选择要参加汇总的字段"政治"、"数学"、"语文"、"物理",如图 3-5-14 所示。

⑦ 单击"确定"按钮。"分类汇总"结果如图 3-5-15 所示。

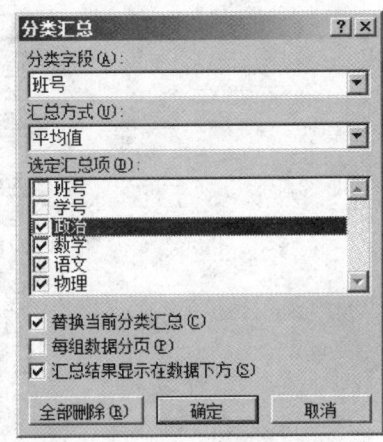

图 3-5-14 "分类汇总"对话框

图 3-5-15 "分类汇总"结果

2. 在上一实验的基础上,汇总出各班四门课程的最高分

【指导步骤】

① 单击数据清单中的任一单元格。

② 单击"数据"选项卡"分级显示"命令组中的"分类汇总"按钮,打开"分类汇总"对话框。

③ "分类字段"仍选"班号"。

④ "汇总方式"选择"最大值"。
⑥ "选定汇总项"仍选"政治"、"数学"、"语文"、"物理"。
⑦ 取消"替换当前分类汇总"复选框的选中状态,如图 3-5-16 所示。

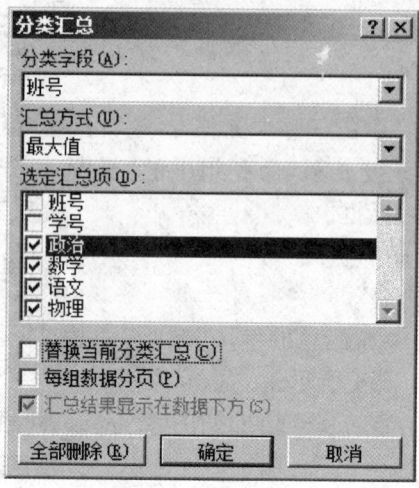

图 3-5-16　嵌套分类汇总

⑧ 单击"确定"按钮。"分类汇总"结果如图 3-5-17 所示。

		A	B	C	D	E	F	G
	1			高二学生成绩报告单				
	2							
	3		班号	学号	政治	数学	语文	物理
	4		高二1班	JD-0011	59	85	65	78
	5		高二1班	JD-0020	65	56	57	59
	6		高二1班	JD-0027	65	78	87	59
	7		高二1班 最大值		65	85	87	78
	8		高二1班 平均值		63	73	69.66667	65.33333
	9		高二2班	JD-0003	89	78	90	56
	10		高二2班	JD-0004	68	70.5	67	78
	11		高二2班	JD-0006	96.5	87	89	49
	12		高二2班	JD-0007	78	67.5	73.5	89
	13		高二2班	JD-0008	54	54	76.5	89
	14		高二2班	JD-0009	65	56	57	68
	15		高二2班 最大值		96.5	87	90	89
	16		高二2班 平均值		75.08333	68.83333	75.5	71.5
	17		高二3班	JD-0005	89	78	76	85
	18		高二3班	JD-0010	56	78	45	89
	19		高二3班	JD-0012	60	49	67	78
	20		高二3班	JD-0013	90.5	89	56	73.5
	21		高二3班	JD-0014	89	78	90	89
	22		高二3班	JD-0015	68	89	67	67
	23		高二3班	JD-0016	89	78	76	54
	24		高二3班	JD-0017	97	65	89	54
	25		高二3班	JD-0025	79	87	67	67.5
	26		高二3班	JD-0026	89	88	78	89
	27		高二3班 最大值		97	89	90	89
	28		高二3班 平均值		80.65	77.9	71.1	74.6
	29		高二4班	JD-0018	78	67.5	73.5	65
	30		高二4班	JD-0019	54	54	76.5	98
	31		高二4班	JD-0021	98	56	45	60
	32		高二4班	JD-0022	59	98	65	89
	33		高二4班	JD-0023	60	49	67	89
	34		高二4班	JD-0024	89	64	56	78
	35		高二4班 最大值		98	98	76.5	98
	36		高二4班 平均值		73	64.75	63.83333	79.83333
	37		总计最大值		98	98	90	98
	38		总计平均值		75.36	71.98	70.24	74

图 3-5-17　嵌套最大值的"分类汇总"结果

四、创建数据透视表

打开 Esy5.xlsx 文件，在 Sheet2 中输入如图 3-5-18 所示的数据。

	A	B	C	D	E	F	G	H
1	班号	学号	性别	语文	数学	外语	化学	物理
2	初三(1)班	083001	男	98	85	88	75	80
3	初三(1)班	083002	男	65	78	68	87	59
4	初三(1)班	083003	女	60	49	85	67	78
5	初三(1)班	083004	女	92	89	78	56	75
6	初三(1)班	083005	男	89	78	87	90	89
7	初三(2)班	083006	男	89	78	87	90	56
8	初三(2)班	083007	男	96	87	89	89	49
9	初三(2)班	083008	男	78	68	67	75	89
10	初三(2)班	083009	女	68	70	58	67	78
11	初三(2)班	083010	女	65	56	68	57	68

图 3-5-18　Sheet2 中数据

统计出不同班级、不同性别学生语文、数学、外语三门课程的平均分，以"班号"为行标签，以"性别"为列标签，课程放置的顺序为语文、数学、外语，结果放置在新工作表"统计结果表"中

【指导步骤】

① 单击 Sheet2 数据清单 A1:H11 中的任意单元格。

② 在"插入"选项卡"表格"命令组中，单击"数据透视表"下拉箭头，再单击"数据透视表"，打开"创建数据透视表"对话框，如图 3-5-19 所示。

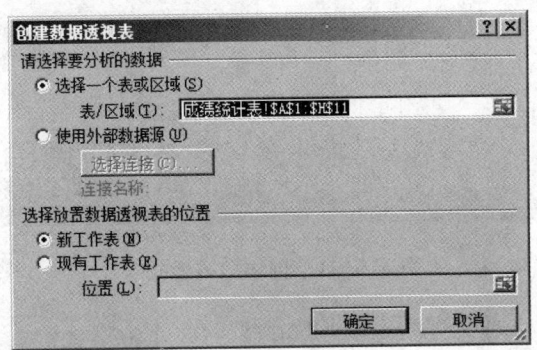

图 3-5-19　"创建数据透视表"对话框

③ 在"请选择要分析的数据"栏下，确保已选中"选择一个表或区域"，然后在"表/区域"框中验证要用作源数据的单元格区域：A1:H11。

④ 在"选择放置数据透视表的位置"栏中选择"新工作表"。

⑤ 单击"确定"按钮。Excel 将空白的数据透视表添加至新工作表，并在工作表的右侧显示"数据透视表字段列表"对话框，如图 3-5-20 所示。

⑥ 在"数据透视表字段列表"对话框中，将"选择要添加到报表的字段"栏中的"班号"拖到"行标签"、"性别"拖到"列标签"、单击"语文"等三门课程的复选框。

⑦ 将默认"列标签"区中的"∑数值"拖到"行标签"区中，结果如图 3-5-21 所示。

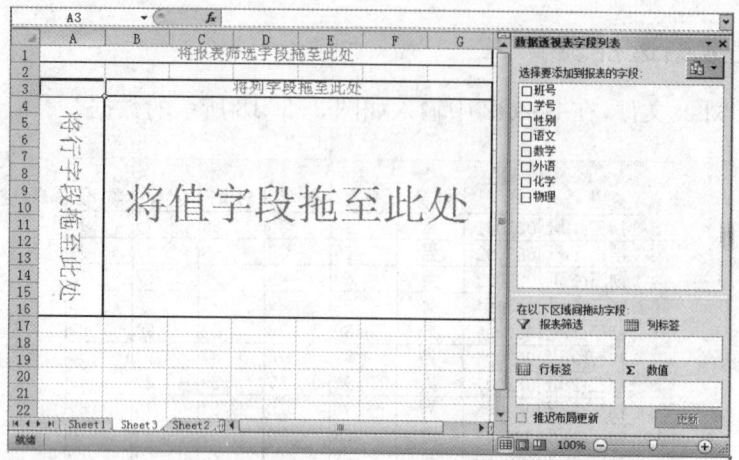

图 3-5-20 空白数据透视表

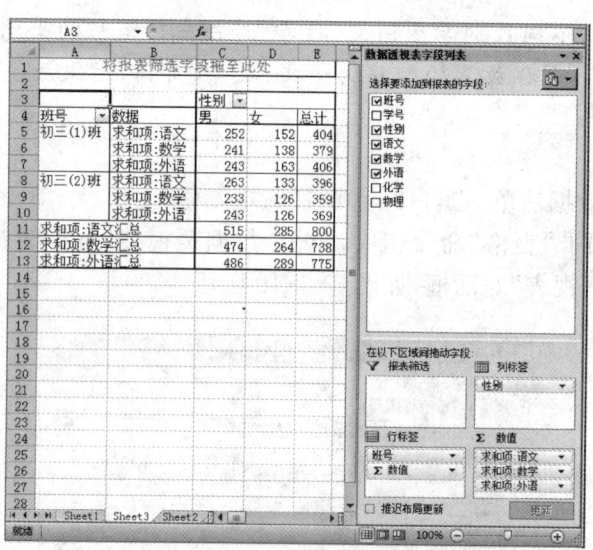

图 3-5-21 创建数据透视表

⑧ 单击"数值"区中"语文"字段的下拉箭头,在下拉列表中选择"值字段设置",弹出"值字段设置"对话框。在"值汇总方式"选项卡的"计算类型"栏中选择"平均值",如图 3-5-22 所示。

⑨ 单击"数字格式"按钮,弹出"设置单元格格式"对话框,在"分类"下拉列表中选择"数值","小数位数"为"1"位。

⑩ 重复⑧⑨,修改"数学"和"外语"的汇总方式。创建的数据透视表如图 3-5-23 所示。

修改数据透视表所在的工作表名称为"统计结果表"。

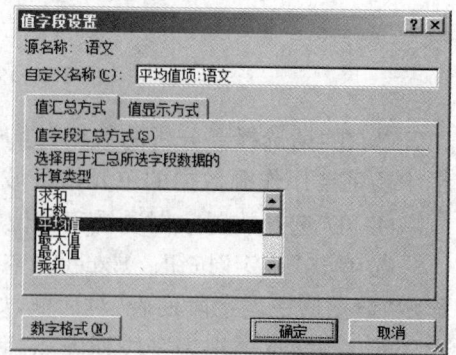

图 3-5-22 "值字段设置"对话框

	A	B	C	D	E
1					
2					
3			性别		
4	班号	数据	男	女	总计
5	初三(1)班	平均值项:语文	84.0	76.0	80.8
6		平均值项:数学	80.3	69.0	75.8
7		平均值项:外语	81.0	81.5	81.2
8	初三(2)班	平均值项:语文	87.7	66.5	79.2
9		平均值项:数学	77.7	63.0	71.8
10		平均值项:外语	81.0	63.0	73.8
11	平均值项:语文汇总		85.8	71.3	80.0
12	平均值项:数学汇总		79.0	66.0	73.8
13	平均值项:外语汇总		81.0	72.3	77.5

图 3-5-23　创建的数据透视表

五、数据合并

打开 Esy5. xlsx 文件，在 Sheet3、Sheet4 中输入如图 3-5-24 所示的数据，并将工作表改名为 1 分店销售单、2 分店销售单。

D19

	A	B	C	D
1	1分店销售统计表			
2	型号	一季度	二季度	三季度
3	A001	90	80	85
4	A002	75	65	83
5	A003	85	75	80
6	A004	70	90	85

1分店销售单　2分店销售单

E21

	A	B	C	D
1	2分店销售统计表			
2	型号	一季度	二季度	三季度
3	A001	100	70	91
4	A002	87	109	81
5	A003	73	75	78
6	A004	98	91	85

2分店销售单　销售汇总

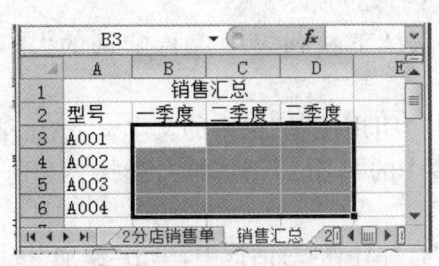

图 3-5-24　参与数据合并的工作表

1. 计算两个分店四种型号的产品每季度的销售总和，放在新建工作表“销售汇总”中

【指导步骤】

① 新建一个工作表作为合并计算的主工作表“销售汇总”，输入如图 3-5-25 所示的数据。

B3

	A	B	C	D
1	销售汇总			
2	型号	一季度	二季度	三季度
3	A001			
4	A002			
5	A003			
6	A004			

2分店销售单　销售汇总

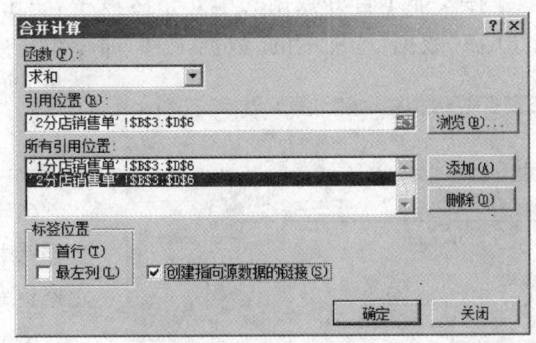

图 3-5-25　数据合并的主工作表

图 3-5-26　“合并计算”对话框

② 在要显示合并数据的单元格区域中，单击左上方的单元格 B3。

③ 在“数据”选项卡的“数据工具”命令组中，单击“合并计算”命令，打开“合并计算”对话框，如图 3-5-26 所示。

④ “函数”下拉列表中保持默认的“求和”函数。

⑤ 单击“引用位置”栏中的文本框，然后单击工作表标签中的“1 分店销售单”!，选择 B3:D6 单元格区域。

⑥ 在“合并计算”对话框中，单击“添加”按钮。

⑦ 重复步骤⑤、⑥，添加“2 分店销售单”! B3:D6 单元格区域，如图 3-5-26 所示。

⑧ 选中“创建指向源数据的链接”复选框，使合并计算在源数据改变时自动更新，并且合并计算结果以分类汇总的方式显示。

⑨ 单击“确定”按钮。合并计算结果如图 3-5-27 所示。

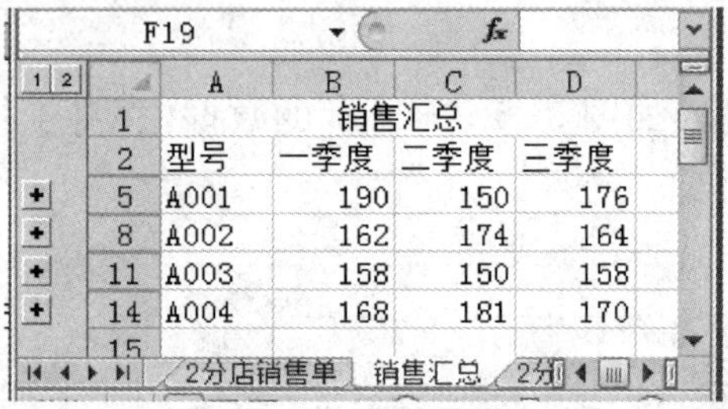

	A	B	C	D
1		销售汇总		
2	型号	一季度	二季度	三季度
5	A001	190	150	176
8	A002	162	174	164
11	A003	158	150	158
14	A004	168	181	170

图 3-5-27 合并计算结果

	A	B	C	D
1		2分店销售统计表		
2	型号	一季度	三季度	二季度
3	A001	100	91	70
4	A003	73	78	75
5	A002	87	81	109
6	A004	98	85	91
7	A001	100	100	100
8	A005	200	200	200

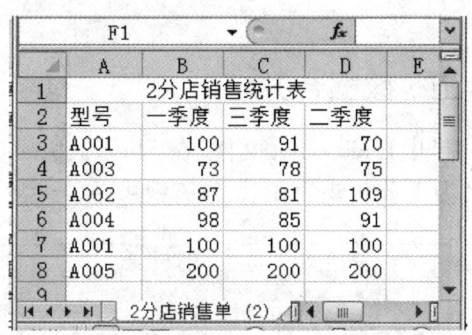

图 3-5-28 修改的数据合并工作表

2. 按类别进行合并计算

复制“2 分店销售单”工作表，复制的工作表名为“2 分店销售单 (2)”，修改其中的数据，如图 3-5-28 所示，观察两个工作表的差别。

计算“1 分店销售单”和“2 分店销售单 (2)”产品每季度的销售总和，放在新建工作表“按类别合并计算”中。

【指导步骤】

① 新建一个工作表作为合并计算的主工作表“按类别合并计算”，在单元格 A1 中键入“按类别进行合并计算”。

② 在要显示合并数据的单元格区域中，单击左上方的单元格 A2。

③ 在“数据”选项卡的“数据工具”命令组中，单击“合并计算”命令，打开“合并计算”对话框，如图 3-5-29 所示。

图 3-5-29 按类别进行的合并计算

④ “函数”下拉列表中保持默认的“求和”函数。

⑤ 单击“引用位置”栏中的文本框，然后单击工作表标签中的“1 分店销售单”，选择 A2:D6 单元格区域。

⑥ 在“合并计算”对话框中，单击“添加”按钮。

⑦ 重复步骤⑤、⑥，添加“2 分店销售单(2)”! A2:D8 单元格区域，如图 3-5-29 所示。

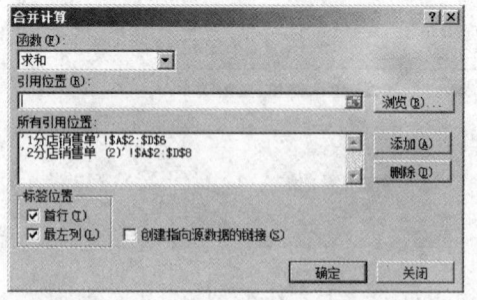

⑧ 在“标签位置”栏下，选中指示标签在源区域中位置的复选框：“首行”和“最左列”。

⑨ 单击“确定”按钮。合并计算结果如图 3-5-30 所示。

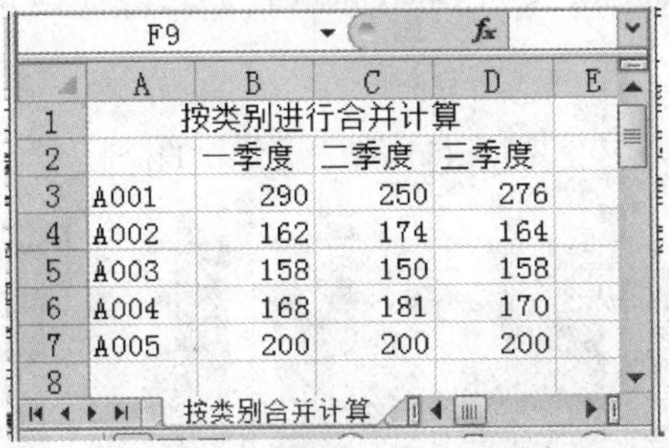

	A	B	C	D	E
1	按类别进行合并计算				
2		一季度	二季度	三季度	
3	A001	290	250	276	
4	A002	162	174	164	
5	A003	158	150	158	
6	A004	168	181	170	
7	A005	200	200	200	
8					

图 3-5-30　按类别进行合并计算的结果

思考题：两种类型的合并计算主要差异在哪？

保存 Esy5. xlsx 文件。

【上机练习】

打开 Excel 工作簿文件 TESTB. XLSX，请依次完成下列操作：

1. 分“班级”，将 TESTB. XLSX 的“成绩统计表”中的记录按“数学”成绩由高到低排列，“数学”相同时再按“物理”成绩由高到低排列。

2. 以获奖等级重排 TESTB. XLSX 的工作表“获奖统计”中的全部记录的顺序，要求获奖等级按一等奖、二等奖、三等奖、四等奖的顺序排列。

3. 利用自动筛选功能在 TESTB. XLSX 的“成绩统计表(1)”工作表中，筛选出“初三(3)班”的所有记录。

4. 利用自动筛选功能在 TESTB. XLSX 的“期末考试成绩”工作表中，筛选出“物理”大于 80 并且“外语”大于 80 的所有记录。

5. 利用自动筛选功能在 TESTB. XLSX 的“考核表”工作表中，筛选出“科 1 部”中“6 月”成绩大于 80 且小于 90 分的记录，放在 B31 开始的单元格区域中。

6. 复制 TESTB. XLSX 工作表“选修课程成绩”，复制后的工作表名为“选修课程成绩单”，并在其中建立数据透视表，显示各系各门选修课的平均成绩及汇总信息，插入现有工作表 F1 单元格的位置；设置数据透视表内数字为数值型，保留小数点后 1 位。

7. 对 TESTB. XLSX 工作表“选修课程成绩”内的记录进行高级筛选，条件为“系别为计算机，并且课程名称为计算机图形学”，筛选后的结果从第 4 行开始显示。

8. 利用分类汇总功能，统计出 TESTB. XLSX 的“费用记录”工作表中男、女的人数。

实验 3-6　Excel 2010 图表功能

实验目的

1. 掌握图表的创建。
2. 掌握图表的修改。
3. 掌握图表的格式设置。

实验内容

打开前面保存的 Esy5.xlsx 文件,将 Sheet2 中"初三(1)班"学生的成绩绘制一个如图 3-6-1 所示的图表。

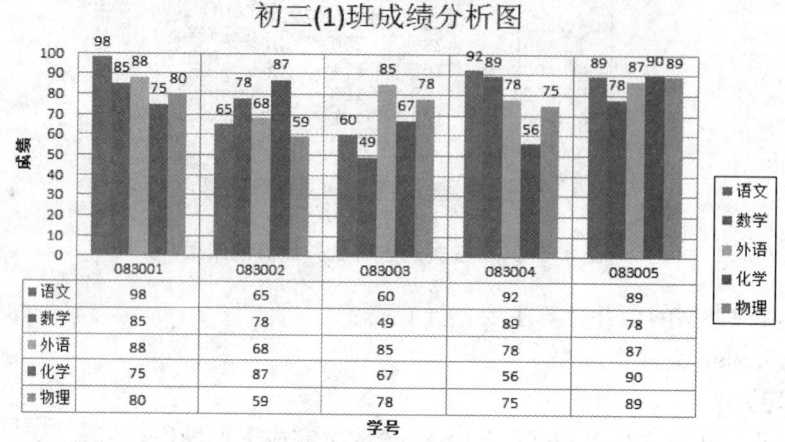

图 3-6-1　初三(1)班成绩分析图

一、创建基本图表

【指导步骤】

① 选择用于创建图表的工作表单元格区域:B1:B6,D1:H6。

② 在"插入"选项卡的"图表"命令组中,单击"柱形图"按钮,在下拉列表中单击"二维柱形图"栏中的"簇状柱形图",在当前工作表中新建一个基本的簇状柱形图,如图 3-6-2 所示。

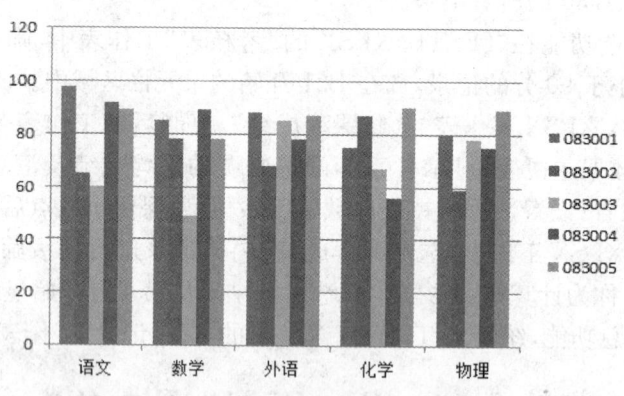

图 3-6-2　基本的簇状柱形图

二、修改图表元素

1. 交换图表的行与列

【指导步骤】

选定图表,单击"设计"选项卡"数据"命令组中的"切换行/列"按钮,效果如图 3-6-3 所示。

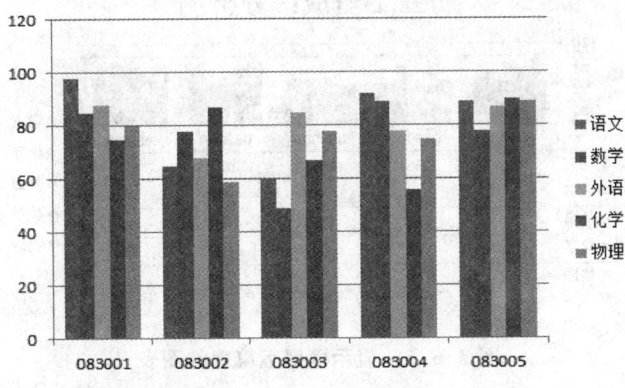

图 3-6-3　切换行/列后的图表

2. 添加并修饰图表标题

【指导步骤】

① 选定图表，单击"布局"选项卡"标签"命令组中的"图表标题"按钮，在下拉列表中选择放置标题的方式为"图表上方"。

② 在图表标题文本框里输入标题文本"初三(1)班成绩分析图"，效果如图3-6-4所示。

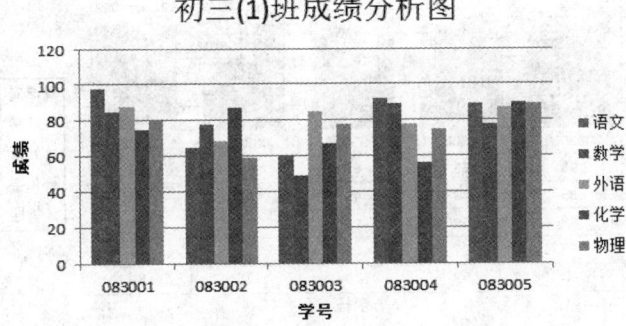

图 3-6-4　添加标题后的图表

3. 添加并修饰坐标轴标题

【指导步骤】

① 选定图表，单击"布局"选项卡"标签"命令组中的"坐标轴标题"按钮，在下拉列表中依次选择"主要横坐标轴标题"/"坐标轴下方标题"。

② 在横坐标轴标题文本框中输入"学号"，效果如图3-6-4所示。

③ 单击"布局"选项卡"标签"命令组中的"坐标轴标题"按钮，在下拉列表中依次选择"主要纵坐标轴标题"/"旋转过的标题"。

④ 在纵坐标轴标题文本框中输入"成绩"，效果如图3-6-4所示。

4. 显示模拟运算表

【指导步骤】

选定图表，单击"布局"选项卡"标签"命令组中的"模拟运算表"按钮，在下拉列表中选择"显示模拟运算表和图例项标示"，效果如图3-6-5所示。

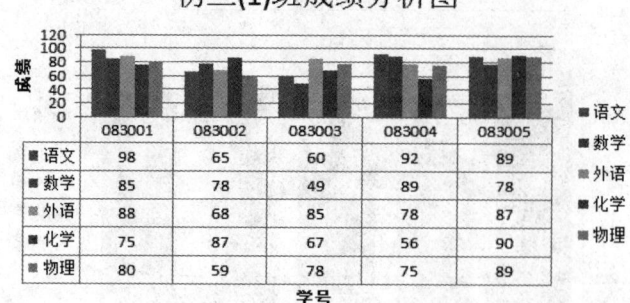

图 3-6-5　显示模拟运算表的图表

5．添加数据标签

【指导步骤】

① 单击图表区。注意：不是单击数据系列。

② 单击"布局"选项卡"标签"命令组中的"数据标签"按钮，在下拉列表中选择添加数据标签的方式"数据标签外"，效果如图 3-6-6 所示。

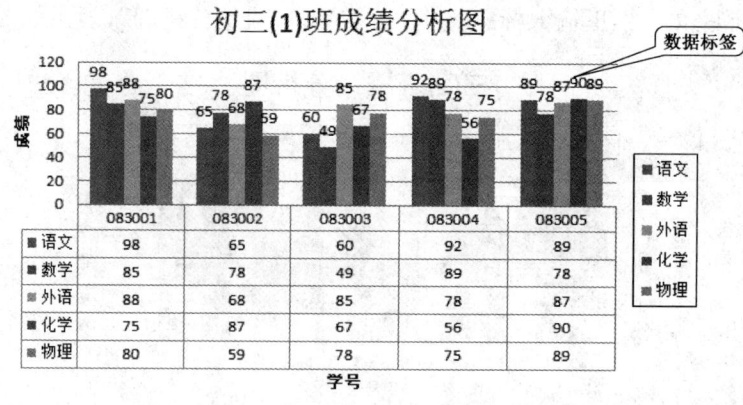

图 3-6-6　添加数据标签、图例加边框后的图表

6．调整图例

【指导步骤】

① 选定图表，单击"布局"选项卡"标签"命令组中的"图例"按钮，在下拉列表中选择"其他图例选项"，打开"设置图例格式"对话框。

② 在左窗格中选择"边框颜色"，然后在右窗格中选择"实线"单选框，给图例加上实线边框，效果如图 3-6-6 所示。

7．设置坐标轴

【指导步骤】

① 选定图表，单击"布局"选项卡"坐标轴"命令组中的"坐标轴"按钮，在下拉列表中依次选择"主要纵坐标轴"/"其他主要纵坐标轴选项"，打开"设置坐标轴格式"对话框。

② 在左窗格中选择"坐标轴选项"，然后在右窗格的"最大值"选择"固定"，文本框里输入"100"；"主要刻度单位"选择"固定"，文本框里输入"10"。

③ 单击"关闭"按钮,效果如图 3-6-7 所示。

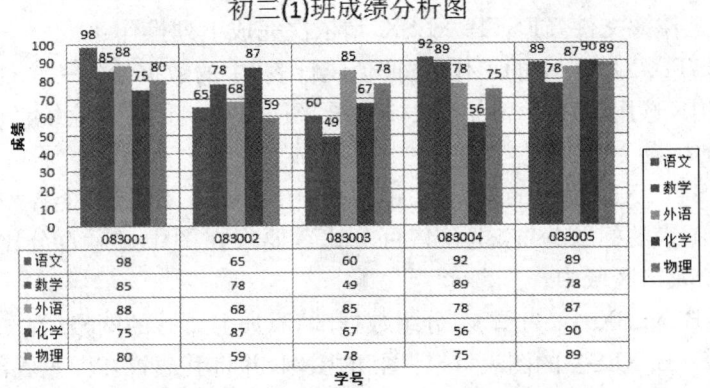

图 3-6-7　设置坐标轴、网络线后的图表

8. 显示网格线

【指导步骤】

选定图表,单击"布局"选项卡"坐标轴"命令组中的"网格线"按钮,在下拉列表中依次选择"主要纵网格线"/"主要网格线",效果如图 3-6-7 所示。

三、调整图表大小和位置

把图表放在 A14:I35 单元格区域中

【指导步骤】

① 将鼠标指针移到图表上,当出现四向箭头时,拖动鼠标把图表的左上角移到 A14 单元格里。

② 将鼠标指针移到图表的右下角的控制点上,当出现双向箭头时,拖动鼠标把图表的右下角移到 I35 单元格里。效果如图 3-6-8 所示。

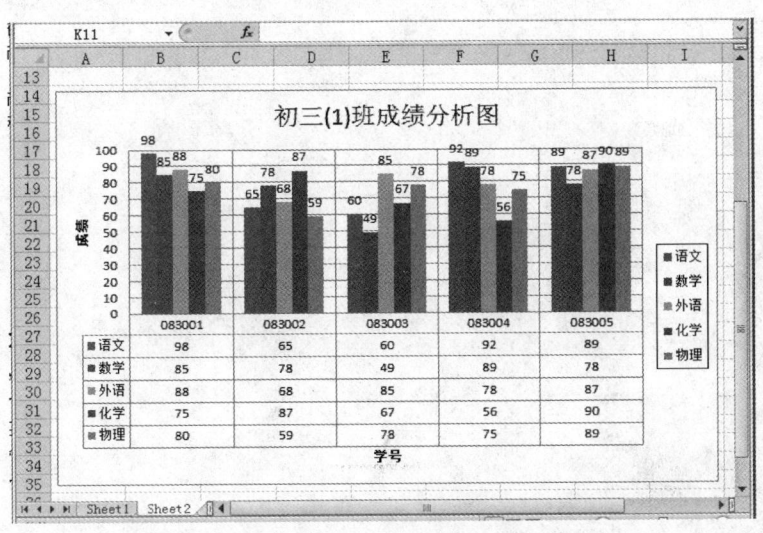

图 3-6-8　调整大小和位置后的图表

保存 Esy5.xlsx 文件。

【上机练习】

打开 Excel 工作簿文件 TESTB.XLSX,请依次完成下列操作:

1. 依据 TESTB.XLSX 中的工作表"产值统计表"中的数据绘制一个柱形图,放置在新工作表"新图表"中,选用图表类型为簇状柱形图,图表的标题为"产值统计图",X 轴的标题为"月份",Y 轴的标题为"产量"。

2. 依据 TESTB.XLSX 中的工作表"销售表"中的数据,绘制一个各种家电的"销售百分比"二维饼图,图表的标题为"家电销售百分比",要求在图中显示百分比,放在本工作表的 A12:G25 的单元格区域中。

3. 在 TESTB.XLSX 中,为图表"分组数据图"添加上所有的网格线。

4. 显示 TESTB.XLSX 的图表"统计图"的图例,并将其放置在图表底部的位置。

5. 将 TESTB.XLSX 的"图表 1"中的表示语文的柱与表示数学的柱互换位置。

6. 在 TESTB.XLSX 的"工程进度"图表中显示与其相关的模拟运算表。

7. 将 TESTB.XLSX 的"图表 2"的图表类型改为三维簇状柱形图。

8. 将 TESTB.XLSX 的"生产形势表"的图表类型改为分离型饼图。

第 4 部分　PowerPoint 2010 的演示文稿

实验 4-1　演示文稿的基本操作

实验目的

1. 熟悉 PowerPoint 2010 的用户界面。
2. 掌握各种创建演示文稿的方法。
3. 掌握视图切换的方法。
4. 掌握幻灯片的插入与删除、移动与复制。

实验内容

一、建立演示文稿

1. 创建一个版式为"标题和内容"的空演示文稿

【指导步骤】

① 建立空白演示文稿有两种方法：第一种是启动 PowerPoint 时自动创建一个空白演示文稿。第二种方法是在 PowerPoint 已经启动的情况下，单击"文件"选项卡，在出现的菜单中选择"新建"命令，在右侧"可用的模板和主题"中选择"空白演示文稿"，单击右侧的"创

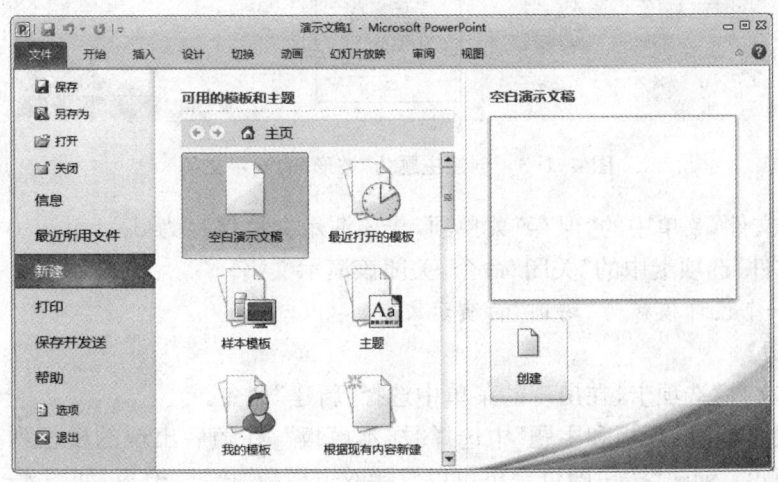

图 4-1-1　创建空白演示文稿

建"按钮即可,如图4-1-1所示。也可以直接双击"可用的模板和主题"中的"空白演示文稿"。

② 单击"开始"选项卡上的"幻灯片"组中的"幻灯片版式",然后选择"标题和内容"版式,如图4-1-2所示。

③ 单击"文件"选项卡中的"保存"命令,出现"另存为"对话框。将该演示文稿保存为d:\ppt2010\4-1_1.pptx文件,执行"文件"选项卡中的"关闭"命令,关闭该演示文稿。

2. 创建一个主题为"波形"的演示文稿

【指导步骤】

① 单击"文件"选项卡,在出现的菜单中选择"新建"命令。

② 在右侧"可用的模板和主题"中选择"主题",在随后出现的主题列表中选择一个主题如"波形",并单击右侧的"创建"按钮即可,如图4-1-3所示。也可以直接双击主题列表中的某主题。

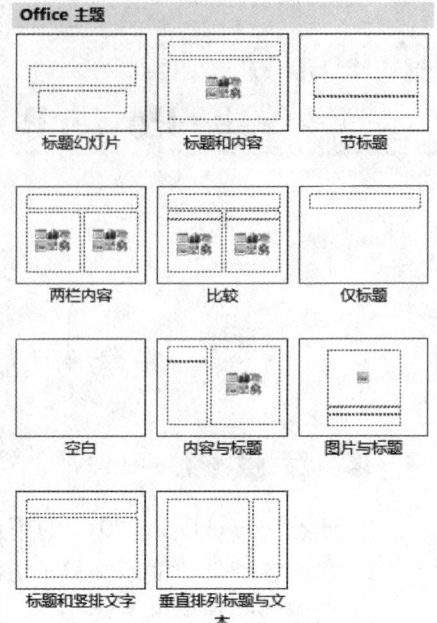

图4-1-2 "幻灯片版式"列表

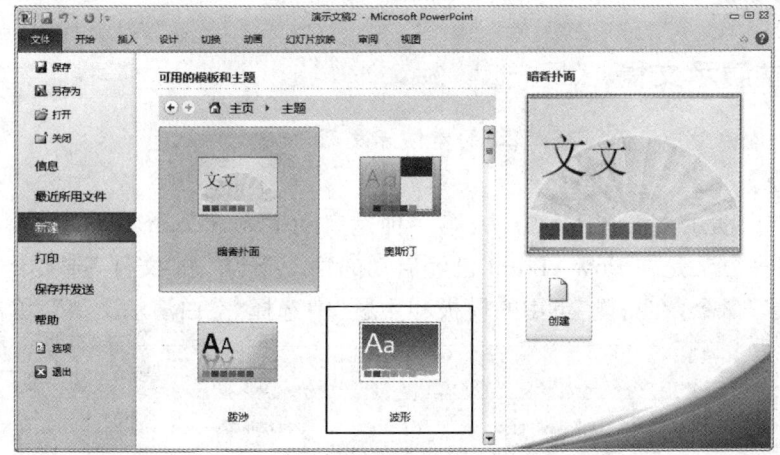

图4-1-3 创建主题为"波形"的演示文稿

③ 单击"文件"菜单中的"保存"菜单项,将该演示文稿保存为d:\ppt2010\4-1_2.pptx文件,执行"文件"选项卡中的"关闭"命令,关闭该演示文稿。

3. 创建一个设计模板为"培训"的演示文稿

【指导步骤】

① 单击"文件"选项卡,在出现的菜单中选择"新建"命令。

② 在右侧"可用的模板和主题"中选择"样本模板",在随后出现的模板列表中选择"培训"并单击右侧的"创建"按钮即可。也可以直接双击模板"培训"模板,如图4-1-4所示。

使用"培训"模板创建的演示文稿含有同一主题的19张幻灯片,分别表示"标题"、"新员工定位"、"新工作"、"新环境"等提示内容。只要根据培训实际情况按提示修改、填写内容即可。

③ 单击"文件"选项卡中的"另存为"菜单项,将该演示文稿保存为 d:\ppt2010\4-1_3.pptx 文件,执行"文件"菜单中的"关闭"菜单项,关闭该演示文稿。

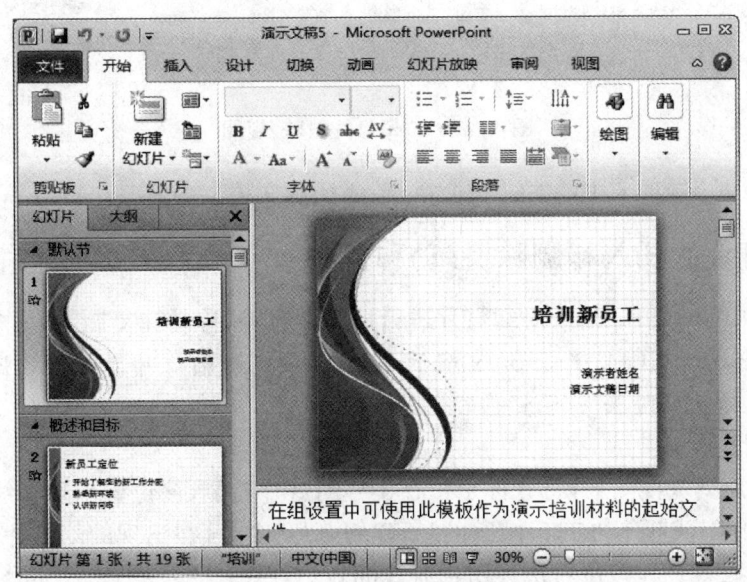

图 4-1-4 创建设计模板为"培训"的演示文稿

二、视图的切换

打开 d:\ppt2010\4-1_3.pptx 演示文稿,并在各种视图方式下查看幻灯片。

【指导步骤】

① 打开 d:\ppt2010\4-1_3.pptx 演示文稿。
② 打开"视图"选项卡,单击"演示文稿视图"组的"普通视图"命令按钮,切换到"普通"视图,如图 4-1-5 所示。默认情况下,幻灯片以普通视图方式显示。

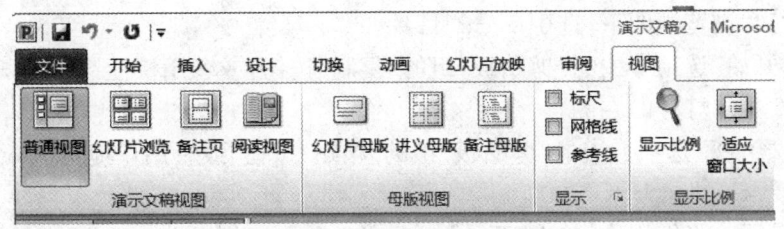

图 4-1-5 "视图"选项卡

③ 单击各视图按钮,演示文稿可在普通视图、幻灯片浏览视图等各种视图间进行切换。
④ 在"幻灯片放映"选项卡中单击"开始放映幻灯片"组的"从头开始"命令按钮,就可以从演示文稿的第一张幻灯片开始放映,也可以选择"从当前幻灯片开始"命令,从当前幻灯片开始放映。另外,单击窗口底部"幻灯片放映"视图按钮,也可以从当前幻灯片开始放映,

如图 4-1-6 所示。播放过程中按【Esc】键，可结束放映。

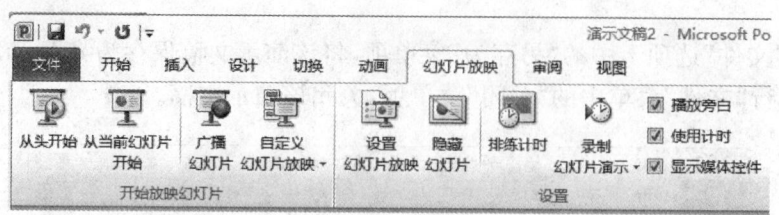

图 4-1-6 "幻灯片放映"视图

⑤ 执行"文件"选项卡中的"关闭"命令，关闭演示文稿。

三、幻灯片的插入和删除、移动和复制

制作完简单的幻灯片后，可对幻灯片进行插入和删除、移动和复制等操作。

1. 打开 d:\ppt2010\4-1_3.pptx 演示文稿，在第 1 张幻灯片后插入 2 张幻灯片，幻灯片版式分别为"标题和内容"、"两栏内容"。

【指导步骤】

① 在幻灯片浏览视图下，将光标定位在 1 号幻灯片右侧，该位置出现竖线。

② 单击"开始"选项卡"幻灯片"组的"新建幻灯片"命令，在出现的幻灯片版式列表中选择版式"标题和内容"后，该位置出现所选版式的新幻灯片。

③ 用上述相同的方法插入"两栏内容"幻灯片。

2. 将第四张移到第三张幻灯片的前面

【指导步骤】

① 在幻灯片浏览视图下，选中 4 号张幻灯片。

② 单击"开始"选项卡中的"剪贴板"组的"剪切"按钮，或者用快捷键"Ctrl+X"。

③ 单击 3 号幻灯片的左侧。

④ 单击"开始"选项卡中的"剪贴板"组的"粘贴"按钮，或者用快捷键"Ctrl+V"。

3. 复制第一张幻灯片到 6 号幻灯片后面

【指导步骤】

① 在幻灯片浏览视图下，选中 1 号幻灯片。

② 单击"开始"选项卡中的"剪贴板"组的"复制"按钮，或者用快捷键"Ctrl+C"。

③ 单击 6 号幻灯片的右侧。

④ 单击"开始"选项卡中的"剪贴板"组的"粘贴"按钮，或者用快捷键"Ctrl+V"。

4. 删除最后一张幻灯片

① 选中最后一张幻灯片，单击"开始"选项卡中的"剪贴板"组的"剪切"按钮，或者用快捷键"Ctrl+X"。或者按下【Delete】键将其删除。

② 保存演示文稿。

【上机练习】

上机依次完成下列操作，并将该演示文稿保存为 D:\PPT2010\练习 1.pptx 文件。

1. 建立一包含 4 张幻灯片的空白演示文稿。

2. 4张幻灯片的内容根据表4-1-1制作。
3. 在第3张幻灯片后插入2张幻灯片,幻灯片版式为"两栏内容"、"图片与标题"。
4. 复制第2张幻灯片到最后1张幻灯片后。
5. 删除第5张幻灯片。

表 4-1-1

	内容简介
第5章　PowerPoint 2010 演示文稿	• 5.1　PowerPoint 2010 基础知识 • 5.2　演示文稿的基本操作 • 5.3　演示文稿的编辑 • 5.4　动画和超级链接技术 • 5.5　演示文稿的放映和打印
5.1　PowerPoint 基础知识 • PowerPoint 2010 的启动和退出 • PowerPoint 2010 的窗口组成 • 打开和关闭演示文稿	5.2 演示文稿的基本操作 • 建立演示文稿 • 保存演示文稿 • 在演示文稿中增加和删除幻灯片

实验 4-2　演示文稿的编辑

实验目的

1. 掌握文本的输入与编辑。
2. 掌握插入图片和艺术字的方法。
3. 掌握插入表格和图表的方法。
4. 掌握插入 SmartArt 图形的方法。

实验内容

一、文本的输入与编辑

新建空白演示文稿,并保存在 d:\ppt2010 文件夹下,文件名为 4-2_1.pptx。在1号幻灯片标题位置输入"龙背山森林公园",副标题位置输入"制作:张珊",然后设置字符格式。

【指导步骤】

① 在普通视图下单击大纲窗格中的1号幻灯片图标,在幻灯片窗格中显示1号幻灯片,如图4-2-1所示。

② 单击"单击此处添加标题"占位符,此

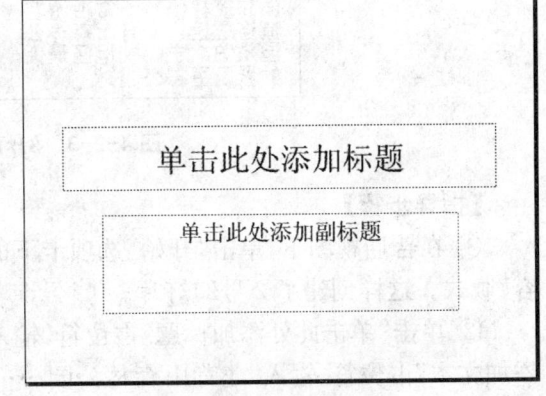

图 4-2-1　幻灯片窗格

时"单击此处添加标题"几个文字消失,并显示为一个闪烁的光标,表示可以输入文字了。

③ 输入"龙背山森林公园"几个字。选中这几个字,然后单击"开始"选项卡中的"字体"组中的"其他"按钮,出现"字体"对话框,如图4-2-2所示,根据需要设置字体的格式。

④ 单击"单击此处添加副标题"占位符,输入"制作:张珊"几个字,并设置字符格式。

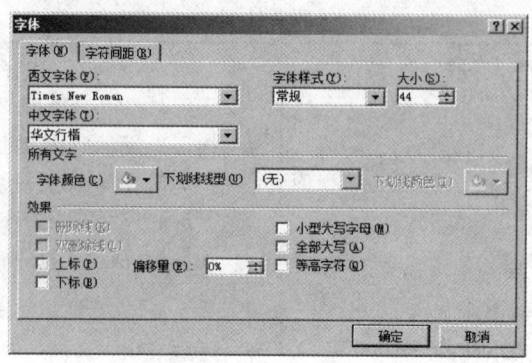

图4-2-2 "字体"对话框

⑤ 保存文件。

二、插入图片和艺术字

1. 新建2号幻灯片,版式为"两栏内容",在幻灯片标题位置输入"龙背山森林公园简介",左侧文本位置输入相关内容,右侧插入图片"双龙.jpg",适当改变其高度和宽度,如图4-2-3所示

图4-2-3 幻灯片插入图片效果

【指导步骤】

① 在普通视图下,单击"开始"选项卡下的"幻灯片"组中的"新建幻灯片",选择"两栏内容"版式。这样创建了2号幻灯片。

② 单击"单击此处添加标题"占位符,输入"龙背山森林公园简介",单击左侧"单击此处添加文本"占位符,输入"龙背山森林公园……",标题字体设置为:44磅、加粗;文本字体设置为:24磅、幼圆体。

③ 单击右侧中间图标中"插入来自文件的图片"图标,弹出"插入图片"对话框,找到 d:\ppt2010\"双龙.jpg"文件,双击该文件即可将其插入到幻灯片中。

④ 选择图片,在"图片工具—格式"选项卡中的"大小"组单击右下角的"其他"按钮,在出现的对话侧单击"大小"项在右侧"高度"和"宽度"栏输入图片的高和宽,如图 4-2-4 所示。

提示:插入剪贴画的方法与插入图片的方法类似,单击右侧中间"剪贴画"的占位符,在弹出的"剪贴画"的对话框,在列表框中找到需要的剪贴画,在该剪贴画上双击鼠标即可将选中的剪贴画插入。

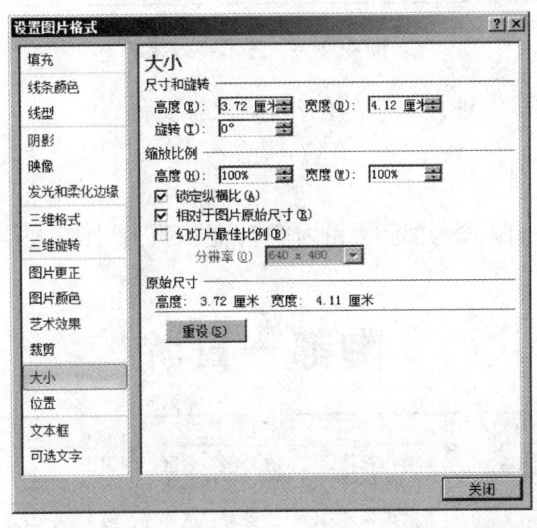

图 4-2-4 "设置图片格式"对话框

⑤ 保存文件。

2. 新建 3 号新幻灯片,版式为"标题和内容",位置输入"龙背山森林公园",并设置为艺术字

① 在普通视图下,单击"开始"选项卡下的"幻灯片"组中的"新建幻灯片",选择"标题和内容"版式。这样创建了 3 号幻灯片。

② 在标题位置输入"龙背山森林公园",首先选择这些文本,在"绘图工具—格式"选项卡"艺术字样式"组中的"艺术字样式"的下拉菜单中选择一种样式,如图 4-2-5 所示。

③ 改变艺术字填充颜色:选择艺术字,在"绘图工具—格式"选项卡"艺术字样式"组单击"文本填充"按钮,在出现的下拉列表中选择一种颜色,则艺术字内部用该颜色填充。也可以选择用渐变、图片或纹理填充艺术字。

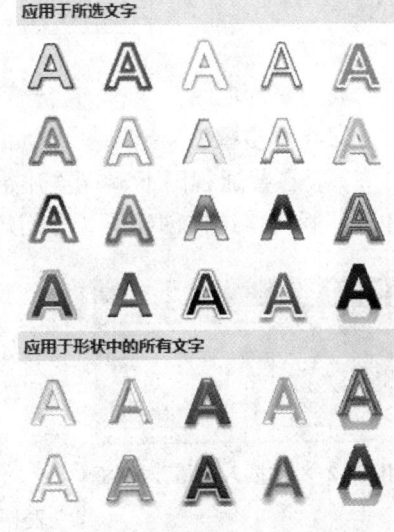

图 4-2-5 "艺术字样式"列表

④ 改变艺术字轮廓:选择艺术字,然后在"绘图工具—格式"选项卡"艺术字样式"组单击"文本轮廓"按钮,出现下拉列表,可以选择一种颜色作

为艺术字轮廓线颜色。在下拉列表中选择"粗细"项,出现各种尺寸的线条列表,选择一种(如:1.5磅),则艺术字轮廓采用该尺寸线条。

⑤ 改变艺术字的效果:如果对当前艺术字效果不满意,可以以阴影、发光、映像、棱台、三维旋转和转换等方式进行修饰,其中转换可以使艺术字变形为各种弯曲形式,增加艺术感,如图4-2-6所示。

图4-2-6 艺术字效果

根据自己的喜爱完成一种艺术字的创作,并保存文件。

三、插入表格

新建4号新幻灯片,版式为"标题和内容",在幻灯片中插入一张如图4-2-7所示的表格。

陶都一日游

线路	景点	报价
线路A	龙背山森林公园、张公洞风景区、中国宜兴陶瓷博物馆、陶瓷市场购物	200
线路B	龙背山森林公园、优美灵谷风景区、阳羡茶园	150
线路C	龙背山森林公园、陶祖圣境风景区、竹海风景区、陶瓷市场购物	180
线路D	龙背山森林公园、善卷洞风景区、阳羡茶园、宜兴现代农业观光园	220

图4-2-7 幻灯片插入表格效果

【指导步骤】

① 在普通视图下,单击"开始"选项卡下的"幻灯片"组中的"新建幻灯片",选择"标题和内容"版式。这样创建了4号幻灯片。

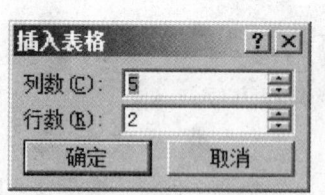

图4-2-8 "插入表格"对话框

② 单击"单击此处添加标题"图标,输入"陶都一日游"。

③ 单击下方中间"插入表格"占位符,弹出"插入表格"对话框,如图4-2-8所示。设置列数为"3","行数"为"5"。单击"确定"按钮,即可生成一个5行3列的表格。

④ 按要求输入相关文本和数据。

⑤ 选中表格的第一行,单击"表格工具—设计"选项卡中的"表格样式"组中的 按钮填充主题颜色"白色,背景1,深色15%",再选择第一列作相同的填充,其他单元格填充白色。

⑥ 选中表格中第1行、第1和第3列,单击"表格工具—布局"选项卡中的"对齐方式"

组中的"居中"和"垂直居中"按钮。

⑦ 选择整个表格，单击"表格工具—设计"选项卡中的"表格边框"组中"笔画粗细"下拉菜单，选择 1.5 磅，再单击"表格工具—设计"选项卡中的"表格样式"组中"框线"下拉菜单中选择"外侧框线"，同样设置内部框线为 0.75 磅。

⑧ 保存文件。

四、插入图表

新建 5 号新幻灯片，版式为"标题和内容"，在幻灯片中插入一张如图 4-2-9 所示的图表，图表数据见表 4-2-1。

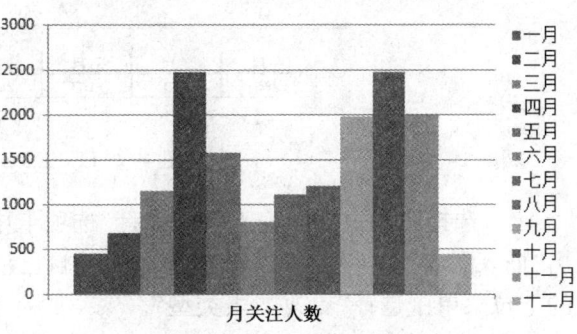

图 4-2-9　插入图表效果

表 4-2-1

	一月	二月	三月	四月	五月	六月
月关注人数	465	690	1157	2474	1584	804
	七月	八月	九月	十月	十一月	十二月
月关注人数	1111	1213	1987	2472	2000	447

【指导步骤】

① 在普通视图下，单击"开始"选项卡下的"幻灯片"组中的"新建幻灯片"，选择"标题和内容"版式。这样创建了 5 号幻灯片。

② 单击"单击此处添加标题"占位符，输入"陶都一日游关注度分析"几个字。

③ 单击幻灯片中的"插入图表"的图标，弹出一个"插入图表"对话框，如图 4-2-10 所示。

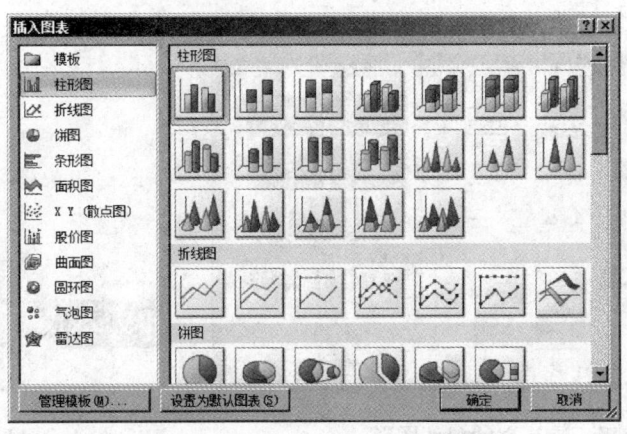

图 4-2-10　"插入图表"对话框

④ 选择"柱形图"中的"簇状柱形图"，单击"确定"按钮，就会自动弹出 Excel 2010 软件的界面，根据提示可以输入所需要显示的数据，如图 4-2-11 所示。输入完毕，关闭

Excel 2010 即可插入一个图表。

	B	C	D	E	F	G	H
1	一月	二月	三月	四月	五月	六月	七月
2	465	690	1157	2474	1584	804	1111

图 4-2-11　Excel 2010 数据表

⑤ 选择图表,在"图表工具—设计"选项卡中的"类型"组中的"更改图表类型"按钮,弹出"插入图表"对话框,可以重新选择一种自己满意的类型。也可以右击当前的图表,弹出的下拉菜单中选择"更改图表类型"。

⑥ 可以在"图表工具—布局"选项卡中的"标签"、"坐标轴"、"背景"等组中进行相关的设置。

⑦ 可以在"图表工具—格式"选项卡中的"形状样式"、"排列"、"大小"等组中进行相关的设置。

根据步骤③～⑦的操作,完成一个精美图表的设置,并保存文件。

五、插入 SmartArt 图形

选择 3 号幻灯片,在幻灯片中插入一张如图 4-2-12 所示的 SmartArt 图形。

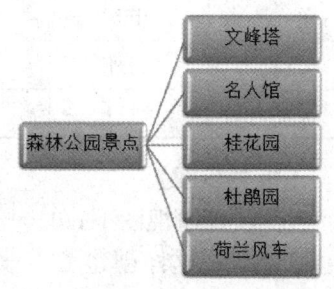

图 4-2-12　插入 SmartArt 图形效果

【指导步骤】

① 选择 3 号幻灯片,选择"插入"选项卡中的"插图"组中的 SmartArt 图形按钮,即可弹出"选择 SmartArt 图形"对话框,如图 4-2-13 所示。

② 选择左侧窗格的"层次结构",在右侧"列表"中选择"水平层次结构",单击"确定"按钮,出现如图 4-2-14 所示的结构图。

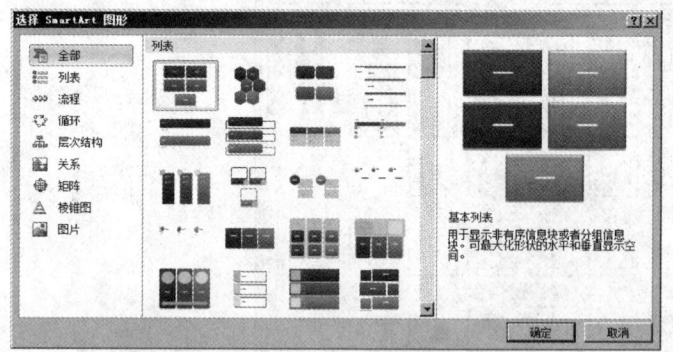

图 4-2-13　插入 SmartArt 图形

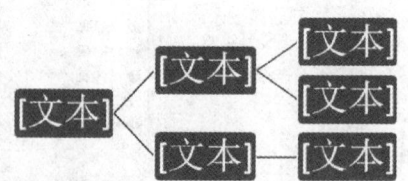

图 4-2-14　水平组织结构图

③ 选择右侧的形状,右击鼠标弹出的下拉菜单中选择"剪切"命令,或直接按键盘上的"Delete"删除。

④ 选择剩下的右侧的形状,单击"SmartArt 工具—设计"选项卡中的"创建图形"组中

的"添加形状"按钮下拉菜单中的"在后面添加形状"。也可以右击鼠标,在弹出的下拉菜单中选择"添加形状"下的"在后面添加形状"命令,添加两个形状。选择添加的形状,右击鼠标弹出的下拉菜单中选择"编辑文字"命令。根据要求输入相关的文本。

⑤ 选择"SmartArt 工具—设计"选项卡中的"布局"组,可以更改布局。

⑥ 选择"SmartArt 工具—设计"选项卡中的"SmartArt 样式"组中的样式,可以获得所需的样式,如单击"更改颜色",在弹出的列表中选择"强调更改颜色 3"中的"彩色填充"。

按照以上步骤,利用 SmartArt 工具完成一个所需的组织结构图。

⑦ 保存演示文稿。

【上机练习】

建立一包含 4 张空幻灯片的演示文稿,依次完成下列操作,并将该演示文稿保存为 d:\PPT2010\练习 2.pptx 文件。

1. 在 1 号幻灯片中添加如图 4-2-15 所示的文本和图片。

图 4-2-15　上机练习文本和图片

2. 在第 2 号幻灯片中添加一张如图 4-2-16 所示的图表(图表数据见表 4-2-2)。样式自己定义。

表 4-2-2

	PowerPoint2010 的基本操作	演示文稿的基本操作	设置幻灯片外观	动画和超级链接技术	演示文稿的放映和打印
所占比例	16%	45%	13%	13%	13%

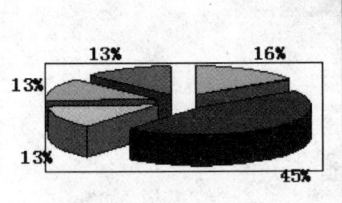

图 4-2-16　上机练习图表

图 4-2-17　SmartArt 图形

3. 在 3 号幻灯片中添加如图 4-2-17 所示的 SmartArt 图形。
4. 在 4 号幻灯片中添加艺术字"PowerPoint2010 的使用",艺术字样式自定。

实验 4-3 设置幻灯片外观

实验目的

1. 掌握幻灯片应用主题的方法。
2. 掌握设置幻灯片背景的方法。
3. 掌握幻灯片使用母版的方法。
4. 掌握幻灯片应用设计模板的方法。

实验内容

一、应用主题

通过变换不同的主题来使幻灯片的版式和背景发生显著变化。通过一个单击操作选择中意的主题,即可完成对演示文稿外观风格的重新设置。

【指导步骤】

① 打开 d:\ppt2010\练习 1.pptx 或新建一个空白演示文稿。并保存在 D:\ppt2010 文件夹下,文件名为 4-3_1.pptx。

② 单击"设计"选项卡中的"主题"组显示了部分主题列表,单击主题列表右下角"其他"按钮,就可以显示全部内置主题供选择,如图 4-3-1 所示。

图 4-3-1 "设计"选项卡"主题"组

③ 鼠标移到某主题,稍后会显示该主题的名称。单击该主题,则系统会按所选主题的颜色、字体和图形外观效果修饰演示文稿。

④ 保存文件。

二、设置幻灯片背景

可以对幻灯片背景的颜色、图案和纹理等进行调整。通过改变主题背景样式和背景格式(纯色、颜色渐变、纹理、图案或图片)等方法来美化幻灯片的背景。

【指导步骤】

① 打开 d:\ppt2010\练习 1.pptx 或新建一个空白演示文稿。保存在 D:\ppt2010 文件夹下,文件名为 4-3_2.pptx。

② 单击"设计"选项卡"背景"组的"背景样式"命令,则显示当前主题 12 种样式列表。从背景样式列表中选择一种中意的背景样式,则演示文稿全体片均采用该背景样式。若只希望改变部分幻灯片的背景,则先选择这些幻灯片,然后右击某样式,在出现的快捷菜单中选择"应用于所选幻灯片"命令,则选定的幻灯片采用该背景样式,而其他幻灯片不变。

③ 单击"设计"选项卡"背景"组的"背景样式"命令,在出现的快捷菜单中选择"设置背景格式"命令,弹出"设置背景格式"对话框,如图 4-3-2 所示。也可以单击"设计"选项卡"背景"组右下角的"设置背景格式"按钮,也能显示"设置背景格式"对话框。

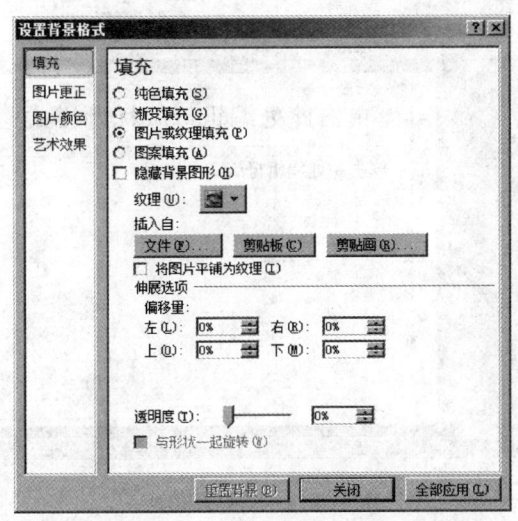

图 4-3-2 "设置背景格式"对话框

④ 单击"设置背景格式"对话框左侧的"填充"项,右侧提供两种背景颜色填充方式:"纯色填充"和"渐变填充"。如选择"渐变填充"单选框,单击"预设颜色"栏的下拉按钮,在出现的几十种预设的渐变颜色列表中选择一种"红日西斜"。

⑤ 单击对话框左侧的"填充"项,右侧选择"图案填充"单选框,在出现的图案列表中选择所需图案(如"浅色下对角线")。通过"前景"和"背景"栏可以自定义图案的前景色和背景色。

⑥ 单击对话框左侧的"填充"项,右侧选择"图片或纹理填充"单选框,单击"纹理"下拉按钮,在出现的各种纹理列表中选择所需纹理(如"花束")。

⑦ 单击对话框左侧的"填充"项,右侧选择"图片或纹理填充"单选框,在"插入自"栏单

击"文件"按钮,在弹出的"插入图片"对话框中选择所需图片文件,并单击"插入"按钮,回到"设置背景格式"对话框。单击"关闭"(或"全部应用")按钮,则所选图片成为幻灯片背景。

⑧ 根据以上步骤完成对幻灯片背景的设置,并保存文件。

三、幻灯片母版

除标题幻灯片外,把所有幻灯片的标题改为:黑体、44 磅;将幻灯片的页脚设为"PowerPoint2010",日期和时间为自动更新,并添加幻灯片编号(标题幻灯片除外);在每张幻灯片插入任意一幅剪贴画,并调整至合适的大小和适当的位置。

【指导步骤】

① 打开 d:\ppt2010\练习 1.pptx,另存文件在 D:\ppt2010 文件夹下,文件名为 4-3_3.pptx。

② 选择"视图"选项卡中"演示文稿视图"组中的"幻灯片母版"按钮,打开"幻灯片母版"视图,如图 4-3-3 所示。

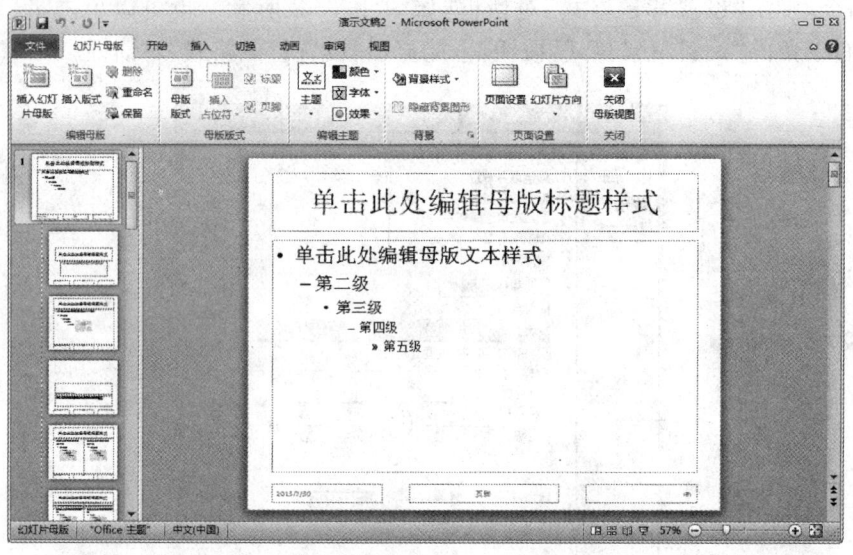

图 4-3-3　幻灯片母版

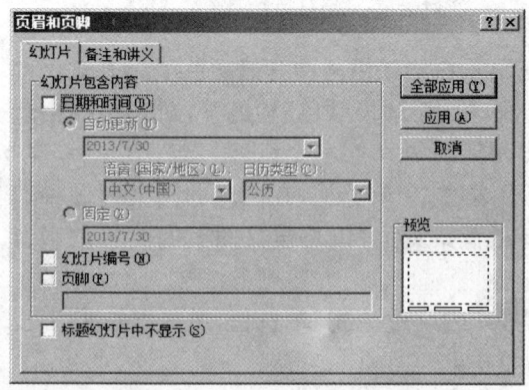

图 4-3-4　"页眉和页脚"对话框

③ 将光标定位在母版相应的标题占位符中,设置字符格式为:黑体、44 磅。

④ 将光标定位在母版相应的页脚占位符,单击"插入"选项卡中"文本"组中的"日期和时间",弹出"页眉和页脚"对话框,如图 4-3-4 所示。

⑤ 选择"幻灯片"选项卡,设置"日期和时间"为"自动更新",选中"幻灯片编号"、"页脚"和"标题幻灯片中不显示"三个选项,并在"页脚"选项下面的文本框中输入"PowerPoint2010"几个

字,然后单击全部应用。

⑥ 单击"插入"选项卡中的"图像"组中的"剪贴画"命令,打开"剪贴画"任务窗格,找到需要的剪贴画后插入剪贴画。调整图片的大小,并把它放在幻灯片的左下角。

⑦ 单击"幻灯片母版"选项卡中"关闭"组中的"关闭母版视图"命令,退出母版编辑状态。

⑧ 查看各张幻灯片,此时幻灯片中的对象格式已按要求发生了相应的变化,最后保存文件。

四、幻灯片应用设计模板

用户可以使用设计模板创建新演示文稿,也可以从空白演示文稿出发,创建全新模板,或在现有的设计模板中选择一个比较接近自己需求的模板,并加以修改,以创建符合要求的新设计模板。

【指导步骤】

① 单击"文件"选项卡,在出现的菜单中选择"新建"命令。在右侧"可用的模板和主题"中选择"样本模板",在随后出现的模板列表中选择"现代型相册"并单击右侧的"创建"按钮即可。

② 如果不满意这些设计模板,可以对这些模板略加修改,单击"视图/幻灯片母版"命令,出现该演示文稿的幻灯片母版。单击幻灯片母版中要修改的区域并进行修改(如:单击标题文本,修改其字体、字号、颜色等),改变背景,也可以添加幻灯片共有的文本或图片等。

③ 将修改好的设计模板保存为新模板,则可以避免每次创建该类演示文稿时均要重复修改模板。单击"文件/另存为"命令,出现"另存为"对话框。在"保存类型"框选择"PowerPoint 模板";在"文件名"框中输入新模板的文件名(如:"现代型相册")。然后单击"保存"按钮。以后可以利用该模板创建自己风格的演示文稿。

【上机练习】

打开 d:\PPT2010\4-2_1.pptx 文件,另存为练习 3.pptx,请依次完成下列操作:

1. 设置 1 号幻灯片中的标题格式:"字体"为"幼圆"、"字号"为 48 磅,"颜色"为红色、加粗、加下划线。

2. 将 2 号幻灯片中的文本设置为两端对齐,字体为隶书,字号为 26,并设置段落的行距固定值 25 磅。

3. 为 3 号幻灯片中表格的第一行和第一列加"灰色底纹",并将表格中的文字对齐方式设置为水平居中和垂直居中。

4. 使用母版,除标题幻灯片外,把所有幻灯片的标题改为:黑体、44 磅,红色。

5. 将幻灯片的页脚设为"PowerPoint2010 的使用",日期和时间为自动更新,并添加幻灯片编号(除标题幻灯片外)。

6. 在每张幻灯片中(标题幻灯片除外)右下角插入一幅剪辑画,并调整其大小和位置。

7. 设置 9 号幻灯片的背景格式为纹理"水滴"。

8. 为整个演示文件应用主题为"流畅"。

9. 保存演示文稿。

实验 4-4 动画和超级链接技术

实验目的

1. 掌握设置动画效果的方法。
2. 掌握幻灯片间的切换效果的方法。
3. 掌握创建超级链接的方法。

实验内容

打开 d:\PPT2010\4-2_1.pptx 文件,进行如下操作。

一、设置动画效果

1. 为 1 号幻灯片添加动画效果,要求:为主标题添加"强调"效果中的"陀螺旋"效果,为副标题添加"进入"效果中的"弹跳"效果。

【指导步骤】

① 在普通视图下单击大纲窗格中的 1 号幻灯片图标,在幻灯片窗格中显示 1 号幻灯片。

② 选中主标题,或在主标题占位符中单击鼠标,在"动画"选项卡的"高级动画"组中的"添加动画"下拉菜单,出现各种动画效果的下拉列表,如图 4-4-1 所示。在"强调"类中选择一种动画效果,例如"陀螺旋",则所选对象被赋予该动画效果。

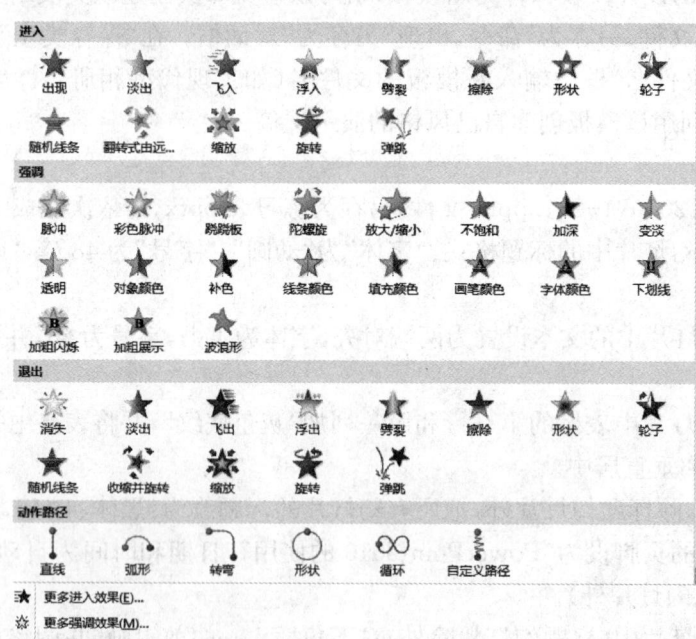

图 4-4-1 动画效果列表

同样,选中副标题,在"进入"类中选择一种动画效果,例如"弹跳",则所选对象被赋予该动画效果。

2. 为2号幻灯片添加动画效果,要求:标题以"水平百叶窗"显示,并伴随着"风铃"的声音,动画文本"按字/词"发送,动画播放后不变暗;其他幻灯片的动画效果自行设置。

【指导步骤】

① 在普通视图下单击大纲窗格中的2号幻灯片图标,在幻灯片窗格中显示2号幻灯片。

② 选择文本,单击动画样式的下拉列表的下方"更多进入效果"命令,打开"更改进入效果"对话框,其中按"基本型"、"温和型"和"细微型"列出更多动画效果供选择。如图4-4-2所示。

图4-4-2 "更改进入效果"对话框

图4-4-3 效果选项

③ 选择"基本型"中的"百叶窗",单击"确定"按钮。在如图4-4-3所示的"效果"选项中的方向设置为"水平"。这样就设置了文本的"水平百叶窗"效果。

④ 继续选择标题,单击"动画"选项卡"动画"组右侧的"其他"按钮,出现如图4-4-4所示的对话框。例如"百叶窗"动画的效果"设置"中也可以改变方向,还可以在"增强"中设置声音。

⑤ 单击右侧的下拉三角箭头,选中"风铃";在"动画文本"区右侧的下拉列表框中选择"按字/词"选项;"动画播放后"区保持默认选项。

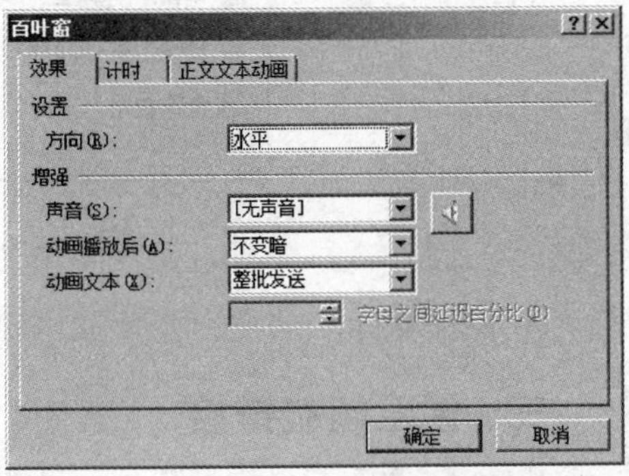

图4-4-4 "百叶窗"效果选项

⑥ 自行设置其他各幻灯片的动画效果。
⑦ 将演示文稿另存为 4-4_1.pptx 文件。

二、设置幻灯片的切换方式

将 4-4_1.pptx 演示文稿中所有幻灯片切换方式设置为"棋盘",方向为"自顶部",持续时间为"2秒",声音为"照相机",并使演示文稿在演示时具有每隔 3 秒自动切换到下一张幻灯片的效果

【指导步骤】

① 在普通视图下单击大纲窗格中的 1 号幻灯片图标,在幻灯片窗格中显示 1 号幻灯片。在"切换"选项卡"切换到此幻灯片"组中单击切换效果列表下拉菜单,弹出包括"细微型"、"华丽型"和"动态内容"等各类切换效果列表,如图 4-4-5 所示。

图 4-4-5　幻灯片切换效果列表

② 在切换效果列表中选择一种切换样式"华丽型"中的"棋盘","效果选项"中的方向为"自顶部"。

③ 在"切换"选项卡"计时"组中,如图 4-4-6 所示,"持续时间"为"2秒",声音为"照相机"。换片方式中选中"设置自动换片时间"为"3秒"。

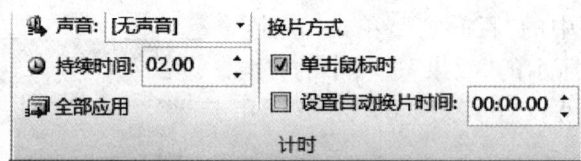

图 4-4-6　"切换"选项卡"计时"组

④ 保存文件。

三、创建超级链接

1. 使用"超级链接"命令:4-2_1.pptx 演示文稿的最后插入两张版式为"空白"的幻灯片,在 6 号幻灯片中插入 d:\PPT2010\文峰塔.jpg 的图片,在 7 号幻灯片中插入 d:\

PPT2010\荷兰风车.jpg 的图片;为 3 号幻灯片中的"文峰塔"三个字设置超链接,播放幻灯片时单击"文峰塔"可以跳转到 6 号幻灯片

【指导步骤】

① 打开 4-2_1.pptx 演示文稿,用前面介绍的方法插入两张空白幻灯片,并分别插入要求的图片。

② 选择 3 号幻灯片。选中"文峰塔"三个字,选择"插入"选项卡中的"链接"组中的"超链接"按钮,即可弹出"插入超链接"对话框,如图 4-4-7 所示。利用对话框,用户可以创建不同效果的超链接。

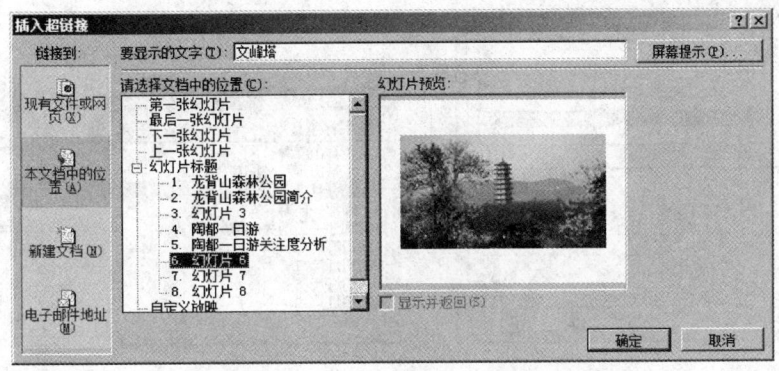

图 4-4-7 "插入超链接"对话框

③ 可以在"插入超链接"对话框中选择"本文档中的位置"选项卡,并在"请选择文档中的位置"列表中选择"幻灯片 6"选项,在"幻灯片预览"区域显示该幻灯片的缩览图,则链接到了 6 号幻灯片。

④ 单击"确定"按钮,退出对话框,这时 3 号幻灯片上的"文峰塔"文本上出现一条下划线,并颜色为蓝色,表示该文本已建立了超级链接。

⑤ 保存文件。

2. 使用动作按钮:在 7 号幻灯片右下角添加一个按钮,演示到该幻灯片时,单击该按钮能返回到 3 号幻灯片

【指导步骤】

① 选中 7 号幻灯片图标,选择"插入"选项卡中的"插图"组中的"形状"下拉按钮,在弹出的列表中最下面有"动作按钮",如图 4-4-8 所示,选择最后一个按钮。

图 4-4-8 "动作按钮"列表

② 然后在幻灯片右下角适当位置拖曳,至合适大小后释放鼠标,弹出"动作设置"对话框,如图 4-4-9 所示。

③ 选择"单击鼠标"选项卡,然后选中"超级链接到"选项,并在其下拉列表框选择"幻灯片"选项,出现"超级链接到幻灯片"对话框,如图 4-4-10 所示。

④ 在"幻灯片标题"列表中选择"幻灯片3",单击"确定"按钮返回到"动作设置"对话框,再单击"确定"按钮即可创建超级链接。

⑤ 鼠标右击在弹出的快捷菜单中选择"编辑文字",输入"返回"。这样在浏览幻灯片时单击该动作按钮就可链接到3号幻灯片了。

⑥ 保存文件。

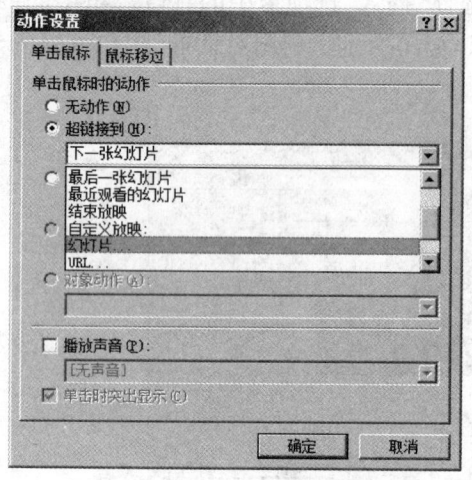

图 4-4-9 "动作设置"对话框

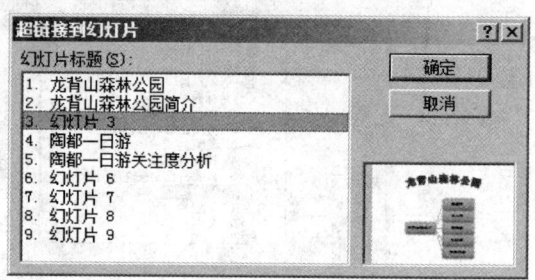

图 4-4-10 "超链接到幻灯片"对话框

四、编辑和删除超级链接

为3号幻灯片的艺术字添加超级链接,使其链接到第一张幻灯片,然后删除刚建立的超级链接,重新链接到2号幻灯片

【指导步骤】

① 在选中3号幻灯片图标。

② 选中艺术字,参照上面实验操作的方法为艺术字添加超级链接。

③ 右击艺术字,单击快捷菜单中的"取消超链接"命令,或单击"插入"选项卡中的"链接"组中的"超链接"命令,在打开的"编辑超链接"对话框中单击"删除链接"按钮,删除刚建立的超级链接。参照上面实验操作的方法为艺术字重新链接到2号幻灯片。

④ 保存演示文稿。

【上机练习】

打开 d:\PPT2010\练习1.ppt 文件,请依次完成下列操作:

1. 设置1号幻灯片中的标题的动画效果为"打字机效果",并伴随着打字的声音。

2. 设置2号幻灯片中标题的动画效果为"水平百叶窗"、文本的动画效果为"自左侧"飞入;自动播放动画。

3. 设置所有幻灯片的切换效果为"随机线条",持续时间为"2秒",声音为"风铃",并使演示文稿在演示时每隔5秒自动切换。

4. 为2号幻灯片中的文件"5.2演示文稿的基本操作"添加超级链接,使幻灯片在演示时,单击该文字可切换到4号幻灯片。

5. 在 4 号幻灯片的右下角添加一个动作按钮，使幻灯片在演示到该张幻灯片时，单击该按钮可切换到 2 号幻灯片。

实验 4－5　演示文稿的放映和打印

实验目的

1. 掌握设置放映方式。
2. 掌握放映幻灯片的方法。
3. 掌握演示文稿的打印。
4. 掌握演示文稿的打包。

实验内容

打开 d:\PPT2010\4-2_1.pptx 文件，进行如下操作。

一、放映演示文稿

1. 设置放映方式的选项：在 4-2_1.pptx 演示文稿中，设置"放映类型"为"演讲者放映（全屏幕）"，"绘图笔颜色"为紫色，放映 1-5 张幻灯片

【指导步骤】

① 打开 4-2_1.pptx 演示文稿。

② 单击"幻灯片放映"选项卡"设置"组的"设置幻灯片放映"按钮，出现"设置放映方式"对话框，如图 4-5-1 所示。

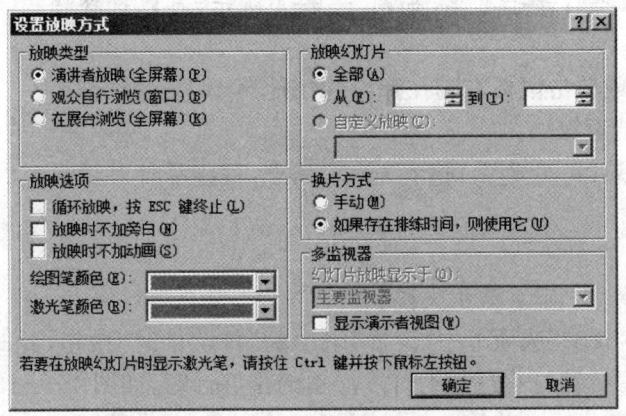

图 4-5-1　"设置放映方式"对话框

③ 选择"放映类型"区中的"演讲者放映（全屏幕）"，设置"绘图笔颜色"为紫色；设置"放映幻灯片"区域"从 1 到 5"。

④ 单击"确定"按钮。

⑤ 保存文件。

2. 人工设置放映时间：设置每张幻灯片放映的时间间隔为6秒

【指导步骤】

① 保持打开 4-2_1.pptx 演示文稿。

② 单击"切换"选项卡中的"计时"组中的"设置幻灯片自动换片"时间。

③ 将数值设置为 00:06:00，单击"全部应用"按钮，如图 4-5-2 所示。

④ 保存文件。

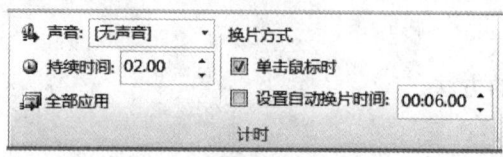

图 4-5-2　幻灯片计时

3. 幻灯片的放映：放映 4-2_1.pptx 演示文稿

【指导步骤】

① 保持打开 4-2_1.pptx 演示文稿。

② 在普通视图下单击大纲窗格中的 1 号幻灯片，在幻灯片窗格中显示 1 号幻灯片。

③ 单击窗口右下角视图按钮中的"幻灯片放映"按钮，则从当前幻灯片开始放映。

④ 如果不作任何操作，幻灯片将自动播放。按【PageUp】和【PageDown】键切换幻灯片到上一张或下一张。

提示：在放映幻灯片时，单击鼠标右键，从弹出的快捷菜单中选择"指针选项"命令，将打开子菜单，如图 4-5-3 所示，可以选择绘图笔。

⑤ 按【Esc】键，或单击鼠标右键在弹出的快捷菜单中选择"结束放映"菜单项，即可结束放映。

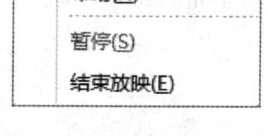

图 4-5-3　放映控制菜单

4. 排练计时设置：在 4-2_1.pptx 演示文稿中，按排练计时设置幻灯片的排练时间

【指导步骤】

① 保持打开 4-2_1.pptx 演示文稿。

② 单击"幻灯片放映"选项卡中"设置"组中的"排练计时"按钮，此时开始放映幻灯片，并出现"录制"工具栏。通过它进行幻灯片演示的排练计时，如图 4-5-4 所示。

图 4-5-4　"录制"工具栏

③ 根据需要安排每张幻灯片放映时间。"录制"工具栏上的计时区将自动计算每张幻灯片放映时间。需要切换到下一张幻灯片时，单击"下一项"按钮进行切换。

④ 直到播放最后一张幻灯片,单击"下一项"按钮后出现"Microsoft PowerPoint"提示框,如图 4-5-5 所示。

图 4-5-5 "Microsoft PowerPoint"提示框

⑤ 单击"是"按钮对话框,此时窗口中的视图方式自动切换到"幻灯片浏览"视图。这时可以看到每一张幻灯片缩览图左下角都标有数字,表示每张幻灯片放映的时间。以后放映幻灯片时将按此时间进行播放。

提示:幻灯片能否按排练计时进行放映,主要取决于在"设置放映方式"对话框中是否选中了"如果存在排练时间,则使用它"选项。

二、打印演示文稿

1. 对 4-2_1.pptx 演示文稿页面进行设置:"幻灯片"大小为"在屏幕上显示",幻灯片方向为"横向",备注、讲义和大纲方向为"纵向"

【指导步骤】

① 保持打开 4-2_1.pptx 演示文稿。

② 选择"设计"选项卡,单击"页面设置"中的"页面设置"按钮,即可弹出如图 4-5-6 所示的对话框。

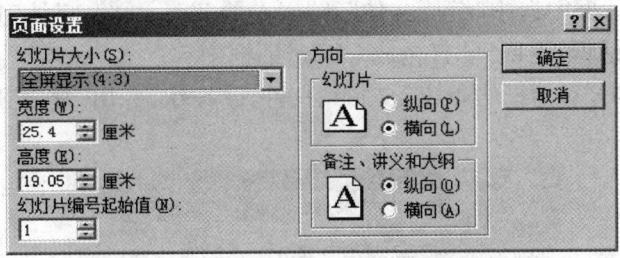

图 4-5-6 "页面设置"对话框

③ 设置"幻灯片大小"为"全屏显示(4:3)";在方向设置区,选中"幻灯片"中的"横向",再选中"备注、讲义和大纲"中的"纵向",单击"确定"按钮。

④ 保存文件。

2. 打印选项设置:打印 4-2_1.pptx 演示文稿的全部幻灯片,并设置灰度打印、根据纸张调整大小、幻灯片加框

【指导步骤】

① 保持打开 4-2_1.pptx 演示文稿。

② 单击"文件"选项卡,在下拉菜单中选择"打印"命令,右侧各选项可设置打印份数、打印范围、打印版式、打印顺序等。

③ 在"设置"栏,在第一个下拉菜单选中"打印全部幻灯片";选择"颜色"中的"灰度";"整页幻灯片"中选中"幻灯片加框"、"根据纸张调整大小"单击"打印"按钮,开始打印。

三、演示文稿的打包

1. 将 D:\PPT2010\4-2_1.pptx 演示文稿打包,打包文件须包含"链接文件"及"嵌入的 TrueType 字体",并存到我的文档中的演示文稿 CD 文件夹下。

【指导步骤】

① 打开 d:\PPT2010\4-2_1.pptx 演示文稿。

② 单击"文件"选项卡"保存并发送"命令,然后双击"将演示文稿打包成 CD"命令,出现"打包成 CD"对话框,如图 4-5-7 所示。

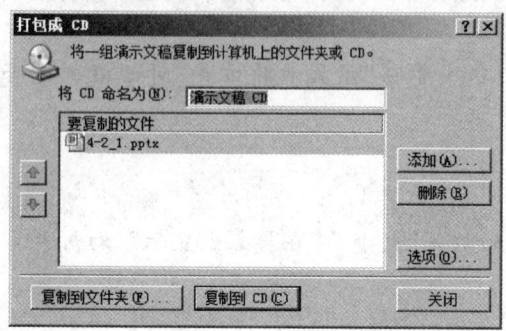

图 4-5-7 "打包成 CD"对话框   图 4-5-8 "选项"对话框

③ 在"将 CD 命名为"文本框中输入 CD 名称。

④ 单击"选项"按钮,弹出"选项"对话框,如图 4-5-8 所示。

⑤ 在"选项"对话框中选中"链接文件"及"嵌入的 TrueType 字体"复选框,单击"确定"按钮,关闭"选项"对话框,返回到"打包成 CD"对话框中。

⑥ 在"打包成 CD"对话框中单击"复制到文件夹"按钮,弹出"复制到文件夹"对话框,如图 4-5-9 所示。

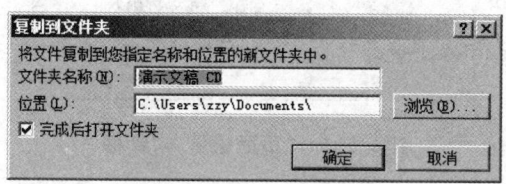

图 4-5-9 "选项"对话框

⑦ 在该对话框中输入文件夹名称,单击"浏览"按钮,在弹出的"选择位置"对话框中选择要打包的路径,单击"确定"确定,返回到"打包成 CD"对话框中,单击"关闭"按钮。

⑧ 打开打包后的文件夹,所有打包后的文件如图 4-5-10 所示。

2. 将上个实验中的打包文件还原

【指导步骤】

① 打开打包的文件夹 PresentationPackage 子文件夹。

② 在联网情况下,双击该文件夹的 PresentationPackage.html 网页文件,在打开的网

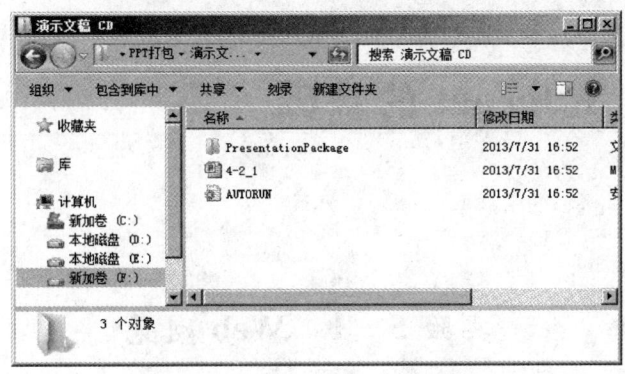

图 4-5-10 "选项"对话框

页上单击"Download Viewer"按钮,下载 PowerPoint 播放器 PowerPoint Viewer.exe 并安装。

③ 启动 PowerPoint 播放器,出现"Microsoft PowerPoint Viewer"对话框,定位到打包文件夹,选择某个演示文稿文件,并单击"打开",即可放映该演示文稿。

④ 放映完毕,还可以在对话框中选择播放其他该演示文稿。

【上机练习】

打开 d:\PPT2010\练习 1.pptx 文件,请依次完成下列操作:

1. "放映类型"设置为"演示者放映(全屏幕)"、"循环放映,按 Esc 键终止"。

2. 按排练计时设置的时间放映幻灯片。

3. 对演示文稿的页面进行设置:幻灯片大小为"屏幕显示",幻灯片方向为"横向",备注、讲义和大纲方向为"纵向"。

4. 将演示文稿打包,打包文件须包含链接文件及嵌入的 TrueType 字体,并存到 d:\PPT2010 文件;然后将打包文件还原。

第 5 部分 Internet 的基础

实验 5-1 Web 浏览

1. 掌握 Internet Explorer8 的设置。
2. 掌握利用浏览器进行网上信息检索的方法。
3. 掌握网上资料的保存和收藏夹的使用。
4. 掌握基于网页的文件下载。

一、IE8 的使用及设置

1. IE8 浏览器的启动及窗口组成

【指导步骤】

① 单击"开始→所有程序→Internet Explorer"命令，启动 IE 浏览器。

② IE8 浏览器主窗口如图 5-1-1 所示，其中包括标题栏、菜单栏、命令栏（即工具栏）、地址栏、搜索栏、收藏夹栏、选项卡、浏览区域和状态栏等部分。

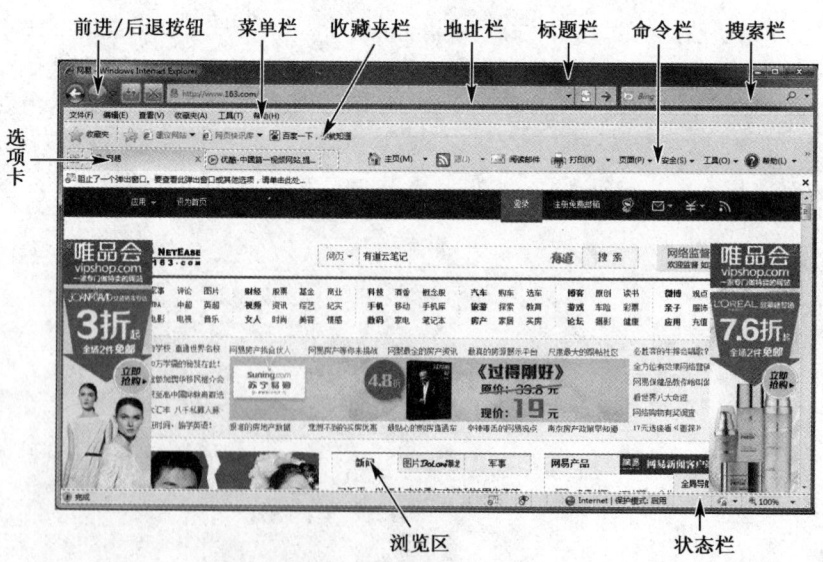

图 5-1-1 IE8 浏览器主窗口

③ 在地址栏中输入"网易"的网址 www.163.com，单击右边的"转到"按钮➡或按下回车键，"网易"的主页就显示在浏览器的信息显示区。

2．设置默认主页

【指导步骤】

① 执行"工具→Internet 选项"菜单命令,出现"Internet 选项"对话框。

② 选择"常规"选项卡,在"主页"区的"地址"文本框中输入 www.sina.com.cn,如图 5-1-2 所示,单击"确定"按钮,就将新浪主页设置成了 IE 浏览器的默认主页。

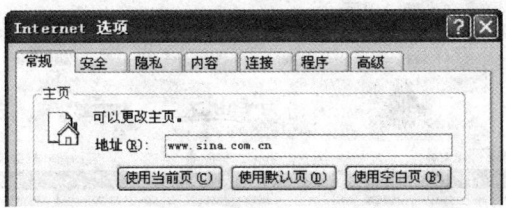

图 5-1-2　"Internet 选项"对话框

3．使用 IE 浏览网页

【指导步骤】

① 在地址栏中输入 nj.onlinedown.net,按下回车键,进入"华军软件园"南京电信主页。在页面上方导航栏中找到"软件",如图 5-1-3 所示。

图 5-1-3　"华军软件园"主页

② 将鼠标指针指向"软件",指针变成小手形状,说明此处是一个超链接,单击鼠标左键,打开"软件"页面,可以查看各种软件的介绍。如图 5-1-4 所示。

③ 在网页中找到"杀毒安全",用鼠标指向它时指针变成小手形状,左击后进入"杀毒安全"页面。

④ 同样操作,在"杀毒安全"页面中单击感兴趣的超链接进入相应的页面。

⑤ 单击工具栏上的"后退"按钮,可以返回到前一个浏览的页面,单击"前进"按钮则可以进入到后一个页面。

⑥ 如果想访问的页面经过很长时间还未显示出来，可以单击工具栏上的"停止"按钮取消对它的访问。

⑦ 如果想访问的网页在传输过程中出现了错误或中断，可以单击工具栏上的"刷新"按钮，使其重新下载。

⑧ 如果要转到 IE 浏览器默认的主页，可以单击工具栏上的"主页"按钮。

图 5-1-4 "软件频道"页面

二、搜索引擎的使用

1. 使用分类方式查找

【指导步骤】

① 在地址栏中输入 www.sohu.com，按下回车键，进入"搜狐"的主页，在该网页的"网址导航"栏中找到"笑话"（如图 5-1-5 所示），单击该超链接。

图 5-1-5 "搜狐"主页中的"网址导航"栏

② 进入"狠搞笑 笑话"网页,可以逐个查看笑话,如图 5-1-6 所示。
③ 在"当评委"栏中,可以对笑话进行评判,"爆猛料"栏中可以上传笑话。

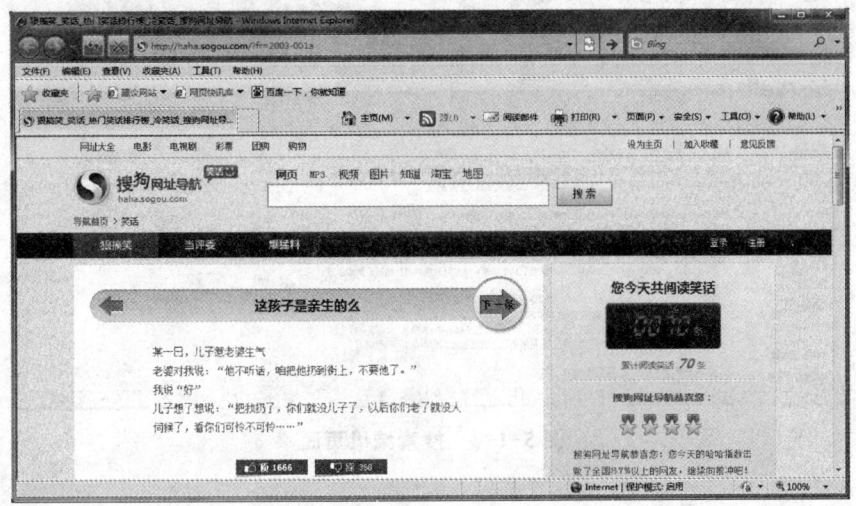

图 5-1-6 "狠搞笑 笑话"网页

2. 使用索引方式查找
【指导步骤】
① 登录到"搜狐"主页,页面中有一搜索栏。
② 在搜索栏中输入要查找的关键词"奥运会比赛项目",如图 5-1-7 所示。

图 5-1-7 在搜索栏中输入关键字

③ 单击右侧的"搜索"按钮,搜索引擎按输入的关键词进行自动搜索,并将搜索结果显示出来,如图 5-1-8 所示。单击任意一个超链接,即可进入相应的网页。

计算机应用基础习题与上机指导

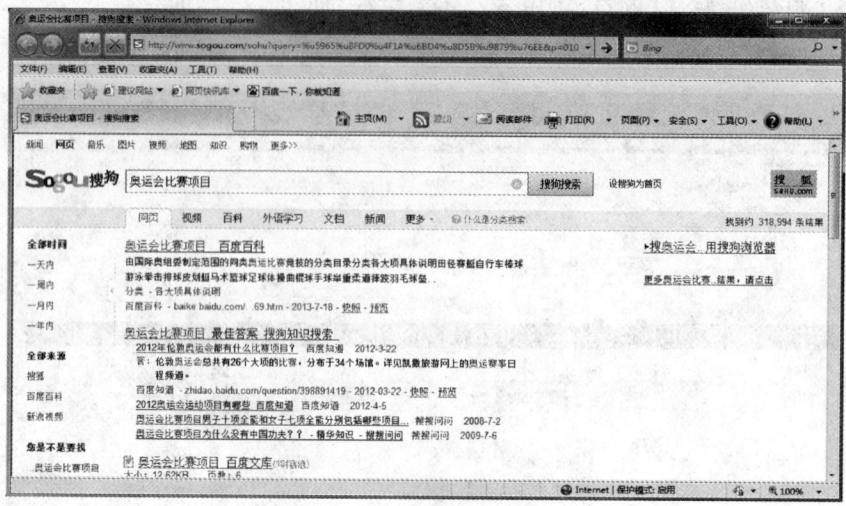

图 5-1-8　搜索结果页面

三、网页的保存与收藏

1. 保存网页

【指导步骤】

① 登录到"搜狐"主页,在页面中找到并单击"读书"超链接。进入相应的页面。

② 执行"文件→另存为"菜单命令,出现"保存网页"的对话框。

③ 在"保存在"下拉列表中选择要保存的文件夹及位置,在"文件名"文本框中可输入保存的文件名,"保存类型"和"编码"使用默认类型,如图 5-1-9 所示。

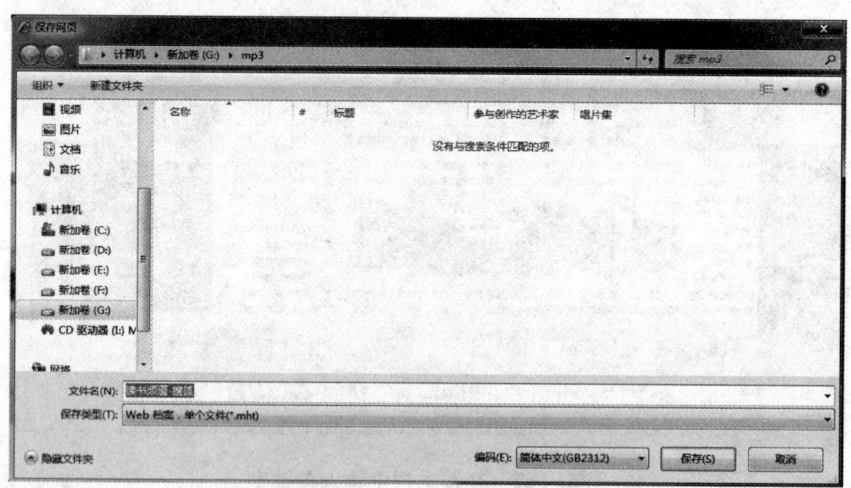

图 5-1-9　"保存网页"对话框

④ 单击"保存"按钮,完成页面的保存。保存的网页可通过 IE 浏览器打开。

2. 将网页保存为文本文件

【指导步骤】

① 在 IE 浏览器中打开要保存的网页。

② 执行"文件→另存为"菜单命令，出现如图 5-1-9"保存网页"的对话框。

③ 在"保存在"下拉列表中选择要保存的文件夹及位置，在"文件名"文本框中可输入保存的文件名，"保存类型"选择"文本文件"，"编码"使用默认类型，如图 5-1-10 所示。

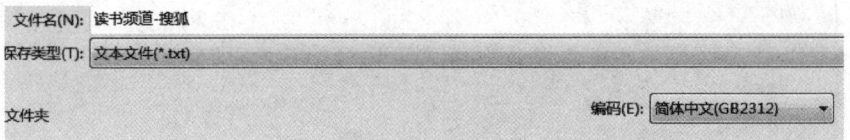

图 5-1-10　将网页保存为文本文件

④ 单击"保存"按钮，完成页面的保存。这种方式只保存网页中的文字信息，保存的文件可通过记事本等编辑工具打开。

3. 查看浏览过的网页文件

【指导步骤】

打开 IE 浏览器，选择"工具→Internet 选项"菜单命令，在"常规"选项卡中，选择"浏览历史记录"的"设置"按钮，打开"设置"对话框，点击"查看文件"按钮，可以查看以前浏览过的网页、图片等文件，如图 5-1-11 所示，双击其中某个图片文件，即可在 IE 浏览器或专门的看图软件中观看它。

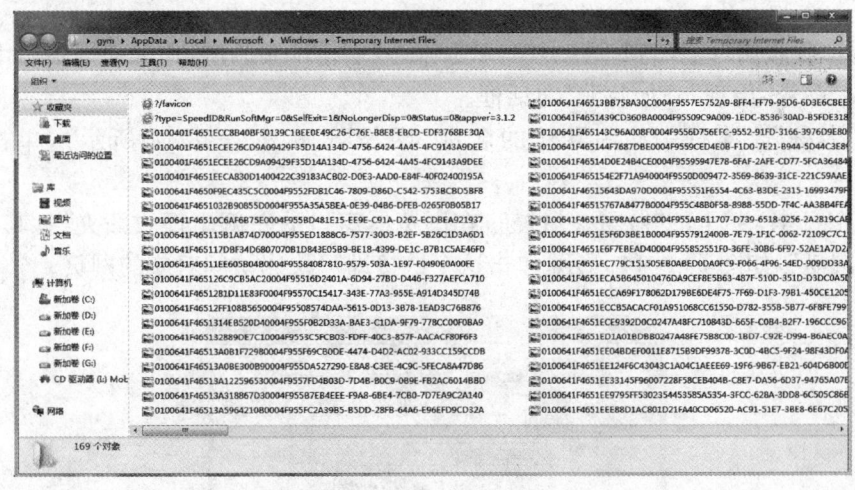

图 5-1-11　查看 Internet 临时文件

4. 设置脱机浏览

【指导步骤】

① 执行"文件→脱机工作"菜单命令，使其前面出现标记"√"，如图 5-1-12 所示，表示当前处于脱机浏览状态。

② 脱机状态下浏览网页的方法与脱机时完全相同，不同之处在于脱机时显示的网页信

息是从临时文件中提取的,如果临时文件夹中没有保存要脱机访问的网页,则出现如图 5-1-13 所示的对话框,单击"连接"按钮即可取消脱机状态。

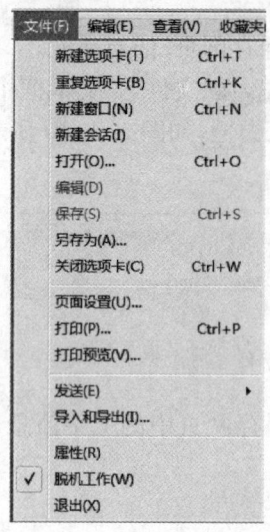

图 5-1-12 "文件"菜单中的"脱机工作"命令

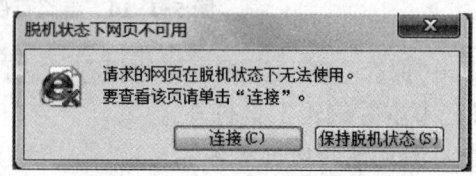

图 5-1-13 "脱机状态下网页不可用"提示框架

5. 使用收藏夹

【指导步骤】

将网易主页加入到收藏夹,具体步骤如下:

① 登录到"网易"主页(www.163.com)。

② 执行"收藏夹→添加到收藏夹"菜单命令,或右击网页,在弹出的快捷菜单中选择"添加到收藏夹"命令,出现"添加收藏"对话框。

③ 在"名称"文本框中使用默认的名称"网易"(如图 5-1-14 所示),单击"添加"按钮。

④ 单击"工具栏"上的"收藏夹"按钮,在浏览器窗口的左侧出现收藏夹栏,其中显示出新加入的"网易",如图 5-1-14 所示,单击这个链接即可快速访问对应的网页。

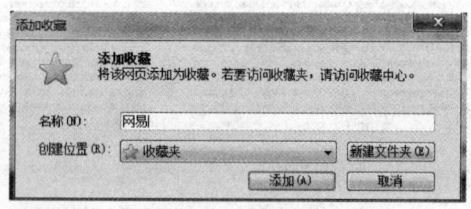

图 5-1-14 "添加收藏"对话框

6. 整理收藏夹

【指导步骤】

经常收藏网页会使收藏夹有可能变得很乱,这时需要对其进行整理。打开"收藏夹→整理收藏夹"菜单命令,弹出如图 5-1-15 所示的对话框,通过"删除"按钮和"重命名"按钮,可以删除或重命名选中的网址或文件夹;通过"新建文件夹"按钮可创建新的文件夹;通过"移动"按钮将收藏的网址移动到文件夹中,也可以用鼠标左键直接将网址拖入或拖出文件夹。

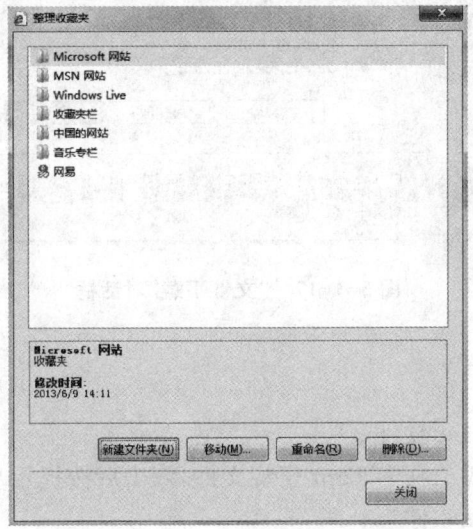

图 5-1-15 "整理收藏夹"对话框

四、下载工具 FlashGet(网际快车)的使用

1. FlashGet 的下载

【指导步骤】

在地址栏中输入 www.baidu.com,在搜索文本框中输入"网际快车",单击"百度一下"按钮,在搜索结果中,选择从"快车 快车官方网站"下载该软件,单击进入下载页面。在下载页面中点击"免费下载最新版本",如图 5-1-16 所示,打开如图 5-1-17 所示的对话框,单击"保存"按钮,选择适当的路径后,保存下载的文件。

图 5-1-16 FlashGet 下载页面

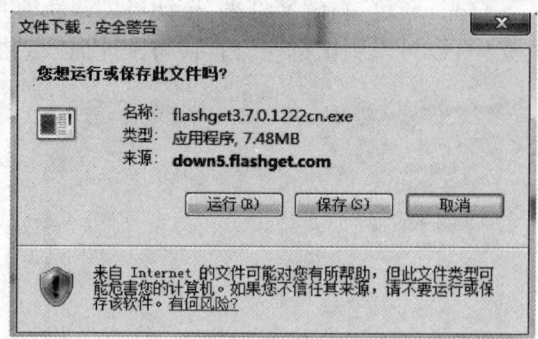

图 5-1-17 "文件下载"对话框

2. 网际快车的使用

【指导步骤】

① 下载并安装 FlashGet 软件

双击下载的 Flashget3.7.0.1222cn 安装文件,双击后按提示步骤完成安装。

② 利用 FlashGet 下载软件

在网上选择一个可以下载的链接,右击后出现图 5-1-18 所示的快捷菜单,选择"使用快车(FlashGet)下载"命令,打开如图 5-1-19 所示的对话框,单击"确定"后,便开始后台下载。

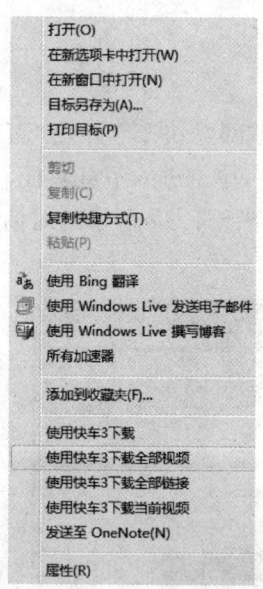

图 5-1-18 下载链接的快捷菜单　　　　图 5-1-19 "添加下载任务"对话框

③ 双击桌面上的 FlashGet 矩形方块，进入如图 5-1-20 所示的 FlashGet 应用程序画面,可利用其强大的功能进行下载控制和文件管理。

第 5 部分　Internet 的基础

图 5-1-20　FlashGet 应用程序窗口

【上机练习】

1. 通过浏览器访问"搜狐"的主页 www.sohu.com，并将其设置为默认主页。

2. 使用谷歌 www.google.cn 搜索引擎查找有关"北京奥运场馆"的情况，并将相关网页保存到 C:\My Document 文件夹中。

3. 将 www.edu.cn 添加到收藏夹，允许脱机浏览该网页和它链接的下一层网页，并设置仅在使用"工具→同步"菜单命令时执行同步。

4. 用网际快车下载"千千静听"软件。可以先通过搜索引擎查找到下载的资源。

实验 5-2　电子邮件

实验目的

1. 掌握在网上申请免费电子邮箱的方法。
2. 掌握电子邮箱的接收和发送。
3. 熟悉 Outlook 2010 的整体使用，掌握 Outlook 2010 的系统设置。
4. 掌握利用 Outlook 2010 收发电子邮件。

实验内容

一、申请免费电子邮箱

电子邮箱在上网的过程中使用越来越广泛，目前国内外许多网站都提供了免费的电子邮箱，这里以网易的 163 邮箱为例，介绍申请免费邮箱的方法和操作步骤。

【指导步骤】

① 在浏览器的地址栏中输入 www.163.com，打开网易主页，点击页面上方的"免费邮"按钮，进入 5-2-1 所示的邮箱登录和注册页面。单击"注册网易免费邮"按钮。

计算机应用基础习题与上机指导

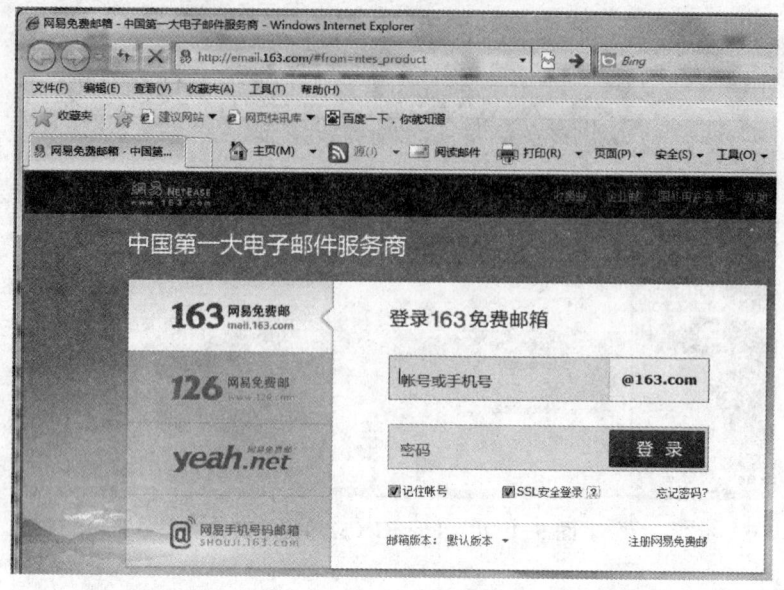

图 5-2-1 "网易 163 免费邮"登录和注册页面

② 进入如图 5-2-2 的注册页面,输入通行证用户名,如果输入的用户名已经被注册,系统会提示另选一个;如果新输入的用户名没有被注册,则设置密码及相关信息(填写注册资料时,带 * 号的为必填项),选中"我已看过并同意《网易服务条款》",单击"立即注册"按钮,系统提示注册成功,点击"进入 3G 免费邮箱"按钮,即可使用申请的免费邮箱进行邮件的收发了。

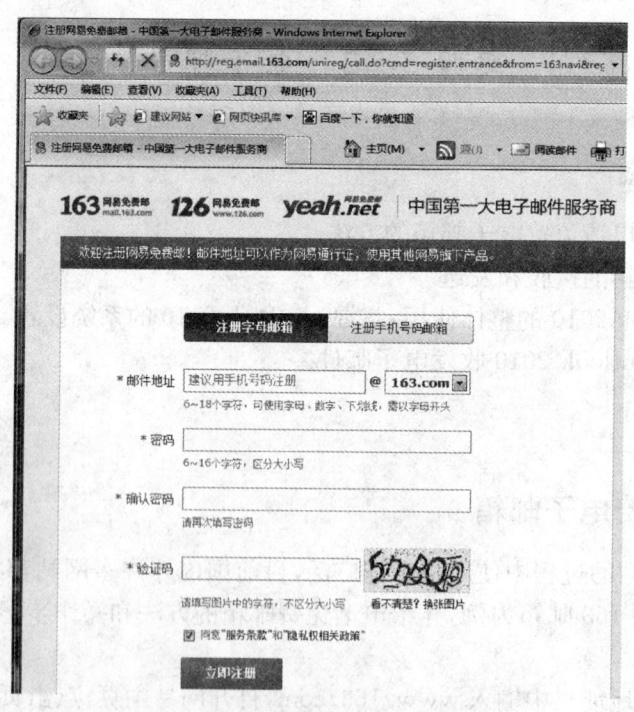

图 5-2-2 填写"网易通行证"注册信息页面

二、利用免费电子邮箱收发电子邮件

【指导步骤】

① 打开如图 5-2-1 所示的"163 网易免费邮",在"登录网易 163 免费邮箱"栏中输入申请的用户名和密码,进入邮箱管理界面,如图 5-2-3 所示,点击左窗口"收信"按钮或"收件箱",可查看邮件。

② 若要发送邮件,点击"写信"按钮,在"收件人"框中输入收件人的邮箱地址,在"主题"框中输入邮件标题,在正文框中输入邮件的内容,如图 5-2-4 所示。若要添加附件,单击"主题"框下面的"添加附件"按钮,然后点击"浏览"按钮,选择要发送的文件。也可以批量上传附件。全部完成后,点击"发送"按钮,即可将发件箱中的邮件发送出去。

图 5-2-3　邮箱管理界面

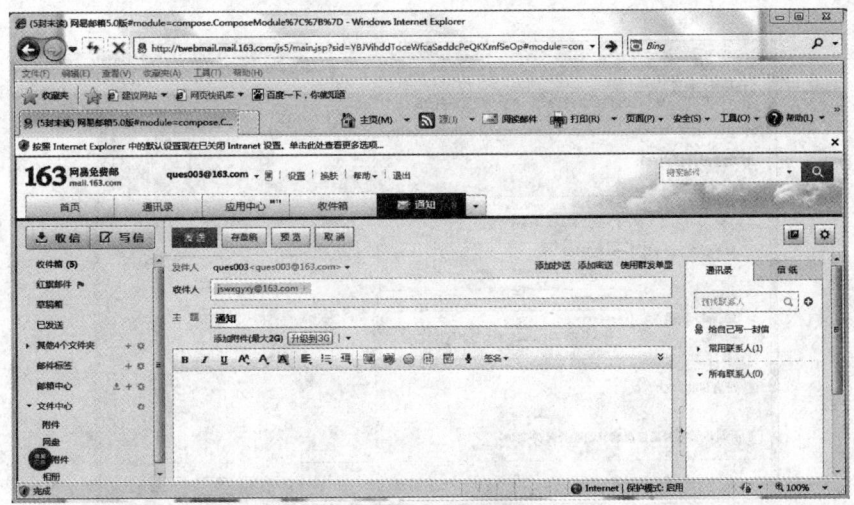

图 5-2-4　写信界面

三、利用 Outlook2010 收发电子邮件

【指导步骤】

① 新建账号

第一次使用 Outlook 2010 需要进行一些设置，比如建立一个账户：

首先点击"开始→所有程序→Microsoft Office→Microsoft Outlook 2010"即可打开 Outlook 2010 软件，选择"文件"选项卡，在"信息/账户信息"中，单击"添加账户"，如图 5-2-5 所示，打开"添加新账户"对话框，选中"电子邮件账户"，如图 5-2-6 所示，正确填写电子邮件地址及密码等信息后，单击"下一步"，Outlook 会自动联系邮箱服务器进行账户配置，稍后会出现配置成功的信息，说明账户设置成功，单击"完成"按钮，这样，在"文件"选项卡的"信息"项中的账户信息下就可以看到刚才填写的电子邮件账户"ernie_J@126.com"，如图 5-2-7 所示，此时就可以使用 Outlook 进行邮件的收发了。

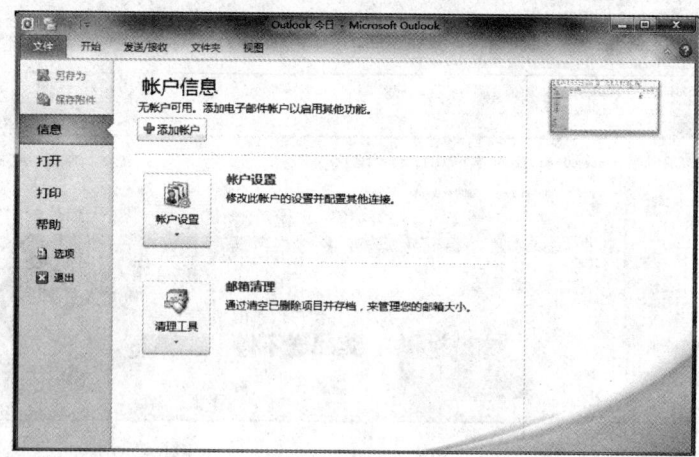

图 5-2-5 "Outlook 2010"窗口

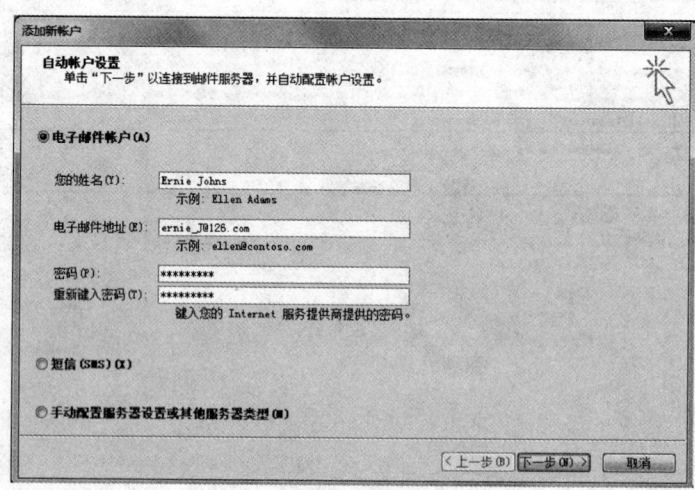

图 5-2-6 "添加新帐户"对话框

第 5 部分　Internet 的基础

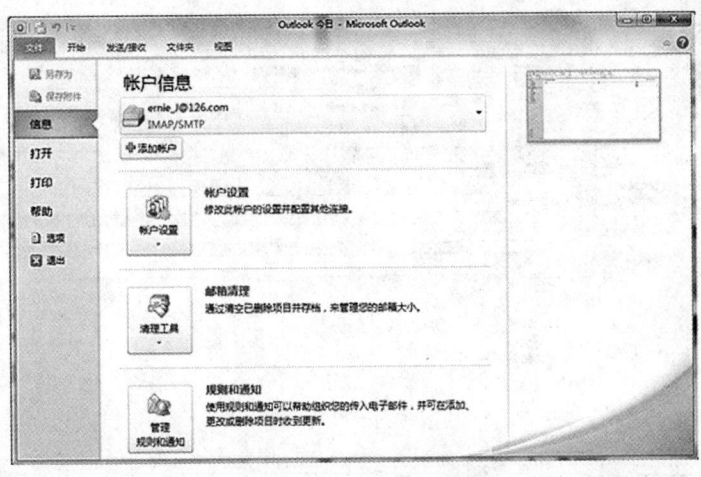

图 5-2-7　账户配置成功

② 发送电子邮件

账号建立之后，接下来就是收取和发送邮件了。比如给朋友写一封信，邮件地址是："XX@163.com"。

打开 Outlook2010，选择"开始"选项卡中的"新建电子邮件"按钮，出现如图 5-2-8 所示的撰写新邮件窗口。在收信人和主题框中分别输入收信人的地址 XX@163.com 和你想发送此信的主题，若要同时发给多人，可以在"抄送"文本框中输入其他人的电子邮件地址（多个地址间用逗号或分号隔开），在内容区中输入你的信件内容，如果需要添加附件的话，选择"插入"选项卡中的附加文件按钮，如图 5-2-9 所示，打开"插入文件"对话框，选择要插入的文件，单击"插入"按钮，如图 5-2-10 所示，这样，在撰写新邮件的"主题"框下面会出现"附件"框，并列出所附加的文件名。

信件书写完毕后，单击工具栏上的"发送"按钮即可将邮件发送出去。

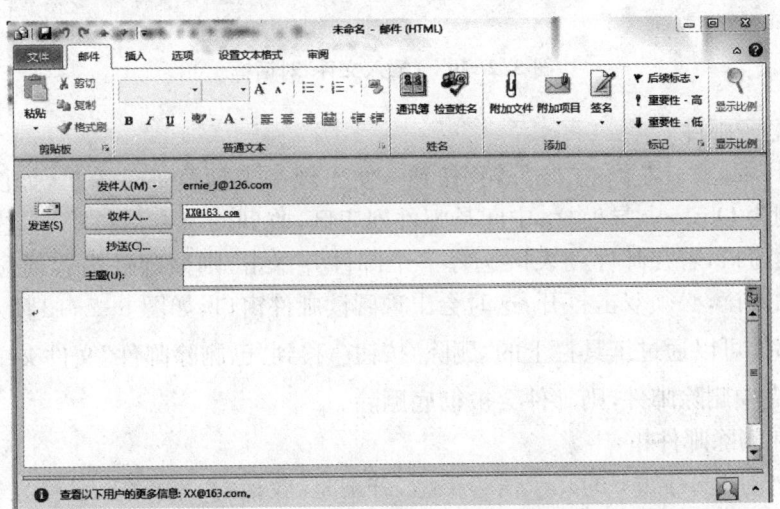

图 5-2-8　撰写新邮件

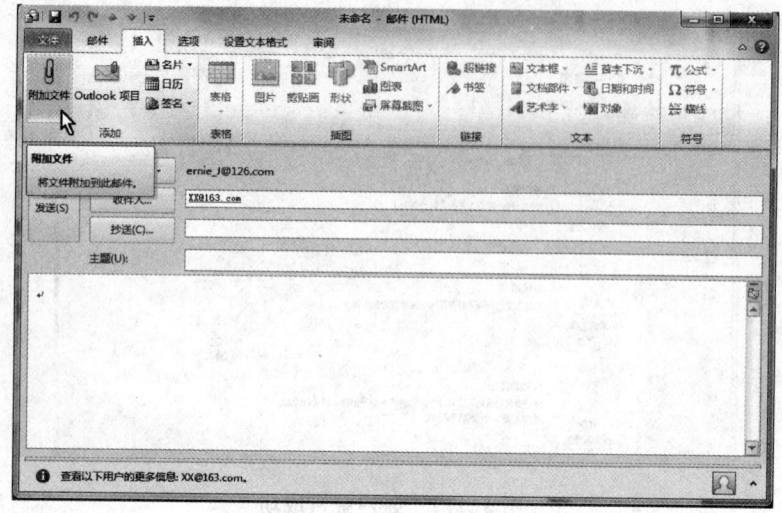

图 5-2-9 添加附件

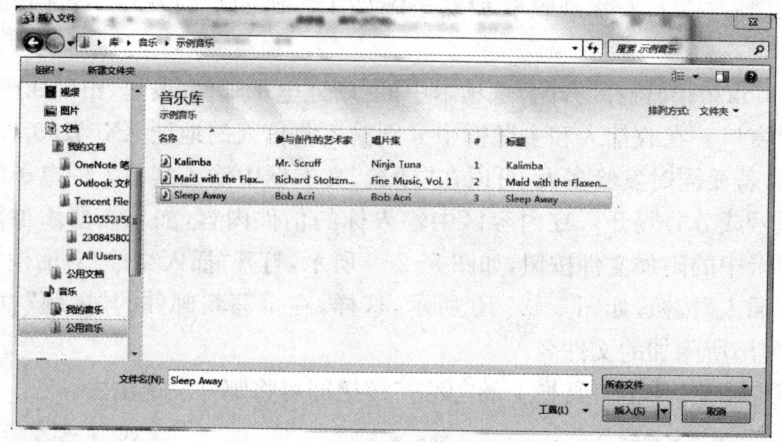

图 5-2-10 "插入文件"对话框

③ 接收电子邮件

单击 Outlook 窗口左侧的"收件箱"按钮，便出现一个预览邮件窗口，如图 5-2-11 所示。窗口左侧为 Outlook 导航栏；中间是邮件列表区，收到的所有信件都在这里列出；右侧是邮件的阅读窗口，若在邮件列表区选择一个邮件并单击，则该邮件内容便显示在该窗口中。若要详细阅读，必须双击打开，这时会出现阅读邮件窗口，如图 5-2-12 所示。

看过的邮件可以通过工具栏上的"删除"按钮✗移到"已删除邮件"文件夹中，若在"已删除邮件"文件夹中删除邮件，则邮件会被彻底删除。

④ 新建和删除邮件箱

在默认的情况下有如下的几个信箱类型，分别是：收信箱、发信箱、已经发送邮件、已删除邮件和草稿箱，也许感觉这些信箱比较单调，那么我们还可以进行编辑。选择其中的一个信箱，然后点击鼠标右键在弹出的下一级菜单中选择"新建文件夹"得到如图 5-2-13 所

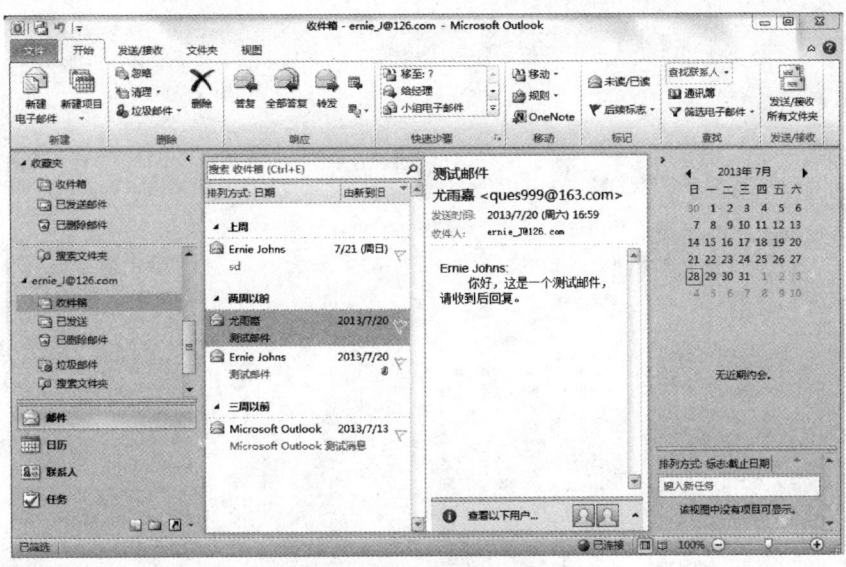

图 5-2-11　邮件预览窗口

示的界面,在文件夹名称框中输入需要建立的文件夹名称,选择新建文件夹的位置后,按下"确定"即可建立成功。这样在收信或者是管理邮件时可以将邮件放到指定的文件夹信箱中即可,在对于我们管理邮件有很大的帮助。

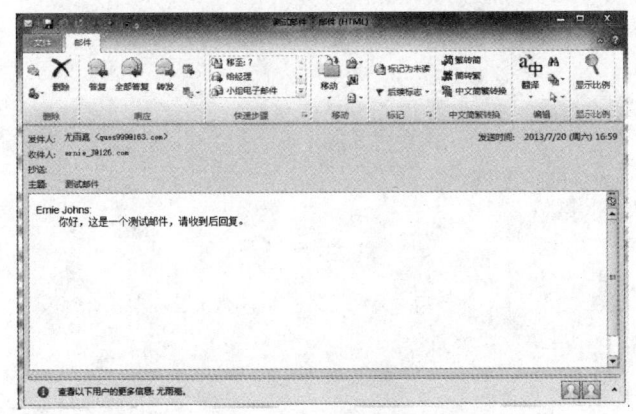

图 5-2-12　阅读邮件窗口

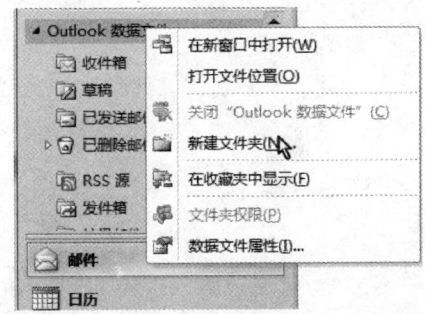

图 5-2-13　"创建文件夹"对话框

要删除邮箱,只要选中建立的邮箱,然后点击鼠标右键,在弹出的对话框中选择删除即可将所建立的邮件箱删除。

【上机练习】

1. 申请一个免费的电子邮箱,并用来发送邮件。
2. 使用 Outlook2010 给多人发送一电子邮件。
3. 将"收件箱"中的邮件转发给某人,并回复该邮件的发件人,告知邮件已收到。

习题篇

第1部分 选 择 题

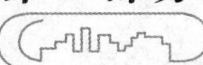

1. 世界上第一台电子计算机诞生于(　　)年。
   A. 1939　　　　　B. 1946　　　　　C. 1952　　　　　D. 1958
2. 冯·诺依曼研制成功的存储程序计算机名叫(　　)。
   A. EDVAC　　　　B. ENIAC　　　　C. EDSAC　　　　D. MARK-Ⅱ
3. 下列不属于微型计算机的技术指标的是(　　)。
   A. 字节　　　　　B. 时钟主频　　　C. 运算速度　　　D. 存取周期
4. 计算机的发展趋势是(　　)、微型化、网络化和智能化。
   A. 大型化　　　　B. 小型化　　　　C. 精巧化　　　　D. 巨型化
5. 有关计算机的主要特性,叙述错误的有(　　)。
   A. 处理速度快,计算精度高　　　　　B. 存储容量大
   C. 可靠性一般,工作半自动　　　　　D. 适用范围广,通用性强
6. 计算机从其诞生至今已经经历了五个时代,这种对计算机划时代的原则是根据(　　)。
   A. 计算机所采用的电子器件(即逻辑元件)
   B. 计算机的运算速度
   C. 程序设计语言
   D. 计算机的存储量
7. 计算机采用的逻辑元件的发展顺序是(　　)。
   A. 晶体管、电子管、集成电路、大规模集成电路
   B. 电子管、晶体管、集成电路、大规模集成电路
   C. 晶体管、电子管、集成电路、芯片
   D. 电子管、晶体管、集成电路、芯片
8. 下列不属于第二代计算机特点的一项是(　　)。
   A. 采用电子管作为逻辑元件
   B. 主存储器主要采用磁芯,辅助存储器主要采用磁盘和磁带
   C. 运算速度从每秒几万次提高到几十次,主存储器容量扩展到几十万字节
   D. 出现操作系统,开始使用汇编语言和高级语言
9. 在计算机时代的划分中,采用集成电路作为主要逻辑元件的计算机属于(　　)。
   A. 第一代　　　　B. 第二代　　　　C. 第三代　　　　D. 第四代
10. 使用晶体管作为主要逻辑元件的计算机是(　　)。
    A. 第一代　　　　B. 第二代　　　　C. 第三代　　　　D. 第四代
11. 用电子管作为电子器件制成的计算机属于(　　)。

A. 第一代 B. 第二代 C. 第三代 D. 第四代

12. 以大规模、超大规模集成电路为主要逻辑元件的计算机属于（　　）。
   A. 第一代计算机 B. 第二代计算机
   C. 第三代计算机 D. 第四代计算机

13. 现代微机采用的主要元件是（　　）。
   A. 电子管 B. 晶体管
   C. 中小规模集成电路 D. 大规模、超大规模集成电路

14. 在计算机内部对汉字进行存储、处理和传输的汉字代码是（　　）。
   A. 汉字信息交换码 B. 汉字输入码
   C. 汉字内码 D. 汉字字形码

15. 专门为某种用途而设计的计算机，称为（　　）计算机。
   A. 专用 B. 通用 C. 普通 D 模拟

16. 个人计算机属于（　　）。
   A. 小型计算机 B. 巨型计算机
   C. 大型主机 D. 微型计算机

17. 大型计算机网络中的主机通常采用（　　）。
   A. 微机 B. 小型机 C. 大型机 D. 巨型机

18. 中小企事业单位构建内部网络通常使用（　　）。
   A. 微机 B. 小型机 C. 大型机 D. 巨型机

19. 我国自行生产并用于天气预报计算的银河Ⅲ型计算机属于（　　）。
   A. 微机 B. 小型机 C. 大型机 D. 巨型机

20. 早期的计算机是用来进行（　　）。
   A. 科学计算 B. 系统仿真 C. 自动控制 D. 动画设计

21. 计算机的三大应用领域是（　　）。
   A. 科学计算、信息处理和过程控制 B. 计算、打字和家教
   C. 科学计算、辅助设计和辅助教学 D. 信息处理、办公自动化和家教

22. 下列不属于计算机应用领域的是（　　）。
   A. 科学计算 B. 过程控制
   C. 金融理财 D. 计算机辅助系统

23. CAM 的含义是（　　）。
   A. 计算机辅助设计 B. 计算机辅助教学
   C. 计算机辅助制造 D. 计算机辅助测试

24. 计算机辅助设计简称（　　）。
   A. CAT B. CAM C. CAI D. CAD

25. 计算机辅助教学通常的英文缩写是（　　）。
   A. CAD B. CAE C. CAM D. CAI

26. 将计算机应用于办公自动化属于计算机应用领域中的（　　）。
   A. 科学计算 B. 数据处理
   C. 过程控制 D. 计算机辅助工程

27. 利用计算机预测天气情况属于计算机应用领域中的（　　）。
    A. 科学计算　　　　　　　　　　　B. 数据处理
    C. 过程控制　　　　　　　　　　　D. 计算机辅助工程
28. 计算机在实现工业生产自动化方面的应用属于（　　）。
    A. 实时监控　　　B. 人工智能　　　C. 数据处理　　　D. 数值计算
29. Intel 酷睿 i7 是指（　　）。
    A. CPU　　　　　B. 显示器　　　　C. 计算机品牌　　D. 软件品牌
30. 以.avi 为扩展名的文件通常是（　　）。
    A. 文本文件　　　B. 音频信号文件　C. 图像文件　　　D. 视频信号文件
31. 计算机下列硬件设备中，无需加装风扇的是（　　）。
    A. CPU　　　　　B. 显示卡　　　　C. 电源　　　　　D. 内存
32. 酷睿 i7 是（　　）公司生产的一种 CPU 的型号。
    A. IBM　　　　　B. Microsoft　　　C. Intel　　　　　D. AMD
33. 计算机之所以能够实现连续运算，是由于采用了（　　）工作原理。
    A. 布尔逻辑　　　B. 存储程序　　　C. 数字电路　　　D. 集成电路
34. 计算机系统由（　　）组成。
    A. 主机和显示器　　　　　　　　　B. 微处理器和软件系统
    C. 硬件系统和应用软件系统　　　　D. 硬件系统和软件系统
35. 一般计算机硬件系统的主要组成部件有五大部分，下列选项中不属于这五大部分的是（　　）。
    A. 运算器　　　　　　　　　　　　B. 软件
    C. 输入设备和输出设备　　　　　　D. 控制器
36. 微型计算机主机的主要组成部分有（　　）。
    A. 运算器和控制器　　　　　　　　B. CPU 和软盘
    C. CPU 和显示器　　　　　　　　　D. CPU、内存储器和硬盘
37. 微型计算机硬件系统最核心的部件是（　　）。
    A. 主板　　　　　B. CPU　　　　　C. 内存储器　　　D. I/O 设备
38. 中央处理器（CPU）主要由（　　）组成。
    A. 控制器和内存　　　　　　　　　B. 运算器和控制器
    C. 控制器和寄存器　　　　　　　　D. 运算器和内存
39. 微型计算机中运算器的主要功能是进行（　　）。
    A. 算术运算　　　　　　　　　　　B. 逻辑运算
    C. 初等函数运算　　　　　　　　　D. 算术和逻辑运算
40. 微型计算机中，控制器的基本功能是（　　）。
    A. 进行算术运算和逻辑元算　　　　B. 存储各种控制信息
    C. 保持各种控制状态　　　　　　　D. 控制机器各个部件协调一致的工作
41. CPU 中有一个程序计数器（又称指令计数器），它用于存放（　　）。
    A. 正在执行的指令的内容　　　　　B. 下一条要执行的指令的内容
    C. 正在执行的指令的内存地址　　　D. 下一条要执行的指令的内存地址

42. CPU、存储器和 I/O 设备是通过（　　）连接起来的。
    A. 接口　　　　　　　　　　　　B. 总线控制逻辑
    C. 系统总线　　　　　　　　　　D. 控制线
43. 在计算机术语中，bit 的中文含义是（　　）。
    A. 位　　　　B. 字节　　　　C. 字　　　　D. 字长
44. 计算机中的字节是个常用的单位，它的英文名字是（　　）。
    A. bit　　　　B. Byte　　　　C. net　　　　D. com
45. 在计算机中，用（　　）位二进制码组成一个字节。
    A. 8　　　　B. 16　　　　C. 32　　　　D. 64
46. 8 位字长的计算机可以表示的无符号整数的最大值是（　　）。
    A. 8　　　　B. 16　　　　C. 255　　　　D. 256
47. 计算机在处理数据时，一次存取、加工和传送的数据长度称为（　　）。
    A. 位　　　　B. 字节　　　　C. 字长　　　　D. 波特
48. 微处理器按其字长可以分为（　　）。
    A. 4 位、8 位、16 位　　　　　　B. 8 位、16 位、32 位、64 位
    C. 4 位、8 位、16 位、24 位　　　D. 8 位、16 位、24 位
49. 计算机最主要的工作特点是（　　）。
    A. 有记忆能力　　　　　　　　　B. 高精度与高速度
    C. 可靠性与可用性　　　　　　　D. 存储程序与自动控制
50. 下列四项中不属于计算机的主要技术指标的是（　　）。
    A. 字长　　　　　　　　　　　　B. 内存容量
    C. 重量　　　　　　　　　　　　D. 时钟脉冲
51. 通常用 MIPS 为单位来衡量计算机的性能，它指的是计算机的（　　）。
    A. 传输速率　　B. 存储容量　　C. 字长　　　　D. 运算速度
52. 在计算机技术指标中，字长用来描述计算机的（　　）。
    A. 运算精度　　　　　　　　　　B. 存储容量
    C. 存取周期　　　　　　　　　　D. 运算速度
53. 计算机的时钟频率称为（　　），它在很大程度上决定了计算机的运算速度。
    A. 字长　　　　B. 主频　　　　C. 存储容量　　D. 运算速度
54. 计算机中采用二进制，因为（　　）。
    A. 可以降低硬件成本　　　　　　B. 两个状态的系统具有稳定性能
    C. 二进制的运算法则简单　　　　D. 上述三条都正确
55. 计算机中数据的表示形式是（　　）。
    A. 八进制　　　　　　　　　　　B. 十进制
    C. 二进制　　　　　　　　　　　D. 十六进制
56. 二进制数 110000 转换成十六进制数是（　　）。
    A. 77　　　　B. D7　　　　C. 70　　　　D. 30
57. 将十进制 257 转换为十六进制数为（　　）。
    A. 11　　　　B. 101　　　　C. F1　　　　D. FF

58. 十进制数 100 转换成二进制数是（　　）。
   A. 01100100　　　　　　　　　　B. 01100101
   C. 01100110　　　　　　　　　　D. 01101000
59. 二进制数 00111101 转换成十进制数为（　　）。
   A. 58　　　　B. 59　　　　C. 61　　　　D. 65
60. 在下列不同进制中的四个数,最小的一个是（　　）。
   A.（11011001）二进制　　　　　B.（75）十进制
   C.（37）八进制　　　　　　　　D.（A7）十六进制
61. 下列各种进制的数中,最小的数是（　　）。
   A.（101001）B　　　　　　　　B.（52）O
   C.（2B）H　　　　　　　　　　D.（44）D
62. 若在一个非"0"无符号二进制整数右边加两个"0"形成一个新的数,则新数的值是原数值的（　　）。
   A. 四倍　　　B. 二倍　　　C. 四分之一　　　D. 二分之一
63. 下列 4 个无符号十进制整数中,能用 8 个二进制位表示的是（　　）。
   A. 257　　　B. 201　　　C. 313　　　D. 296
64. 微型计算机普遍采用的字符编码是（　　）。
   A. 原码　　　B. 补码　　　C. ASCII 码　　　D. 汉字编码
65. 标准 ASCII 码字符集共有编码（　　）个。
   A. 128　　　B. 52　　　C. 34　　　D. 32
66. 对 ASCII 编码的描述准确的是（　　）。
   A. 使用 7 位二进制代码　　　　B. 使用 8 位二进制代码,最左一位为 0
   C. 使用输入码　　　　　　　　D. 使用 8 位二进制代码,最左一位为 1
67. 下列字符中,ASCII 码值最小的是（　　）。
   A. a　　　　B. A　　　　C. x　　　　D. Y
68. 要放置 10 个 24×24 点阵的汉字字模,需要的存储空间是（　　）。
   A. 72B　　　B. 320B　　　C. 720B　　　D. 72KB
69. 在计算机中存储一个汉字内码要用 2 个字节,每个字节的最高位是（　　）。
   A. 1 和 1　　B. 1 和 0　　C. 0 和 1　　D. 0 和 0
70. 在微型计算机的汉字系统中,一个汉字的内码占（　　）个字节。
   A. 1　　　　B. 2　　　　C. 3　　　　D. 4
71. 汉字国标码将 6763 个汉字分为一级汉字和二级汉字,国标码本质上属于（　　）。
   A. 机内码　　B. 拼音码　　C. 交换码　　D. 输出码
72. "国标"中的"国"字的十六进制编码为 397A,其对应的汉字机内码为（　　）。
   A. B9FA　　　B. BB3H7　　　C. A8B2　　　D. C9HA
73. 汉字国标码（GB2312—80）将汉字分成（　　）。
   A. 一级汉字和二级汉字 2 个等级　　B. 一级、二级、三级 3 个等级
   C. 简体字和繁体字 2 个等级　　　　D. 常见字和罕见字 2 个等级
74. 汉字输入编码共有 4 种方式,其中（　　）的编码长度是固定的。

A. 字形编码 B. 字音编码
C. 数字编码 D. 音形混合编码

75. 下面叙述中正确的是（　　）。
A. 在计算机中,汉字的区位码就是机内码
B. 在汉字的国标码 GB2313－80 的字符集中,共收集了 6763 个常用汉字
C. 英文小写字母 e 的 ASCII 码为 101,英文小写字母 h 的 ASCII 码为 103
D. 存放 80 个 24×24 点阵的汉字字模信息需要 2560 个字节

76. 五笔字型输入法属于（　　）。
A. 音码输入法 B. 形码输入法
C. 音形结合输入法 D. 联想输入法

77. 计算机软件系统包括（　　）。
A. 系统软件和应用软件 B. 编译系统和应用软件
C. 数据库及其管理软件 D. 程序及其相关数据

78. 《计算机软件保护条例》中所称的计算机软件是指（　　）。
A. 计算机程序 B. 源程序和目标程序
C. 源程序 D. 计算机程序及其相关文档

79. 操作系统的功能是（　　）。
A. 将源程序编译成目标程序
B. 负责诊断计算机的故障
C. 控制和管理计算机系统的各种硬件和软件资源的使用
D. 负责外设与主机之间的信息交换

80. 操作系统是计算机系统中的（　　）。
A. 核心系统软件 B. 关键的硬件部件
C. 广泛使用的应用软件 D. 外部设备

81. 工厂的仓库管理软件属于（　　）。
A. 系统软件 B. 工具软件
C. 应用软件 D. 字处理软件

82. 已知字符 B 的 ASCII 码的二进制数是 1000010,字符 F 对应的 ASCII 码的十六进制数为（　　）。
A. 70 B. 46 C. 65 D. 37

83. 最大的 10 位无符号二进制整数转换成十进制数是（　　）。
A. 511 B. 512 C. 1023 D. 1024

84. 24 根地址线可寻址的范围是（　　）。
A. 4MB B. 8MB C. 16MB D. 24MB

85. 在下列存储器中,访问周期最短的是（　　）。
A. 硬盘存储器 B. 外存储器 C. 内存储器 D. 软盘存储器

86. 在表示存储容量时,1KB 的准确含义是（　　）字节。
A. 512 B. 1000 C. 1024 D. 2048

87. 下面关于硬盘的说法错误的是（　　）。
   A. 硬盘中的数据断电后不会丢失　　B. 每个计算机主机有且只能有一块硬盘
   C. 硬盘可以进行格式化处理　　　　D. CPU 不能够直接访问硬盘中的数据
88. 八进制数 765 转换成二进制数为（　　）。
   A. 111111101　　　　　　　　　　B. 111110101
   C. 10111101　　　　　　　　　　　D. 11001101
89. 计算机硬件能够直接识别和执行的语言只有（　　）。
   A. C 语言　　　B. 汇编语言　　　C. 机器语言　　　D. 符号语言
90. （　　）是一种符号化的机器语言。
   A. BASIC 语言　B. 汇编语言　　　C. 机器语言　　　D. 计算机语言
91. 将高级语言编写的程序翻译成机器语言程序，采用的两种翻译方式是（　　）。
   A. 编译和解释　B. 编译和汇编　　C. 编译和连接　　D. 解释和汇编
92. 下面关于解释程序和编译程序的论述，正确的一条是（　　）。
   A. 编译程序和解释程序均能产生目标程序
   B. 编译程序和解释程序均不能产生目标程序
   C. 编译程序能产生目标程序，而解释程序则不能
   D. 编译程序不能产生目标程序，而解释程序能
93. 用高级程序设计语言编写的程序称为（　　）。
   A. 目标程序　　B. 可执行程序　　C. 源程序　　　　D. 伪代码程序
94. 一般使用高级语言编写的程序称为源程序，这种程序不能直接在计算机中运行。需要有相应的语言处理程序翻译成（　　）程序才能运行。
   A. 编译　　　　B. 目标　　　　　C. 文书　　　　　D. 汇编
95. Word 字处理软件属于（　　）。
   A. 管理软件　　B. 网络软件　　　C. 应用软件　　　D. 系统软件
96. Visual Basic 语言处理程序属于（　　）。
   A. 应用软件　　B. 系统软件　　　C. 管理系统　　　D. 操作系统
97. 下面不属于系统软件的是（　　）。
   A. DOS　　　　B. Windows 2000　C. UNIX　　　　　D. Office 2000
98. 下列软件属于应用软件的是（　　）。
   A. 操作系统　　　　　　　　　　　B. 服务程序
   C. 数据库管理系统　　　　　　　　D. 表格处理软件
99. 为解决某一特定问题而设计的指令序列称为（　　）。
   A. 语言　　　　B. 程序　　　　　C. 软件　　　　　D. 系统
100. 微型计算机的中央处理器每执行一条（　　），就完成一步基本运算或判断。
    A. 命令　　　　B. 指令　　　　　C. 程序　　　　　D. 语句
101. 一条计算机指令中，通常应该包含（　　）。
    A. 字符和数据　　　　　　　　　　B. 操作码和操作数
    C. 运算符和数据　　　　　　　　　D. 被运算数和结果

102. 一条计算机指令中,规定其执行功能的部分称为(   )。
    A. 源地址码   B. 操作码   C. 目标地址码   D. 数据码
103. 半导体只读存储器(ROM)与半导体随机存取存储器(RAM)的主要区别在于(   )。
    A. ROM 可以永久保存信息,RAM 在断电后信息会丢失
    B. ROM 断电后,信息会丢失,RAM 则不会
    C. ROM 是内存储器,RAM 是外存储器
    D. RAM 是内存储器,ROM 是外存储器
104. RAM 具有的特点是(   )。
    A. 海量存储
    B. 存储在其中的信息可以永久保存
    C. 一旦断电,存储在其上的信息将全部消失且无法恢复
    D. 存储在其中的数据不能改写
105. 下面四种存储器中,属于数据易失性的存储器是(   )。
    A. RAM   B. ROM   C. PROM   D. CD-ROM
106. DRAM 存储器的中文含义是(   )。
    A. 静态随机存储器   B. 动态随机存储器
    C. 动态只读存储器   D. 静态只读存储器
107. SRAM 存储器是(   )。
    A. 静态只读存储器   B. 静态随机存储器
    C. 动态只读存储器   D. 动态随机存储器
108. 下列关于存储器的叙述中正确的是(   )。
    A. CPU 能直接访问存储在内存中的数据,也能直接访问存储在外存中的数据
    B. CPU 不能直接访问存储在内存中的数据,能直接访问存储在外存中的数据
    C. CPU 只能直接访问存储在内存中的数据,不能直接访问存储在外存中的数据
    D. CPU 既不能直接访问存储在内存中的数据,也不能直接访问存储在外存中的数据
109. 下列存储器中读取速度最快的是(   )。
    A. 内存   B. 硬盘   C. 软盘   D. 光盘
110. 在具有多媒体功能的微型计算机中,常用的 CD-ROM 是(   )。
    A. 只读型软盘   B. 只读型硬盘
    C. 只读型光盘   D. 只读型半导体存储器
111. 计算机工作时,内存储器用来存储(   )。
    A. 数据和信号   B. 程序和指令   C. ASCII 码和汉字   D. 程序和数据
112. 把内存中的数据传送到计算机的硬盘,称为(   )。
    A. 显示   B. 读盘   C. 输入   D. 写盘
113. 以下对 USB 移动硬盘的优点叙述不正确的是(   )。
    A. 体积小、重量轻、容量大
    B. 存取速度快
    C. 可以通过 USB 接口即插即用

D. 在 Windows 操作系统下,需要驱动程序,不可以直接热插拔

114. 度量存储容量的基本单位是(　　)。
A. 二进制位　　　　B. 字节　　　　C. 字　　　　D. 字长

115. 下列等式中,正确的是(　　)。
A. 1 KB＝1 024×1 024 B
B. 1 MB＝1 024 B
C. 1 KB＝1 024 MB
D. 1 MB＝1 024 KB

116. 缓存(Cache)存在于(　　)。
A. 内存内部
B. 内存和硬盘之间
C. 硬盘内部
D. CPU 内部

117. 微型计算机中的内存储器,通常采用(　　)。
A. 光存储器
B. 磁表面存储器
C. 半导体存储器
D. 磁芯存储器

118. 下列选项的硬件中,断电后会使俱数据丢失的存储器是(　　)。
A. 硬盘　　　　B. RAM　　　　C. ROM　　　　D. 软盘

119. 微型计算机的内存储器是(　　)。
A. 按二进制位编址
B. 按字节编址
C. 按字长编址
D. 按十进制位编址

120. 下列说法正确的是(　　)。
A. 一个进程会伴随着其程序执行的结束而消亡
B. 任何进程在执行未结束时不允许被强行终止
C. 一段程序会伴随着其进程结束而消亡
D. 任何进程在执行未结束时都可以被强行终止

121. 以下关于优盘的叙述不正确的是(　　)。
A. 断电后数据不丢失
B. 重量轻、体积小,一般只有拇指大小
C. 不能即插即用
D. 是当前主流移动存储器

122. 硬盘工作要注意避免(　　)。
A. 噪声　　　　B. 震动　　　　C. 潮湿　　　　D. 日光

123. 在 CPU 中配置高速缓冲器(Cache)是为了解决(　　)。
A. 内存与辅助存储器之间速度不匹配的问题
B. CPU 与辅助存储器之间速度不匹配的问题
C. CPU 与内存储器之间速度不匹配的问题
D. 主机与外设之间速度不匹配的问题

124. 计算机的存储容量是指它具有的(　　)。
A. 字节数　　　　B. 位数　　　　C. 字节数和位数　　　　D. 字数

125. 微型计算机存储系统中,PROM 是(　　)。
A. 可读写存储器
B. 动态随机存取存储器
C. 只读存储器
D. 可编程只读存储器

126. 在微型计算机的内存储器中,不能用指令修改其存储内容的部分是( )。
   A. RAM   B. DRAM   C. ROM   D. SRAM
127. 下面选项中,不属于外存储器的是( )。
   A. 硬盘   B. USB移动硬盘   C. 光盘   D. ROM
128. 一般来说,外存储器中的信息在断电后( )。
   A. 局部丢失   B. 大部分丢失   C. 全部丢失   D. 不会丢失
129. 在微型计算机技术中,通过系统( )把CPU、存储器、输入设备和输出设备连接起来,实现信息交换。
   A. 总线   B. I/O接口   C. 电缆   D. 汉字字形码
130. 操作系统是( )。
   A. 用户与计算机的接口   B. 主机与外设的接口
   C. 系统软件与应用软件的接口   D. 高级语言与汇编语言的接口
131. 计算机系统采用总线结构对存储器和外设进行协调。总线常由( )3部分组成。
   A. 数据总线、地址总线和控制总线   B. 输入总线、输出总线和控制总线
   C. 外部总线、内部总线和中枢总线   D. 通信总线、接收总线和发送总线
132. 某计算机的内存容量为2G,指的是( )。
   A. 2位   B. 2G字节   C. 2G字   D. 2000M字
133. 在多媒体计算机系统中,不能用以存储多媒体信息的是( )。
   A. U盘   B. 光缆   C. 磁盘   D. 光盘
134. 微型计算机存储系统中的Cache是( )。
   A. 只读存储器   B. 高速缓冲存储器
   C. 可编程只读存储器   D. 可擦写只读存储器
135. 下面关于地址的论述中,错误的是( )。
   A. 地址寄存器是用来存储地址的寄存器
   B. 地址码是指令中给出的源操作数地址或去处结果的目的地址的有关信息部分
   C. 地址总线上既可以传送地址信息,也可以传送控制信息和其他信息
   D. 地址总线不可用于传输控制信息和其他信息
136. 移动硬盘实际上是一块( )加上硬盘盒和USB接口线组成的移动存储设备。
   A. 3.5寸光盘   B. 5.25寸光盘   C. 3.5寸硬盘   D. 5.25寸硬盘
137. 将硬盘中的数据读入到内存中去,称为( )。
   A. 显示   B. 读盘   C. 输入   D. 写盘
138. 通常所说的I/O设备是指( )。
   A. 输入输出设备 B. 通信设备   C. 网络设备   D. 控制设备
139. I/O接口位于( )。
   A. 总线和设备之间   B. CPU和I/O设备之间
   C. 主机和总线之间   D. CPU和主存储器之间
140. 下列各组设备中,全部属于输入设备的一组是( )。
   A. 键盘、磁盘和打印机   B. 键盘、扫描仪和鼠标

C. 键盘、鼠标和显示器　　　　　　　　D. 硬盘、打印机和键盘

141. 下列设备中属于输出设备的是(　　)。
A. 键盘　　　　　B. 鼠标　　　　　C. 扫描仪　　　　　D. 显示器

142. UPS 是(　　)的英文简称。
A. 控制器　　　　B. 存储器　　　　C. 不间断电源　　　D. 运算器

143. 大多数 PC 配置的是(　　)键的标准键盘。
A. 84　　　　　　B. 83　　　　　　C. 101　　　　　　D. 102

144. 键盘上的 Caps Lock 键的作用是(　　)。
A. 退格键，按下后删除一个字符
B. 退出键，按下后退出当前程序
C. 锁定大写字母键，按下后可连续输入大写字母
D. 组合键，与其他键组合才有作用

145. 微型计算机键盘上的 Shift 键称为(　　)。
A. 控制键　　　　B. 上档键　　　　C. 退格键　　　　　D. 回车键

146. 微型计算机键盘上的 Tab 键称为(　　)。
A. 退格键　　　　B. 控制键　　　　C. 换档键　　　　　D. 制表键

147. 在下列设备中，既能向主机输入数据又能从主机接收数据的设备是(　　)。
A. CD-ROM　　　B. 显示器　　　　C. U 盘　　　　　　D. 光笔

148. USB 是(　　)。
A. 串行接口　　　B. 并行接口　　　C. 总线接口　　　　D. 视频接口

149. 目前，印刷质量好、分辨率最高的打印机是(　　)。
A. 点阵打印机　　B. 针式打印机　　C. 喷墨打印机　　　D. 激光打印机

150. 针式打印机术语中，24 针是指(　　)。
A. 24×24 针　　　　　　　　　　　　B. 队号线插头有 24 针
C. 打印头内有 24×24 针　　　　　　　D. 打印头内有 24 针

151. 以下属于点阵打印机的是(　　)。
A. 激光打印机　　B. 喷墨打印机　　C. 静电打印机　　　D. 针式打印机

152. 某显示器技术参数标明"TFT，1 024×768"，则"1 024×768"表明该显示器(　　)。
A. 分辨率是 1 024×768　　　　　　　B. 尺寸是 1 024 mm×768 mm
C. 刷新率是 1 024×768　　　　　　　D. 真彩度是 1 024×768

153. 下面各项中不属于多媒体硬件的是(　　)。
A. 光盘驱动器　　B. 视频卡　　　　C. 音频卡　　　　　D. 加密卡

154. 显示器显示图像的清晰程度，主要取决于显示器(　　)。
A. 类型　　　　　B. 亮度　　　　　C. 尺寸　　　　　　D. 分辨率

155. 计算机中的鼠标连接在(　　)。
A. 并行接口上　　　　　　　　　　　B. 串行接口上
C. 显示器接口上　　　　　　　　　　D. 键盘接口上

156. 下列各组设备中，完全属于内部设备的一组是(　　)。
A. 运算器、硬盘和打印机　　　　　　B. 运算器、控制器和内存储器

C. 内存储器、显示器和键盘　　　　　　D. CPU、硬盘和软驱

157. 计算机在开机时会进行自检,遇到( )不存在或者错误时,计算机仍然会正常开机。

　　A. 键盘　　　　　B. 主板　　　　　C. 硬盘　　　　　D. 内存

158. 计算机病毒是指( )。

　　A. 编译出现错误的计算机程序
　　B. 设计不完善的计算机程序
　　C. 遭到人为破坏的计算机程序
　　D. 以危害计算机软硬件系统为目的设计的计算机程序

159. 计算机病毒破坏的主要对象是( )。

　　A. U盘　　　　　B. 磁盘驱动器　　　C. CPU　　　　　D. 程序和数据

160. 相对而言,下列类型的文件中,不易感染病毒的是( )。

　　A. *.txt　　　　B. *.doc　　　　C. *.com　　　　D. *.exe

161. 下列选项中,不属于计算机病毒特征的是( )。

　　A. 破坏性　　　　B. 潜伏性　　　　C. 传染性　　　　D. 免疫性

162. 关于计算机病毒的叙述中,正确的选项是( )。

　　A. 计算机病毒只感染.exe或.com文件
　　B. 计算机病毒可以通过读写U盘、光盘或Internet网络进行传播
　　C. 计算机病毒是通过电力网进行传播的
　　D. 计算机病毒是由于U盘表面不清洁而造成的

163. 不能用作存储容量的单位是( )。

　　A. KB　　　　　B. GB　　　　　C. Byte　　　　D. MIPS

164. ( )是目前网上传播病毒的主要途径,此外,下载文件也存在病毒入侵的可能。

　　A. 电子邮件　　　B. 网上聊天　　　C. 浏览网页　　　D. 在线电影

165. 若网络的各个节点通过中继器连接成一个闭合环路,则称这种拓扑结构称为( )。

　　A. 总线形拓才扑　　　　　　　　　　B. 环形拓扑
　　C. 树形拓扑　　　　　　　　　　　　D. 星形拓扑

166. 下列不属于预防计算机病毒的做法是( )。

　　A. 在开机工作时,特别是在联网浏览时,一要打开个人防火墙,二要打开杀毒软件的实时监控
　　B. 使用来历不明的软件不会有问题
　　C. 定期备份重要的数据文件
　　D. 定期用杀病毒软件对计算机系统进行检测

167. 下列软件中,不属于杀毒软件的是( )。

　　A. 金山毒霸　　　　　　　　　　　　B. 诺顿
　　C. KV3000　　　　　　　　　　　　　D. Outlook Express

168. 目前使用的防杀病毒软件的作用是( )。

　　A. 检查计算机是否感染病毒,清除已感染的任何病毒

B. 杜绝病毒对计算机的侵害

C. 检查计算机是否感染病毒,清除部分已感染的病毒

D. 查出已感染的任何病毒,清除部分已感染的病毒

169. 计算机网络最突出优点是(   )。

　　A. 运算速度快　　　　　　　　　B. 存储容量大
　　C. 运算容量大　　　　　　　　　D. 可以实现资源共享

170. 从系统的功能来看,计算机网络主要由(   )组成。

　　A. 资源子网和通信子网　　　　　B. 数据子网和通信子网
　　C. 模拟信号和数字信号　　　　　D. 资源子网和数据子网

171. 计算机网络按地理范围可分为(   )。

　　A. 广域网、城域网和局域网　　　B. 广域网、因特网和局域网
　　C. 因特网、城域网和局域网　　　D. 因特网、广域网和对等网

172. 下列不属于网络拓扑结构形式的是(   )。

　　A. 星形　　B. 环形　　C. 总线　　D. 分支

173. 在一个计算机房内要实现所有的计算机联网,一般应选择(   )网。

　　A. GAN　　B. MAN　　C. LAN　　D. WAN

174. 因特网属于(   )。

　　A. 万维网　　B. 局域网　　C. 城域网　　D. 广域网

175. 下列有关 Internet 的叙述中,错误的是(   )。

　　A. 万维网就是因特网　　　　　　B. 因特网上提供了多种信息
　　C. 因特网是计算机网络的网络　　D. 因特网是国际计算机互联网

176. Internet 是一个覆盖全球的大型互联网网络,它用于连接多个远程网和局域网的互联设备主要是(   )。

　　A. 路由器　　B. 主机　　C. 网桥　　D. 防火墙

177. 对于众多个人用户来说,接入因特网最经济、最简单、采用最多的方式是(   )。

　　A. 局域网连接　　B. 专线连接　　C. 电话拨号　　D. 无线连接

178. 调制解调器的功能是(   )。

　　A. 数字信号的编号　　　　　　　B. 模拟信号的编号
　　C. 数字信号转换成其他信号　　　D. 数字信号与模拟信号之间的转换

179. 以拨号方式连接入 Internet 时,不需要的硬件设备是(   )。

　　A. PC机　　B. 网卡　　C. Modem　　D. 电话线

180. 通常一台计算机要接入互联网,应该安装的设备是(   )。

　　A. 网络操作系统　　　　　　　　B. 调制解调器或网卡
　　C. 网络查询工具　　　　　　　　D. 浏览器

181. Internet 实现了分布在世界各地的各类网络的互联,其最基础和核心的协议是(   )。

　　A. TCP/IP　　B. FTP　　C. HTML　　D. HTTP

182. 所有与 Inetrnet 相连接的计算机必须遵守一个共同协议,即(   )。

　　A. http　　　　　　　　　　　　B. IEEE 802.11

C. TCP/IP D. IPX

183. 下列各项中,非法的 IP 地址是(   )。
A. 33.112.78.6 B. 45.98.12.145
C. 79.45.9.234 D. 166.277.13.98

184. 下列域名书写正确的是(   )。
A. _catch.gov.cn B. catch.gov.cn
C. catch,edu,cn D. catch..gov.cn1

185. 以下(   )表示域名。
A. 171.110.8.32 B. www.pheonixtv.com
C. http://www.domy.asppt.ln.cn D. melon@public.com.cn

186. 中国的域名是(   )。
A. com B. uk C. cn D. jp

187. 根据域名代码规定,域名为 toame.com.cn 表示网站类别应是(   )。
A. 教育机构 B. 国际组织
C. 商业组织 D. 政府机构

188. 下列域名中,表示教育机构的是(   )。
A. ftp.mba.net.cn B. ftp.cnc.ac.cn
C. www.mda.ac.cn D. www.mba.edu.cn

189. HTML 的正式名称是(   )。
A. 主页制作语言 B. 超文本标识语言
C. Internet 编程语言 D. WWW 编程语言

190. 因特网上的服务都是基于某一种协议,Web 服务是基于(   )。
A. SMTP 协议 B. SNMP 协议
C. HTTP 协议 D. TELNET 协议

191. 超文本的含义是(   )。
A. 该文本包含有图像
B. 该文本中有链接连接到其他文体的链接点
C. 该文本中包含有声音
D. 该文本中含有二进制字符

192. 下列 URL 的表示方法中,正确的是(   )。
A. http://www.microsoft.com/index.html
B. http:\\www.microsoft.com/index.html
C. http://www.microsoft.com\index.html
D. http//www.microsoft.com/index.html

193. 下列四项内容中,不属于 Internet 基本功能的是(   )。
A. 实时检测控制 B. 电子邮件 C. 文件传输 D. 远程登录

194. Internet 提供的服务有很多,(   )表示网页浏览。
A. E-mail B. FTP C. WWW D. BBS

195. Internet 提供的服务有很多,(　　)表示电子邮件。

A. E-mail　　　　　B. FTP　　　　　C. WWW　　　　　D. BBS

196. FTP 代表的是(　　)。

A. 电子邮件　　　　B. 远程登录　　　C. 万维网　　　　D. 文件传输

197. 浏览 Web 网站必须使用浏览器,目前常用的浏览器是(　　)。

A. Outlook Express　　　　　　　　　B. Hotmail

C. Internet Explorer　　　　　　　　D. Inter Exchange

198. 下面关于电子邮件的说法,不正确的是(　　)。

A. 电子邮件的传输速度比一般书信的传送速度快

B. 电子邮件又称 E-mail

C. 电子邮件是通过 Internet 邮寄的信件

D. 通过网络发送电子邮件不需要知道对方的邮件地址也可以发送

199. 下面电子邮件地址的书写格式正确的是(　　)。

A. kaoshi@sina.com　　　　　　　　B. kaoshi,@sina.com

C. kaoshi@,sina.com　　　　　　　　D. kaoshisina.com

200. 某主机的电子邮件地址为:cat@public.mba.net.cn,其中 cat 代表(　　)。

A. 用户名　　　　　B. 网络地址　　　C. 域名　　　　　D. 主机名

第 2 部分 综合操作题

练 习 一

说明:考生文件夹为练习一

一、Windows 基本操作

1. 在考生文件夹下 MG 文件夹中创建名为 HEA 的文件夹。
2. 删除考生文件夹下 KQ 文件夹中的 CARTXT 文件。
3. 将考生文件夹下 ABC 文件夹设置成隐藏和只读属性。
4. 将考生文件夹下 XAG\WAN 文件夹复制到考生文件夹下 MG 文件夹中。
5. 搜索考生文件夹下第二个字母是 F 的所有.DOC 文件,将其移动到考生文件夹下的 XAG\WAN 文件夹中。

二、Word 操作

在考生文件夹下,打开文档 Word.docx,按照要求完成下列操作并以该文件名(Word.docx)保存文档。

1. 将标题段文字("B2C 电子商务模式")文字设置为黑体、三号字、加粗、居中并加下划线。将倒数第八行文字设置为三号字、居中,并为本行中的"传统零售业"和"电子零售业"加着重号。
2. 设置正文各段落("由于不断……手机专卖店等。")悬挂缩进 2 字符、行距为 1.3 倍,段前和段后间距各 0.5 行。
3. 将正文第三段("我国 B2C……手机专卖店等。")分为等宽的两栏,栏宽为 16 字符,栏中间加分隔线,首字下沉 2 行,距离正文 0.1 厘米。
4. 将倒数第一行到第 7 行的文字转换为一个 7 行 3 列的表格。设置表格居中,表格中所有文字靠上居中,并设置表格行高为 0.8 厘米。
5. 设置表格外框线为 1.5 磅蓝色双实线,内框线为 0.75 磅单红色实线,其中第一行的下边框设置为 1.5 磅红色双实线。

三、Excel 操作

1. 在考生文件夹下打开 excel.xlsx 文件:
(1) 将 Sheet1 工作表的 A1:E1 单元格合并为一个单元格,内容水平居中;计算教师的平均年龄(置 B23 单元格内,数值型,保留小数点后两位),分别计算教授人数、副教授人数、讲师人数(置 E5:E7 单元格内,利用 COUNTIF 函数);将 A2:C23 区域格式设置为自动套用格式"表样式中等深浅 1"。

(2)选取 D4:D7 和 E4:E7 单元格数据建立"簇状圆柱图",数据系列产生在"列",在图表上方插入图表标题为"职称情况统计图",图例靠上,设置图表区填充颜色为黄色;将图插入到表的 D9:G22 单元格区域内,将工作表命名为"职称情况统计表",保存 excel.xlsx 文件。

2. 打开工作簿文件 exc.xlsx,对工作表"人力资源情况表"内数据清单的内容按主要关键字"年龄"的递减次序、次要关键字"部门"的递增次序进行排序,对排序后的数据进行自动筛选,条件为性别为男、职称为高工,工作表名不变,保存 exc.xlsx 文件。

四、Powerpoint 操作

打开考生文件夹下的演示文稿 yswg.pptx,按照下列要求完成对此文稿的修饰并保存。

1. 将第一张幻灯片的版式改为"两栏内容",并在右栏区域插入剪贴画"足球",图片的动画设置为"进入_飞入"、"自底部"。第一张幻灯片前插入一张新幻灯片,幻灯片版式为"空白",并插入样式为"填充—无,轮廓—强调文字颜色 2"的艺术字"鸟巢"(位置为水平:3 厘米,度量依据:左上角,垂直:2 厘米,度量依据:左上角),并将背景渐变填充为"碧海青天"。第四张幻灯片的版式改为"内容与标题",将文本的字体设置为"黑体",字号设置为 25 磅,加粗,加下划线。将第三张幻灯片的图片移到第四张幻灯片的右栏区域,文本动画设置为"进入_浮入"、"下浮",图片的动画设置为"进入_飞入"、"自右侧"。

2. 删除第三张幻灯片。放映方式为"观众自行浏览(窗口)"。

练 习 二

说明:考生文件夹为练习二

一、Windows 基本操作

1. 将考生文件夹下 DGRY\ER 文件夹中的文件 SLAK.SOR 设置为隐藏和存档属性。

2. 将考生文件夹下 CHENG 文件夹中的文件 WANG WRI 移动到考生文件夹下 BASS 文件夹中,并将该文件改名为 BINGDRT。

3. 在考生文件夹下 SIOV 文件夹中建立一个新文件夹 NATION。

4. 将考生文件夹下 CINTG\VCD 文件夹中的文件 TIVEYAS 复制到考生文件夹下 HELL 文件夹中。

5. 将考生文件夹下 FLASH 文件夹中的文件 KSHZ.TXT 删除。

二、Word 操作

在考生文件夹下,打开文档 Word.docx,按照要求完成下列操作并以该文件名(Word.docx)保存文档。

1. 将标题段文字("北京福娃")文字设置为小二号蓝色黑体、居中、字符间距加宽 2 磅、段后间距 0.5 行。

2. 将正文各段文字("福娃是北京……奥林匹克圣火的形象。")中的中文文字设置为小四号宋体;将正文第三段("福娃是五个……奥林匹克圣火的形象。")移至第二段("每个娃娃都有……'北京欢迎你'。")之前;设置正文各段首行缩进 2 字符、行距为 1.2 倍行距。

3. 设置页面上下边距各为 3 厘米。

4. 将文中最后 6 行文字转换成一个 6 行 3 列的表格;在第 2 列与第 3 列之间添加一列,并依次输入该列内容"颜色"、"蓝"、"黑"、"红"、"黄"、"绿";设置表格列宽为 2.5 厘米、行高为 0.6 厘米、表格居中。

5. 为表格第一行单元格添加黄色底纹;所有表格线设置为 1 磅红色单实线。

三、Excel 操作

打开考生文件夹中的工作簿文件 Excel.xlsx,并完成下列操作:

1. 将工作表 Sheet1 的 A1:C1 单元格合并为一个单元格,内容水平居中,计算人数"总计"及"所占百分比"列(所占百分比=人数/总计),"所占百分比"列单元格格式为"百分比"型(保留小数点后两位),将工作表命名为"师资情况表"。

2. 选取"师资情况表"的"职称"和"所占百分比"(均不包括"总计"行)两列单元格的内容建立"分离型三维饼图"(数据系列产生在"列"),数据标志为"显示百分比",在图表上方插入图表标题为"师资情况图",插入到表的 A9:D19 单元格区域内。

四、Powerpoint 操作

打开考生文件夹下的演示文稿 yswg.pptx,按照下列要求完成对此文稿的修饰并保存。

1. 插入第三张"标题幻灯片",主标题键入"培训要点"。副标题键入"营销部人力提升计划",字号设置为 40 磅、红色(注意:请用自定义标签中的红色 255,绿色 0,蓝色 0),并将这张幻灯片向前移动,作为演示文稿的第一张幻灯片。

2. 设置第一张幻灯片的背景填充效果预设颜色为"心如止水";第三张幻灯片中的文本部分动画设置为"进入_飞入"、"自底部"。

练 习 三

说明:考生文件夹为练习三

一、Windows 基本操作

1. 在考生文件夹下分别创建名为 YA 和 YB 两个文件夹。
2. 将考生文件夹下 ZHU\GA 文件夹复制到考生文件夹下。
3. 删除考生文件夹下 KCTV 文件夹中的 DAO 文件夹。
4. 将考生文件夹下的 YA 文件夹设置成隐藏属性,并取消存档属性。
5. 搜索考生文件夹下的 MAN.PPT 文件,将其移动到考生文件夹下的 YA 文件夹中。

二、Word 操作

在考生文件夹下,打开文档 Word.docx,按照要求完成下列操作并以该文件名(Word.

docx)保存文档。

1. 将标题段("3G时代来临!")设置为四号黑体红色,倾斜,加删除线效果,居中对齐;倒数第6行文字("中国移动3G手机资费")设置为四号、蓝色、加粗居中段后0.5行。

2. 将文中各自然段("3G是英文……瞬间完成。")设置为右缩进5字符、首行缩进2字符,行距为1.25倍。

3. 在页面底端居中位置插入页码,样式为"普通数字2";设置页眉为"3G手机简介"并居中。

4. 将正文倒数第1行至第5行转换为一5行4列的表格,表格居中,表格第一列列宽为1.8厘米,其余列列宽为4厘米。

5. 设置表格外框线为1.5磅蓝色双实线,内框线为0.75磅红色单实线。设置表格第一行文字为五号黑体,居中对齐,加黄色底纹;第4行为五号黄色黑体,居中对齐加红色底纹。

三、Excel操作

1. 在考生文件夹下打开Excel.xlsx文件:将Sheet1工作表的A1:E1单元格合并为一个单元格,内容水平居中;计算学生的平均成绩(保留小数点后2位,置C23单元格内),按成绩的递减顺序计算"排名"列的内容(利用RANK函数),在"备注"列内给出以下信息:成绩在105分及以上为"优秀",其他为"良好"(利用IF函数);利用条件格式将E3:E22区域内内容为"优秀"的单元格字体颜色设置为红色。

2. 打开工作簿文件exc.xlsx,对工作表"人力资源情况表"内数据清单的内容进行自动筛选,条件为各部门学历为本科或硕士、职称为工程师的人员,工作表名不变,保存exc.xlsx文件。

四、Powerpoint操作

打开考生文件夹下的演示文稿yswg.pptx,按照下列要求完成对此文稿的修饰并保存。

1. 在第一张幻灯片前插入一张新幻灯片,幻灯片版式为"标题幻灯片",主标题区域输入"国家大剧院",并设置字体为"黑体"、加粗、字号为73磅、颜色为蓝色(请用自定义标签的红色0、绿色0、蓝色250),副标题区域输入"规模空前的演出中心",并设置字体为"楷体"、字号为47磅。将第四张幻灯片的图片移到第二张幻灯片右侧的区域。在第三张幻灯片中插入样式为"填充—无,轮廓—强调文字颜色2"的艺术字"国家大剧院"(位置为水平:7.6厘米,度量依据:左上角,垂直:1.2厘米,度量依据:左上角)。第二张幻灯片的图片动画设置为"进入_飞入"、"自右侧"。

2. 删除第四张幻灯片,将第一张幻灯片的背景设置为"宽上对角线"图案。全部幻灯片切换效果为"推进、自右侧"。

练 习 四

说明:考生文件夹为练习四

一、Windows基本操作

1. 在考生文件夹下创建一个BOOK新文件夹。

2. 将考生文件夹下 VOTUNA 文件夹中的 BOYABLE. DOC 文件复制到同一文件夹下，并命名为 SYAD. DOC。

3. 将考生文件夹下 BENA 文件夹中的文件 PRODUCT. WRI 的隐藏属性撤消，并设置为隐藏和存档属性。

4. 为考生文件夹下 XIUGAI 文件夹中的 ANEWS. EXE 文件建立名为 RNEW 的快捷方式，存放在考生文件夹下。

5. 将考生文件夹下 MICRO 文件夹中的 XSAK. BAS 文件删除。

二、Word 操作

在考生文件夹下，打开文档 Word. docx，按照要求完成下列操作并以该文件名（Word. docx）保存文档。

1. 将文中所有错词"电子商物"替换为"电子商务"。

2. 将标题段文字（"淘宝网——淘你喜欢"）设置为三号红色宋体、居中、加黄色文字底纹。

3. 正文文字（"淘宝网（www. taobao. com）……个人电子商务交易平台。"）设置为小四号楷体，各段落首行缩进 2 字符，段前间距 1 行。将第三段（"淘宝网，顾名思义……个人电子商务交易平台。"）移至第二段（"有关调查显示……领先地位。"）之前。

4. 将表格标题（"淘宝网假期优惠商品表"）设置为小四号黑体、红色、加粗、居中。

5. 将文中最后 6 行文字转换成一个 6 行 2 列的表格，表格居中，列宽 3 厘米，表格中的内容设置为五号宋体、第一行单元格对齐方式为水平居中（垂直、水平均居中），其他单元格对齐方式为靠下、右对齐。

三、Excel 操作

打开考生文件夹中的工作簿文件 Excel. xlsx，并完成下列操作：

1. 将工作表 Sheet1 的 A1:C1 单元格合并为一个单元格，内容水平居中，计算投诉量的"总计"及"所占比例"列的内容（所占比例＝投诉量/总计，数字格式为"百分比"，保留两位小数），将工作表命名为"消费者投诉统计表"。

2. 选取"消费者投诉统计表"的"产品类型"列和"所占比例"列的单元格内容（不包括"总计"行），建立"分离型三维饼图"，数据系列产生在"列"，数据标志为"显示百分比"，在图表上方插入图表标题为"消费者投诉统计图"，插入到表的 A9：E18 单元格区域内。

四、Powerpoint 操作

打开考生文件夹下的演示文稿 yswg. pptx，按照下列要求完成对此文稿的修饰并保存。

1. 使用"波形"主题模板修饰全文；全部幻灯片切换效果设置为"溶解"。

2. 将第三张幻灯片版式设置为"图片与标题"，把幻灯片的图片部分动画效果设置为"进入_飞入"、"自顶部"；然后把第三张幻灯片移动为演示文稿的第二张幻灯片。

练 习 五

说明:考生文件夹为练习五

一、Windows 基本操作

1. 在考生文件夹下创建一个名为 PAK.TXT 的文件。
2. 将考生文件夹下 ARD\TU 文件夹设置成隐藏属性,并取消存档属性。
3. 删除考生文件夹下 TRU 文件夹中的 MAMBAK 文件。
4. 为考生文件夹下 DESK\TUP 文件夹中的 MAPEXE 文件建立名为 MAP2 的快捷方式,存放在考生文件夹下。
5. 搜索考生文件夹下的 CHUANT.DBF 文件,然后将其复制到考生文件夹下的 RA 文件夹中。

二、Word 操作

在考生文件夹下,打开文档 Word.docx,按照要求完成下列操作并以该文件名(Word.docx)保存文档。

1. 将标题段("中国亚运之路")文字设置为黑体四号、加粗、居中,字符间距加宽 2 磅,段后间距 0.5 行。
2. 将正文第一段("1951 年,……亚洲运动会的比赛。")进行分栏,要求分成三栏,栏宽相等,栏间不加分隔线,栏间距为 3 字符。
3. 将正文 2~4 段("在 1982 年第九届亚洲运动会上,……第十六届亚运会。")右缩进设置为 5 字符、首行缩进 2 字符,行距为 1.25 倍。
4. 将文档最后 17 行文字转换成 17 行 3 列的表格。设置表格居中,表格第一列、第三列列宽为 4 厘米,第二列列宽为 2 厘米,行高为 0.6 厘米;全表单元格对齐方式为水平居中(垂直、水平均居中)。
5. 将表格所有框线设置为 1.5 磅红色单实线。

三、Excel 操作

1. 在考生文件夹下打开 Excel.xlsx 文件:

(1) 将 Sheet1 工作表的 A1:E1 单元格合并为一个单元格,内容水平居中;计算"销售额"列内容,保留 2 位小数。按销售额的递减顺序给出"销售额排名"列的内容(利用 RANK 函数);利用条件格式将 D3:D7 单元格区域内数值小于 40000 的字体颜色设置为红色,将 A2:E7 区域格式设置为自动套用格式"表样式中等深浅 2"。

(2) 选取"图书名称"列和"销售额"列内容建立"簇状圆锥图"(数据系列产生在"列"),在图表上方插入图表标题为"销售统计图",图例置底部;将图插入到表的 A9:E21 单元格区域内,将工作表命名为"销售统计表",保存 excel.xlsx 文件。

2. 打开工作簿文件 exc.xlsx,对工作表"人力资源情况表"内数据清单的内容按主要关键字"部门"的递减次序,次要关键字"组别"递增次序进行排序,完成对各部门平均工资的分类汇总,汇总结果显示在数据下方,工作表名不变,保存 exc.xlsx 文件。

四、Powerpoint 操作

打开考生文件夹下的演示文稿 yswg.pptx,按照下列要求完成对此文稿的修饰并保存。

1. 在第一张幻灯片前插入一张版式为"标题和内容"的幻灯片,并插入样式为"填充—无,轮廓强调文字颜色2"的艺术字"奇妙的日食"(位置为水平:7.6厘米,度量依据:左上角,垂直:5.6厘米,度量依据:左上角),幻灯片下方区域插入第四张幻灯片的图片,设置其动画效果为"进入_飞入"、"自右侧"。第二张幻灯片的版式改为"两栏内容",并将第三张幻灯片的图片移到右侧区域,图片的动画设为"进入_飞入"、"自底部",文本动画设为"进入_飞入"、"自左侧",标题动画设置为"进入_飞入"、"自顶部",动画出现顺序为先标题,后文本,最后图片。第三张幻灯片文本的字体设置为"黑体",字号设置成29磅,加粗,颜色为蓝色(请用自定义标签的红色 0、绿色 0、蓝色 250)。删除第四张幻灯片。

2. 使用"暗香扑面"主题模板修饰全文,全部幻灯片切换效果为"切出"。

练 习 六

说明:考生文件夹为练习六

一、Windows 基本操作

1. 在考生文件夹下 QIAN 文件夹中新建名为 TGID.TXT 的文件。
2. 将考生文件夹下 ESE 文件夹中的文件 SIXNG.EXE 设置成隐藏属性,并取消存档属性。
3. 搜索考生文件夹下的 YOUCAN.C 文件,然后将其复制到考生文件夹下的 WOR-DMS 文件夹中。
4. 删除考生文件夹下 CAOKO 文件夹。
5. 为考生文件夹下的 BAIDU 文件夹建立名为 SHOUSUO 的快捷方式,存放在考生文件夹下的 NET 文件夹中。

二、Word 操作

在考生文件夹下,打开文档 Word.docx,按照要求完成下列操作并以该文件名(Word.docx)保存文档。

1. 将标题段("用户对宽带服务的满意度与建议")文字设置为 20 磅红色仿宋、加粗、居中,并加双波浪下划线。
2. 设置正文第 1、3、5 段为蓝色、四号黑体、加粗,段前段后均 0.5 行。设置正文第 2、4、6 各段落为 1.2 倍行距、首行缩进 2 字符。
3. 设置左、右页边距各为 2.8 厘米。
4. 将倒数第 13 行文字("服务调查")设置为红色四号楷体,加粗倾斜并居中对齐。将文中后 12 行文字转换成一个 12 行 2 列的表格,设置表格居中,表格的行高为 0.8 厘米,第一列列宽为 7 厘米、第二列列宽为 2 厘米,全表单元格对齐方式为水平居中(垂直、水平均居中)。

5. 设置表格外框线为 1.5 磅绿色双实线，内框线为 0.5 磅红色单实线。

三、Excel 操作

1. 在考生文件夹下打开 Excel.xlsx 文件：

（1）将 Sheet1 工作表的 A1:D1 单元格合并为一个单元格，内容水平居中；计算费用的合计和所占比例列的内容（百分比型，保留小数点后两位）；按费用额的递增顺序计算"排名"列的内容（利用 RANK 函数）；将 A2:D9 区域格式设置为自动套用格式"表样式浅色 2"。

（2）选取"销售区域"列和"所占比例"列（不含"合计"行）的内容建立"分离型三维饼图"，在图表上方插入图表标题为"销售费用统计图"，图例靠上，数据标志显示百分比，设置图表区填充颜色为黄色；将图插入到表的 A11:F20 单元格区域内，将工作表命名为"销售费用统计表"，保存 Excel.xlsx 文件。

2. 打开工作簿文件 exc.xlsx，对工作表"洗衣机销售情况表"内数据清单的内容按主要关键字"销售单位"的递增次序和次要关键字"产品名称"的递减次序进行排序，计算不同销售单位的销售总额和销售数量是多少（采用分类汇总方式计算，汇总结果显示在数据下方），保存为 exc.xlsx 文件。

四、Powerpoint 操作

打开考生文件夹下的演示文稿 yswg.pptx，按照下列要求完成对此文稿的修饰并保存。

1. 在第一张幻灯片前面插入一张幻灯片，其版式为"空白"，并插入样式为"填充－无，轮廓－强调文字颜色 2"的艺术字"电视媒体传播文化"（位置为水平：4.8 厘米，度量依据：左上角，垂直：2.9 厘米，度量依据：左上角）。将第二张幻灯片的版式改为"两栏内容"，左侧文本的字体设置为"仿宋"，字号设置成 24 磅，加粗。在右侧剪贴画区域插入剪贴画"书本"，图片的动画设为"进入_擦除"、"自右侧"。将第四张幻灯片的版式改为"两栏内容"，将第三张幻灯片的图片移到第四张幻灯片右侧剪贴画区域，图片的动画设为"进入_飞入"、"自顶部"。

2. 删除第三张幻灯片，使用"波形"主题模板修饰全文，全部幻灯片切换效果为"推进、自顶部"。

第 3 部分 模拟试题

试 题 一

一、选择题(20 分)

1. 计算机网络的主要目标是实现(　　)。
   A. 数据处理　　　　　　　　　　　B. 文献检索
   C. 快速通信和资源共享　　　　　　D. 共享文件

2. 办公室自动化(OA)是计算机的一大应用领域,按计算机应用的分类,它属于(　　)。
   A. 科学计算　　　　　　　　　　　B. 辅助设计
   C. 实时控制　　　　　　　　　　　D. 数据处理

3. 一个字长为 6 位的无符号二进制数能表示的十进制数值范围是(　　)。
   A. 0～64　　　　　　　　　　　　 B. 0～63
   C. 1～64　　　　　　　　　　　　 D. 1～63

4. 下列叙述中,正确的是(　　)。
   A. 所有计算机病毒只在可执行文件中传染
   B. 计算机病毒主要通过读写移动存储器或 Internet 网络进行传播
   C. 只要把带病毒的软盘片设置成只读状态,那么此盘片上的病毒就不会因读盘而传染给另一台计算机
   D. 计算机病毒是由于软盘片表面不清洁而造成的

5. 以下关于优盘的叙述不正确的是(　　)。
   A. 断电后数据不丢失
   B. 重量轻、体积小,一般只有拇指大小
   C. 不能即插即用
   D. 是当前主流移动存储器

6. 计算机技术中,下列不是度量存储器容量的单位是(　　)。
   A. KB　　　　　B. MB　　　　　C. GHz　　　　　D. GB

7. 已知 a=00111000B 和 b=2FH,则两者比较的正确不等式是(　　)。
   A. a>b　　　　 B. a=b　　　　 C. a<b　　　　　D. 不能比较

8. 在下列字符中,其 ASCII 码值最小的一个是(　　)。
   A. 9　　　　　　B. p　　　　　　C. Z　　　　　　D. a

9. 十进制数 101 转换成二进制数是(　　)。

A. 01101011　　　　　　　　　　B. 01100011
C. 01100101　　　　　　　　　　D. 01101010

10. 为了提高软件开发效率,开发软件时应尽量采用(　　)。
   A. 汇编语言　　　　　　　　　B. 机器语言
   C. 指令系统　　　　　　　　　D. 高级语言

11. 按照数的进位制概念,下列各数中正确的八进制数是(　　)。
   A. 8707　　　　B. 1101　　　　C. 4109　　　　D. 10BF

12. 下列说法中,正确的是(　　)。
   A. 只要将高级程序语言编写的源程序文件(如 try.c)的扩展名更改为.exe,则它就成为可执行文件了
   B. 高档计算机可以直接执行用高级程序语言编写的程序
   C. 源程序只有经过编译和连接后才能成为可执行程序
   D. 用高级程序语言编写的程序可移植性和可读性都很差

13. Modem 是计算机通过电话线接入 Internet 时所必需的硬件,它的功能是(　　)。
   A. 只将数字信号转换为模拟信号
   B. 只将模拟信号转换为数字信号
   C. 为了在上网的同时能打电话
   D. 将模拟信号和数字信号互相转换

14. 从程序设计观点看,既可作为输入设备又可作为输出设备的是(　　)。
   A. 扫描仪　　　　B. 绘图仪　　　　C. 鼠标器　　　　D. 磁盘驱动器

15. 假设邮件服务器的地址是 email.bj163.com,则用户的正确的电子邮箱地址的格式是(　　)。
   A. 用户名#email.bj163.com　　　　B. 用户名@email.bj163.com
   C. 用户名 email.bj163.com　　　　D. 用户名$email.bj163.com

16. 组成一个完整的计算机系统应该包括(　　)。
   A. 主机、鼠标器、键盘和显示器
   B. 系统软件和应用软件
   C. 主机、显示器、键盘和音箱等外部设备
   D. 硬件系统和软件系统

17. 根据汉字国标 GB2312—80 的规定,一个汉字的内码码长为(　　)。
   A. 8bits　　　　B. 12bits　　　　C. 16bits　　　　D. 24bits

18. 操作系统的主要功能是(　　)。
   A. 对用户的数据文件进行管理,为用户提供管理文件方便
   B. 对计算机的所有资源进行统一控制和管理,为用户使用计算机提供方便
   C. 对源程序进行编译和运行
   D. 对汇编语言程序进行翻译

19. Internet 实现了分布在世界各地的各类网络的互联,其最基础和核心的协议是(　　)。
   A. HTTP　　　　B. TCP/IP　　　　C. HTML　　　　D. FTP

20. 下列叙述中,错误的是(　　)。
    A. 内存储器一般由 ROM 和 RAM 组成
    B. RAM 中存储的数据一旦断电就全部丢失
    C. CPU 可以直接存取硬盘中的数据
    D. 存储在 ROM 中的数据断电后也不会丢失

二、基本操作题(10 分)

Windows 基本操作题,不限制操作的方式
注意:下面出现的所有文件都必须保存在考生文件夹下。
＊＊＊＊＊＊ 本题型共有 5 小题 ＊＊＊＊＊＊
1. 在考生文件夹中新建 ZHONG 和 XN 两个文件夹。
2. 在 ZHONG 文件夹中新建一个名为 XN.DOC 的文件。
3. 将考生文件夹下 TA 文件夹中的 WANDOC 文件复制到考生文件夹下 XN 文件夹中。
4. 为考生文件夹下 XUE 文件夹中的 LAB.EXE 文件建立名为 LAB 的快捷方式,存放在考生文件夹中。
5. 搜索考生文件夹下的 HEL.PPT 文件,然后将其移动到考生文件夹下的 PPT 文件夹中。

三、汉字录入题(10 分)

请在"答题"菜单下选择"汉字录入"命令,启动汉字录入测试程序,按照题目上的内容输入汉字:
自 1901 年法国诗人普吕多姆获得首届诺贝尔文学奖以来,这个举世闻名的世界顶级奖项已经走过了百年的路程。可以断言,绝大多数获奖者深刻地影响了一个世纪的文学进程。当地时间 2001 年 10 月 11 日 13:00,评委宣布,本届文学奖得主为英国移民作家维苏奈保尔。这真是一个激动人心的时刻!

四、字处理题(25 分)

请在"答题"菜单下选择"字处理"命令,然后按照题目要求再打开相应的命令,完成下面的内容,具体要求如下:
注意:下面出现的所有文件都必须保存在考生文件夹下。
1. 将标题段("人民币将步入 6 时代")文字设置为二号、黑体、加删除线、加粗、倾斜,为文字设置绿色底纹。
2. 设置正文各段落("进入 2008 年以来,……升幅要达到 15％。")为 1.25 倍行距,段后间距 0.5 行。设置正文第一段("进入 2008 年以来,……步入 6 元时代。")悬挂缩进 2 字符;为正文其余各段落("分析人士指出,……升幅要达到 15％,")添加项目符号"."。
3. 设置页面"纸型"为"16 开(18.4 厘米×26 厘米)"。
4. 将文中后 6 行文字转换为一个 6 行 4 列的表格,设置表格居中、表格列宽为 2.8 厘米、行高为 0.6 厘米,设置表格第一行和第一列单元格对齐方式为水平居中(垂直、水平均居

中),其余单元格对齐方式为"中部右对齐"。

5. 设置表格外框线为 1.5 磅蓝色双实线,内框线为 0.5 磅红色单实线;为表格第一行添加"黄色"底纹;按"货币名称"列(依据"拼音"类型)升序排列表格内容。

五、电子表格题(15 分)

请在"答题"菜单下选择"电子表格"命令,然后按照题目要求再打开相应的命令,完成下面的内容,具体要求如下:

注意:下面出现的所有文件都必须保存在考生文件夹下。

1. 在考生文件夹下打开 Excel.xlsx 文件:

(1) 将 Sheet1 工作表的 A1:F1 单元格合并为一个单元格,内容水平居中;计算总积分列的内容,按总积分的递减次序计算"积分排名"列的内容(利用 RANK 函数);利用条件格式将 E3:E10 区域内数值大于或等于 200 的单元格字体颜色设置为红色。

(2) 选取 A2:D10 数据区域,建立"簇状柱形图"(数据系列产生在"列"),在图表上方插入图表标题为"成绩统计图",设置图表绘图区填充黄色,图例位置靠上;将图插入到表的 A12:H25 单元格区域内,将工作表命名为"成绩统计表",保存 Excel.xlsx 文件。

2. 打开工作簿文件 exc.xlsx,对工作表"人力资源情况表"内数据清单的内容进行自动筛选,条件为部门(为开发部或工程部)、学历为硕士或博士,工作表名不变,保存 exc.xlsx 文件。

六、演示文稿题(10 分)

请在"答题"菜单下选择"演示文稿"命令,然后按照题目要求再打开相应的命令,完成下面的内容,具体要求如下:

注意:下面出现的所有文件都必须保存在考生文件夹下。

打开考生文件夹下的演示文稿 yswg.pptx,按照下列要求完成对此文稿的修饰并保存。

1. 在第一张幻灯片前面插入一张幻灯片,其版式为"仅标题",并输入标题"十大科技人物";插入样式为"填充—无,轮廓—强调文字颜色 2"的艺术字"年度最活跃的十大科技人物"(位置为水平:1 厘米,度量依据:左上角,垂直:4.8 厘米,度量依据:左上角)。将第二张幻灯片的版式改为 "两栏内容",左侧栏文本的字体设置为"仿宋",字号设置成 33 磅,加粗。在右栏区域插入剪贴画"教授",剪贴画动画设置为"进入_浮入"、"下浮"。将第四张幻灯片的版式改为"两栏内容",将第三张幻灯片的图片移到第四张幻灯片右侧区域,剪贴画动画设置为"进入_飞入"、"自左侧"。

2. 删除第三张幻灯片,使用"波形"主题模板修饰全文,全部幻灯片切换效果为"切出"。

七、上网题(10 分)

请在"答题"菜单上选择相应的命令,完成下面的内容:

注意:下面出现的所有文件都必须保存在考生文件夹下。

1. 临近新年元旦佳节,给朋友们发一封邮件,送上自己的祝福。新建一封邮件,收件人为:jefff_wang@sina.com。抄送至:simon_redd@yahoo.com,zhangxinghua0610@163.

com 和 simplered@gmail.com 主题为：新年快乐。内容为：快到圣诞了，亲爱的朋友，你最近还好吗？祝你新年快乐，身体健康，工作顺利！常联系！

2. 打开 http://www/web/chn.htm 页面，浏览网页，找到"中国瓷器"的栏目链接，点击进入子页面详细浏览，将有关瓷器的介绍信息复制到新建的文本文件 t61.txt 中，保存在考生文件夹下。

试 题 二

一、选择题（20 分）

1. 二进制数 110001 转换成十进制数是（ ）。
   A. 47　　　　　B. 48　　　　　C. 49　　　　　D. 51

2. 一个字长为 6 位的无符号二进制数能表示的十进制数值范围是（ ）。
   A. 0—64　　　B. 1—64　　　C. 1—63　　　D. 0—63

3. 计算机网络分局域网、城域网和广域网，属于局域网的是（ ）。
   A. ChinaDDN 网　　　　　　　　B. Novell 网
   C. Chinanet 网　　　　　　　　　D. Internet

4. 操作系统对磁盘进行读/写操作的单位是（ ）。
   A. 磁道　　　　B. 字节　　　　C. 扇区　　　　D. KB

5. 组成微型机主机的部件是（ ）。
   A. CPU、内存和硬盘　　　　　　B. CPU、内存、显示器和键盘
   C. CPU 和内存储器　　　　　　　D. CPU、内存、硬盘、显示器和键盘套

6. 下列关于计算机病毒的叙述中，正确的是（ ）。
   A. 反病毒软件可以查、杀任何种类的病毒
   B. 计算机病毒是一种被破坏了的程序
   C. 反病毒软件必须随着新病毒的出现而升级，提高查、杀病毒的功能
   D. 感染过计算机病毒的计算机具有对该病毒的免疫性

7. 构成 CPU 的主要部件是（ ）。
   A. 内存和控制器　　　　　　　　B. 内存、控制器和运算器
   C. 高速缓存和运算器　　　　　　D. 控制器和运算器

8. 用来存储当前正在运行的应用程序的存储器是（ ）。
   A. 内存　　　　B. 硬盘　　　　C. U 盘　　　　D. CD-ROM

9. 在下列字符中，其 ASCII 码值最大的一个是（ ）。
   A. 9　　　　　　B. Z　　　　　　C. d　　　　　　D. X

10. 下列设备中，可以作为微机的输入设备的是（ ）。
    A. 打印机　　　B. 显示器　　　C. 鼠标器　　　D. 绘图仪

11. 下列各类计算机程序语言中，不属于高级程序设计语言的是（ ）。
    A. Visual Basic　　　　　　　　B. Fortran 语言
    C. Pascal 语言　　　　　　　　　D. 汇编语言

12. 一个汉字的国标码需用 2 字节存储,其每个字节的最高二进制位的值分别为(　　)。
   A. 0,0　　　　　B. 1,0　　　　　C. 0,1　　　　　D. 1,1
13. 把内存中数据传送到计算机的硬盘上去的操作称为(　　)。
   A. 显示　　　　　B. 写盘　　　　　C. 输入　　　　　D. 读盘
14. 下列设备组中,完全属于计算机输出设备的一组是(　　)。
   A. 喷墨打印机,显示器,键盘　　　　B. 激光打印机,键盘,鼠标器
   C. 键盘,鼠标器,扫描仪　　　　　　D. 打印机,绘图仪,显示器
15. 用高级程序设计语言编写的程序,具有(　　)。
   A. 计算机能直接执行　　　　　　　B. 良好的可读性和可移植性
   C. 执行效率高但可读性差　　　　　D. 依赖于具体机器,可移植性差
16. 假设某台式计算机内存储器的容量为 1KB,其最后一个字节的地址是(　　)。
   A. 1023H　　　　B. 1024H　　　　C. 0400H　　　　D. 03FFH
17. 已知英文字母 m 的 ASCII 码值为 6DH,那么字母 q 的 ASCII 码值是(　　)。
   A. 70H　　　　　B. 71H　　　　　C. 72H　　　　　D. 6FH
18. 下列各项中,非法的 Internet 的 IP 地址是(　　)。
   A. 202.96.12.14　　　　　　　　　B. 202.196.72.140
   C. 112.256.23.8　　　　　　　　　D. 201.124.38.79
19. 若已知一汉字的国标码是 5E38H,则其内码是(　　)。
   A. DEB8H　　　　B. DE38H　　　　C. 5EB8H　　　　D. 7E58H
20. 世界上公认的第一台电子计算机诞生的年代是(　　)。
   A. 1943　　　　　B. 1946　　　　　C. 1950　　　　　D. 1951

二、基本操作题(10 分)

Windows 基本操作题,不限制操作的方式
注意:下面出现的所有文件都必须保存在考生文件夹下。
＊＊＊＊＊＊本题型共有 5 小题＊＊＊＊＊＊

1. 在考生文件夹下 WU 文件夹中创建名为 BAK 的文件夹。
2. 删除考生文件夹下 JQB 文件夹中的 HUDBF 文件。
3. 将考生文件夹下 WHA 文件夹中的 LUDOC 文件设置成隐藏和只读属性,并取消存档属性。
4. 将考生文件夹下 BUG\YA 文件夹复制到考生文件夹下 WU 文件夹中。
5. 搜索考生文件夹下第三个字母是 B 的所有文本文件,将其移动到考生文件夹下的 DAMTXT 文件夹中。

三、汉字录入题(10 分)

请在"答题"菜单下选择"汉字录入"命令,启动汉字录入测试程序,按照题目上的内容输入汉字:
肚子中贮存的都是过多的能量,也被称为"脂肪",脂肪就是将身体中吸取的过多的能

量或营养物质贮存起来,进而形成小油肚。而最科学的方法就是消耗这些贮存在脂肪里过多的能量。游泳就是一个很好的方法,游泳时其实会靠憋气、换气,会很消耗体力。或者是每天早上坚持跑步。

四、字处理题(25分)

请在"答题"菜单下选择"字处理"命令,然后按照题目要求再打开相应的命令,完成下面的内容,具体要求如下:

注意:下面出现的所有文件都必须保存在考生文件夹下。

1. 将标题段("年度最佳 MPV —瑞风")文字设置为二号红色楷体、加粗并添加着重号。

2. 将正文各段("江淮'瑞风'……角度都比较大。")中的中文文字设置为小四号宋体、西文文字设置为小四号 Arial 字体;行距18磅,各段落段前间距0.2行。将最后一段("座椅的包裹布面……角度都比较大。")分为等宽两栏,栏间距1.5字符,栏间添加分隔线。

3. 设置页面上、下边距各为2.4厘米,页面垂直对齐方式为"居中"。

4. 将文中后6行文字转换成一个6行2列的表格,表格套用样式"浅色底纹—强调文字颜色2";设置表格居中,单元格对齐方式为水平居中(垂直、水平均居中);设置表格列宽为5厘米、行高为0.6厘米,设置表格所有单元格的左、右边距均为0.3厘米(使用"表格属性"对话框中的"单元格"选项进行设置)。

5. 在表格最后一行之后添加一行,并在第1列输入"发动机最大功率",在第2列输入"100kw/5500rpm"。

五、电子表格题(15分)

请在"答题"菜单下选择"电子表格"命令,然后按照题目要求再打开相应的命令,完成下面的内容,具体要求如下:

注意:下面出现的所有文件都必须保存在考生文件夹下。

1. 在考生文件夹下打开 Excel.xlsx 文件:

(1) 将 Sheet1 工作表的 A1:D1 单元格合并为一个单元格,内容水平居中;计算销售额的总计和"所占比例"列的内容(百分比型,保留小数点后两位),按销售额的递减次序计算"销售额排名"列的内容(利用 RANK 函数);将 A2:D13 区域格式设置为自动套用格式"表样式浅色1"。

(2) 选取"分公司代号"和"所占比例"列数据区域("总计"行不计),建立"分离型三维饼图"(数据系列产生在"列"),在图表上方插入图表标题为"销售统计图",图例位置靠左,数据系列格式数据标志为显示百分比;将图插入到表的 A15:D26 单元格区域内,将工作表命名为"销售统计表",保存 Excel.xlsx 文件。

2. 打开工作簿文件 exc.xlsx,对工作表"人力资源情况表"内数据清单的内容按主要关键字"年龄"的递减次序和次要关键字"部门"的递增次序进行排序,对排序后的数据进行自动筛选,条件为性别为女、学历为硕士,工作表名不变,保存 exc.xlsx 文件。

六、演示文稿题(10分)

请在"答题"菜单下选择"演示文稿"命令,然后按照题目要求再打开相应的命令,完成下面的内容,具体要求如下:

注意:下面出现的所有文件都必须保存在考生文件夹下。

打开考生文件夹下的演示文稿 yswg.pptx,按照下列要求完成对此文稿的修饰并保存。

1. 第一张幻灯片的版式改为"两栏内容",将第二张幻灯片的图片移到第一张幻灯片的右侧图片区域,图片部分动画设置为"进入_浮入"、"下浮"。在第一张幻灯片前插入一张新幻灯片,幻灯片版式为"仅标题",标题区域输入"十大科技问题",其字体设置为黑体、加粗、字号为 54 磅、颜色为红色(请用自定义标签的红色 247、绿色 0、蓝色 0),此张背景填充设置为"小纸屑"图案。将第三张幻灯片的版式改为"内容与标题",文本字号设置为 20 磅,在右侧区域插入剪贴画"英镑",图片动画设置为"进入_飞入"、"自右侧"。

2. 移动第三张幻灯片使之成为第二张幻灯片。全部幻灯片切换效果为"溶解",放映方式设置为"观众自行浏览(窗口)"。

七、上网题(10分)

请在"答题"菜单上选择相应的命令,完成下面的内容:

注意:下面出现的所有文件都必须保存在考生文件夹下。

1. 给老李发邮件,以附件的方式发送报名参加"攀登云蒙山"活动。老李的 Email 地址是:luzili_ttkk@sohu.com。主题为:报名统计表。正文内容为:老李,您好! 附件里是本次报名的统计表,请将参加活动的人员名单和手机号码填写完整,谢谢。将考生文件夹下的"trip.xls"添加到邮件附件中,发送。

2. 打开 http://www/web/auto.htm 页面,找到名为"汽车 02"的汽车照片,将该照片保存至考生文件夹下,重命名为"汽车 02.jpg"。

试 题 三

一、选择题(20分)

1. 计算机操作系统通常具有的五大功能是( )。
 A. CPU 管理、显示器管理、键盘管理、打印机管理和鼠标器管理
 B. 硬盘管理、软盘驱动器管理、CPU 的管理、显示器管理和键盘管理
 C. 处理器(CPU)管理、存储管理、文件管理、设备管理和作业管理
 D. 启动、打印、显示、文件存取和关机

2. 计算机的硬件系统主要包括:中央处理器(CPU)、存储器、输出设备和( )。
 A. 键盘   B. 鼠标   C. 输入设备   D. 扫描仪

3. 下列叙述中,正确的是( )。
 A. 计算机能直接识别并执行用高级程序语言编写的程序

B. 用机器语言编写的程序可读性最差

C. 机器语言就是汇编语言

D. 高级语言的编译系统是应用程序

4. 计算机网络最突出的优点是( )。

A. 精度高　　　　　　　　　　　　B. 共享资源

C. 运算速度快　　　　　　　　　　D. 容量大

5. 在下列字符中,其 ASCII 码值最大的一个是( )。

A. Z　　　　B. 9　　　　C. 空格字符　　　　D. a

6. 把存储在硬盘上的程序传送到指定的内存区域中,这种操作称为( )。

A. 输出　　　　B. 写盘　　　　C. 输入　　　　D. 读盘

7. 下列两个二进制数进行算术加运算,100001+111=( )。

A. 101110　　　　　　　　　　　　B. 101000

C. 101010　　　　　　　　　　　　D. 100101

8. 王码五笔字型输入法属于( )。

A. 音码输入法　　　　　　　　　　B. 形码输入法

C. 音形结合的输入法　　　　　　　D. 联想输入法

9. 计算机病毒除通过读写或复制移动存储器上带病毒的文件传染外,另一条主要的传染途径是( )。

A. 网络　　　　　　　　　　　　　B. 电源电缆

C. 键盘　　　　　　　　　　　　　D. 输入有逻辑错误的程序

10. 度量处理器 CPU 时钟频率的单位是( )。

A. MIPS　　　　B. MB　　　　C. MHz　　　　D. Mbps

11. 十进制数 89 转换成二进制数是( )。

A. 1010101　　　　　　　　　　　B. 1011001

C. 1011011　　　　　　　　　　　D. 1010011

12. 汉字区位码分别用十进制的区号和位号表示。其区号和位号的范围分别是( )。

A. 0～94,0～94　　　　　　　　　B. 1～95,1～95

C. 1～94,1～94　　　　　　　　　D. 0～95,0～95

13. 计算机的系统总线是计算机各部件间传递信息的公共通道,它分( )。

A. 数据总线和控制总线　　　　　　B. 地址总线和数据总线

C. 数据总线、控制总线和地址总线　D. 地址总线和控制总线

14. 组成 CPU 的主要部件是控制器和( )。

A. 存储器　　　　B. 运算器　　　　C. 寄存器　　　　D. 编辑器

15. 冯·诺依曼(Von Neumann)在他的 EDVAC 计算机方案中,提出了两个重要的概念,它们是( )。

A. 采用二进制和存储程序控制的概念

B. 引入 CPU 和内存储器的概念

C. 机器语言和十六进制

D. ASCII 编码和指令系统

16. 一个汉字的 16×16 点阵字形码长度的字节数是( )。
   A. 16　　　　　　B. 24　　　　　　C. 32　　　　　　D. 40
17. 一个汉字的内码长度为 2 字节,其每个字节的最高二进制位的值分别为( )。
   A. 0,0　　　　　　B. 1,1　　　　　　C. 1,0　　　　　　D. 0,1
18. 组成一个计算机系统的两大部分是( )。
   A. 系统软件和应用软件　　　　　　B. 主机和外部设备
   C. 硬件系统和软件系统　　　　　　D. 主机和输入/出设备
19. 当代微型机中所采用的电子元器件是( )。
   A. 电子管　　　　　　　　　　　　B. 晶体管
   C. 小规模集成电路　　　　　　　　D. 大规模和超大规模集成电路
20. 二进制数 1100100 等于十进制数( )。
   A. 96　　　　　　B. 100　　　　　　C. 104　　　　　　D. 112

二、基本操作题(10 分)

Windows 基本操作题,不限制操作的方式
注意:下面出现的所有文件都必须保存在考生文件夹下。
　　　　　　＊＊＊＊＊＊ 本题型共有 5 小题 ＊＊＊＊＊＊

1. 将考生文件夹下 BNPA 文件夹中的 RONGHE. COM 文件复制到考生文件夹下的 EDZK 文件夹中,文件名改为 SHAN. BAK。

2. 在考生文件夹下 WUE 文件夹中创建名为 PB6. TXT 的文件,并设置属性为隐藏并撤消存档属性。

3. 为考生文件夹下 AHEWL 文件夹中的 MNEWS. EXE 文件建立名为 RNEW 的快捷方式,并存放在考生文件夹下。

4. 将考生文件夹下 HGACYL 文件夹中的 RLQM. MEM 文件移动到考生文件夹下的 XEPO 文件夹中,并改名为 MGCRO. FF。

5. 查找考生文件夹下的 RAUTOE. BAT 文件,然后将其删除。

三、汉字录入题(10 分)

请在"答题"菜单下选择"汉字录入"命令,启动汉字录入测试程序,按照题目上的内容输入汉字:

卫星有效载荷因不同的航天任务而异,在现阶段主要是进行科学探测的仪器和科学实验的设备。据了解,微波探测仪分系统将主要对月壤的厚度进行估计和评测,这是国际上首次采用被动微波遥感手段对月表进行探测。空间环境探测分系统由太阳高能粒子探测器等 3 台设备组成。

四、字处理题(25 分)

请在"答题"菜单下选择"字处理"命令,然后按照题目要求再打开相应的命令,完成下面的内容,具体要求如下:
注意:下面出现的所有文件都必须保存在考生文件夹下。

在考生文件夹下,打开文档 Wordl.docx,按照要求完成下列操作并以该文件名(Word.docx)保存文档。

1. 将文中所有错词"纪算机"替换为"计算机"。
2. 将标题段文字("什么是'软考'?")设置为小二号蓝色仿宋、加粗、居中、加双下划线,字符间距加宽 3 磅。
3. 设置正文各段("全国计算机软件水平考试……方法实行。")首行缩进 2 字符,左、右各缩进 1.2 字符、段前间距 0.7 行。
4. 将文中最后 7 行文字转换成一个 7 行 6 列的表格;设置表格第 1 列和第 6 列列宽为 3 厘米、其余各列列宽为 1.7 厘米、表格居中。
5. 设置单元格对齐方式为水平居中(垂直、水平均居中);表格外框线设置为 0.75 磅蓝色双实线、内框线设置为 0.5 磅红色单实线。

五、电子表格题(15 分)

请在"答题"菜单下选择"电子表格"命令,然后按照题目要求再打开相应的命令,完成下面的内容,具体要求如下:

注意:下面出现的所有文件都必须保存在考生文件夹下。

(1) 在考生文件夹下打开 Excel.xlsx 文件,将 Sheet1 工作表的 A1:E1 单元格合并为一个单元格,水平对齐方式设置为居中;计算总计行的内容和平均值列("总计"行不计,数值格式保留两位小数),将工作表命名为"空调销售情况表"。

(2) 选取"空调销售情况表"的 A2:E5 单元格区域内容,建立"带数据标记的折线图",数据系列产生在"行",在图表上方插入图表标题为"空调销售情况图",X 轴添加主要网格线,Y 轴添加次要网格线,图例位置靠上,将图插入到工作表的 A8:E20 单元格区域内。

六、演示文稿题(10 分)

请在"答题"菜单下选择"演示文稿"命令,然后按照题目要求再打开相应的命令,完成下面的内容,具体要求如下:

注意:下面出现的所有文件都必须保存在考生文件夹下。

打开考生文件夹下的演示文稿 yswg.pptx,按照下列要求完成对此文稿的修饰并保存。

1. 使用"暗香扑面"主题模板修饰全文,全部幻灯片切换效果为"推进、自顶部"。
2. 第一张幻灯片的主标题文字的字体设置为"黑体",字号设置为 53 磅,加粗。主标题文字动画设置为"进入_飞入"、"自右侧"。第二张幻灯片的版式改为"垂直排列标题与文本"。

七、上网题(10 分)

请在"答题"菜单上选择相应的命令,完成下面的内容:

注意:下面出现的所有文件都必须保存在考生文件夹下。

1. 向经理王某发送一个 E-mail 报告出差情况,并抄送业务小陈。

具体内容如下:

【收件人】wangtan@yahoo.com.cn
【抄送】chenxiao@sohu.com
【主题】出差情况
【函件内容】已经完成对华北地区的业务回访,其他请指示。

2. 打开 HTTP://NCRE/1JKS/INDEX.HTML 页面,浏览"新话题"页面,查找"认识新浪"页面内容,并将它以文本文件的格式保存到考生文件夹下,命名为"sina.txt"。

试 题 四

一、选择题(20 分)

1. 下列关于磁道的说法中,正确的是(　　)。
   A. 盘面上的磁道是一组同心圆
   B. 由于每一磁道的周长不同,所以每一磁道的存储容量也不同
   C. 盘面上的磁道是一条阿基米德螺线
   D. 磁道的编号是最内圈为 0,并次序由内向外逐渐增大,最外圈的编号最大

2. CPU 主要技术性能指标有(　　)。
   A. 字长、运算速度和时钟主频　　　B. 可靠性和精度
   C. 耗电量和效率　　　　　　　　D. 冷却效率

3. 下列叙述中,正确的是(　　)。
   A. C++ 是高级程序设计语言的一种
   B. 用 C++ 程序设计语言编写的程序可以直接在机器上运行
   C. 当代最先进的计算机可以直接识别、执行任何语言编写的程序
   D. 机器语言和汇编语言是同一种语言的不同名称

4. UPS 的中文译名是(　　)。
   A. 稳压电源　　　　　　　　　　B. 不间断电源
   C. 高能电源　　　　　　　　　　D. 调压电源

5. 当电源关闭后,下列关于存储器的说法中,正确的是(　　)。
   A. 存储在 RAM 中的数据不会丢失
   B. 存储在 ROM 中的数据不会丢失
   C. 存储在 U 盘中的数据会全部丢失
   D. 存储在硬盘中的数据会丢失

6. 计算机的硬件主要包括:中央处理器(CPU)、存储器、输出设备和(　　)。
   A. 键盘　　　　　　　　　　　　B. 鼠标
   C. 输入设备　　　　　　　　　　D. 显示器

7. 下列叙述中,正确的是(　　)。
   A. 内存中存放的是当前正在执行的应用程序和所需的数据
   B. 内存中存放的是当前暂时不用的程序和数据
   C. 外存中存放的是当前正在执行的程序和所需的数据

D. 内存中只能存放指令

8. 影响一台计算机性能的关键部件是（　　）。
   A. CD-ROM　　　B. 硬盘　　　C. CPU　　　D. 显示器

9. 在下列字符中，其 ASCII 码值最小的一个是（　　）。
   A. 空格字符　　　B. 0　　　C. A　　　D. a

10. 在计算机中，信息的最小单位是（　　）。
    A. bit　　　B. Byte　　　C. Word　　　D. Double Word

11. 目前，打印质量最好的打印机是（　　）。
    A. 针式打印机　　　　　　B. 点阵打印机
    C. 喷墨打印机　　　　　　D. 激光打印机

12. 十进制数 60 转换成二进制数是（　　）。
    A. 0111010　　　B. 0111110　　　C. 0111100　　　D. 0111101

13. 下列叙述中，错误的是（　　）。
    A. 计算机硬件主要包括：主机、键盘、显示器、鼠标器和打印机五大部件
    B. 计算机软件分系统软件和应用软件两大类
    C. CPU 主要由运算器和控制器组成
    D. 内存储器中存储当前正在执行的程序和处理的数据

14. 下列用户 XUEJY 的电子邮件地址中，正确的是（　　）。
    A. XUEJY@bj163.com　　　　B. XUEJYbj163.com
    C. XUEJY#bj163.com　　　　D. XUEJY$bj163.com

15. 下列编码中，属于正确的汉字内码的是（　　）。
    A. 5EF6H　　　B. FB67H　　　C. A3B3H　　　D. C97DH

16. 一个汉字的机内码与国标码之间的差别是（　　）。
    A. 前者各字节的最高位二进制值各为 1，而后者为 0
    B. 前者各字节的最高位二进制值各为 0，而后者为 1
    C. 前者各字节的最高位二进制值各为 1、0，而后者为 0、1
    D. 前者各字节的最高位二进制值各为 0、1，而后者为 1、0

17. 下列叙述中，正确的是（　　）。
    A. 光盘驱动器属于主机，而光盘属于外设
    B. 摄像头属于设备，而投影仪属于输出设备
    C. U 盘既可以用作外存，也可以用作内存
    D. 硬盘是辅助存储器，不属于外设

18. 5 位二进制无符号数最大能表示的十进制整数是（　　）。
    A. 64　　　B. 63　　　C. 32　　　D. 31

19. 下列各指标中，数据通信系统的主要技术指标之一的是（　　）。
    A. 误码率　　　B. 重码率　　　C. 分辨率　　　D. 频率

20. 已知英文字母 m 的 ASCII 码值为 6DH，那么 ASCII 码值为 70H 的英文字母是（　　）。
    A. P　　　B. Q　　　C. p　　　D. j

二、基本操作题(10 分)

Windows 基本操作题,不限制操作的方式
注意:下面出现的所有文件都必须保存在考生文件夹下。

　　＊＊＊＊＊＊ 本题型共有 5 小题 ＊＊＊＊＊＊

1. 将考生文件夹下 GONG\KUEP 文件夹中的文件 WETT.BAS 设置为存档和隐藏属性。

2. 将考生文件夹下 QWER 文件夹中的文件夹 EUIS.SND 移动到考生文件夹下 JANG 文件夹中,并将该文件改名为 SUND.KIP。

3. 将考生文件夹下 PDF 文件夹中的文件 YOUNS.TEST 删除。

4. 在考生文件夹下 HONG 文件夹中建立一个新文件夹 KONG。

5. 将考生文件夹下 DSDILL 文件夹中的文件 SCAN.IFX 复制到考生文件夹下 SHINA 中。

三、汉字录入题(10 分)

请在"答题"菜单下选择"汉字录入"命令,启动汉字录入测试程序,按照题目上的内容输入汉字:

如电子商务、电子银行等都能使用 BioID 来保障交易与敏感用户数据的安全性,在门卫系统中,根据 BioID 授权使用者的模板数据库,BioID 可用来核准人员的进出,保障安全,而且由于 BioID 能记录员工进出时间,因此它也可以集成到员工考勤系统内。BioID 还可以用于个人电脑安全的防护和各种身份认证。

四、字处理题(25 分)

请在"答题"菜单下选择"字处理"命令,然后按照题目要求再打开相应的命令,完成下面的内容,具体要求如下:

注意:下面出现的所有文件都必须保存在考生文件夹下。

1. 在考生文件夹下,打开文档 Wordl.docx,按照要求完成下列操作并以该文件名(Wordl.docx)保存文档。

(1) 将标题段文字("五岳归来不看山,黄山归来不看岳")设置为小二号红色宋体、加粗、居中、并添加黄色文字底纹。

(2) 将正文各段文字("黄山雄踞……全人类的瑰宝。")设置为五号楷体;各段落左右各缩进 1.5 字符、首行缩进 2 字符;正文中所有"黄山"一词添加着重号(标题段除外)。

(3) 将正文第二段("黄山集泰山之雄伟……全人类的瑰宝。")分为等宽的两栏;栏间加分隔线;在页面底端居中位置插入页码,样式为"普通数字 2"。

2. 在考生文件夹下,打开文档 Word2.docx,按照要求完成下列操作并以该文件名(Word2.docx)保存文档。

(1) 表格中第 1、2 行文字水平居中,其余各行文字中,第 1 列文字左对齐、其余各列文字右对齐;设置表格列宽为 2.9 厘米;表中文字设置为五号仿宋。

(2) 在"合计(万人)"列的相应单元格中,计算并填入一季度该地旅游人数的合计数量;分别合并第 1、2 行第 1 列单元格、第 1 行第 2、3、4 列单元格和第 1、2 行的第 5 列单元格;

设置外框线为 1.5 磅红色单实线、内框线为 0.75 磅蓝色单实线;设置表格第 1、2 行为黄色底纹。

五、电子表格题(15 分)

请在"答题"菜单下选择"电子表格"命令,然后按照题目要求再打开相应的命令,完成下面的内容,具体要求如下:

注意:下面出现的所有文件都必须保存在考生文件夹下。

1. 在考生文件夹下打开 Excel.xlsx 文件

(1) 将 Sheet1 工作表的 A1:E1 单元格合并为一个单元格,内容水平居中;在 E4 单元格内计算所有职工的平均年龄(利用 AVERAGE 函数,数值型,保留小数点后 1 位),在 E5 和 E6 单元格内计算男职工人数和女职工人数(利用 COUNTIF 函数),在 E7 和 E8 单元格内计算男职工的平均年龄和女职工的平均年龄(先利用 SUMIF 函数分别求总年龄,数值型,保留小数点后 1 位);将工作表命名为"员工年龄统计表",保存 Excel.xlsx 文件。

(2) 选取"职工号"和"年龄"两列单元格区域的内容建立"带数据标记的折线图",数据系列产生在"列",在图表上方插入图表标题为"员工年龄统计图",图例位置靠左,为 X 轴添加主要网格线,为 Y 轴添加次要网格线,将图插入到表的 D10:H20 单元格区域内,保存 Excel.xlsx 文件。

2. 打开工作簿文件 exc.xlsx,对工作表"某电器商场销售情况表"内数据清单的内容按主要关键字"产品名称"的升序次序进行排序,对排序后的数据进行分类汇总,分类字段为"产品名称"、汇总方式为"平均值"、汇总项为"总额",汇总结果显示在数据下方,工作表名不变,保存 exc.xlsx 文件。

六、演示文稿题(10 分)

请在"答题"菜单下选择"演示文稿"命令,然后按照题目要求再打开相应的命令,完成下面的内容,具体要求如下:

注意:下面出现的所有文件都必须保存在考生文件夹下。

打开考生文件夹下的演示文稿 yswg.pptx,按照下列要求完成对此文稿的修饰并保存。

1. 将第 2 张幻灯片版式改变为"垂直排列标题与文本",将其背景填充为"横向砖形"图案。

2. 将文稿中的第 1 张幻灯片加上标题"项目目标",设置字体、字号是黑体、48 磅,设置标题部分动画为"进入_飞入"、"自顶部"。全文幻灯片的切换效果都设置成"溶解"。

七、上网题(10 分)

请在"答题"菜单上选择相应的命令,完成下面的内容:

注意:下面出现的所有文件都必须保存在考生文件夹下。

1. 发送邮件至 wangm@163.com,

主题为:通知

邮件内容为:后天下午三点,准时出发,切勿迟到!

2. 打开页面 HTTP://NCRE/I JKS/INDEX.HTML,浏览"洋考试"页面,查找"考研和其他考试"页面内容,并将它以文本文件的格式保存到考生文件夹下,命名为"kaoyan.txt"。

试 题 五

一、选择题(20 分)

1. 用电子管作为电子器件制成的计算机属于( )。
   A. 第一代　　　　B. 第二代　　　　C. 第三代　　　　D. 第四代

2. 根据汉字国标 GB2312－80 的规定,1KB 的存储容量能存储的汉字内码的个数是( )。
   A. 128　　　　　B. 256　　　　　C. 512　　　　　D. 1024

3. 下列编码中,正确的汉字机内码是( )。
   A. 6EF6H　　　　B. FB6FH　　　　C. A3A3H　　　　D. C97CH

4. 无符号二进制整数 1000110 转换成十进制数是( )。
   A. 68　　　　　B. 70　　　　　C. 72　　　　　D. 74

5. 字长为 6 位的无符号二进制整数最大能表示的十进制整数是( )。
   A. 64　　　　　B. 63　　　　　C. 32　　　　　D. 31

6. 已知三个字符为:a、Z 和 8,按它们的 ASCII 码值升序排序,结果是( )。
   A. 8,a,Z　　　　B. a,8,Z　　　　C. a,Z,8　　　　D. 8,Z,a

7. Internet 提供的最简便、快捷的通信服务称为( )。
   A. 文件传输(FTP)　　　　　　　　B. 远程登录(Telnet)
   C. 电子邮件(E-mail)　　　　　　　D. 万维网(WWW)

8. 下列的英文缩写和中文名字的对照中,正确的是( )。
   A. WAN——广域网　　　　　　　　B. ISP——因特网服务程序
   C. USB——不间断电源　　　　　　D. RAM——只读存储器

9. 目前,在市场上销售的微型计算机中,标准配置的输入设备是( )。
   A. 打印机＋CD-ROM 驱动器　　　　B. 鼠标器＋键盘
   C. 显示器＋键盘　　　　　　　　　D. 键盘＋扫描仪

10. 计算机主要技术指标通常是指( )。
    A. 所配备的系统软件的版本
    B. CPU 的时钟频率和运算速度、字长、存储容量
    C. 显示器的分辨率、打印机的配置
    D. 硬盘容量的大小

11. 下列各组软件中,完全属于应用软件的一组是( )。
    A. UNIX,WPS Office 2003,MS－DOS
    B. AutoCAD,Photoshop,PowerPoint2000
    C. Oracle,FORTRAN 编译系统,系统诊断程序
    D. 物流管理程序,Sybase,Windows 2000

12. 下面关于多媒体系统的描述中,不正确( )。
   A. 多媒体系统一般是一种多任务系统
   B. 多媒体系统是对文字、图像、声音、活动图像及其资源进行管理的系统
   C. 多媒体系统只能在微型计算机上运行
   D. 数字压缩是多媒体处理的关键技术
13. 计算机技术中,英文缩写 CPU 的中文译名是( )。
   A. 控制器   B. 运算器
   C. 中央处理器   D. 寄存器
14. 用"综合业务数字网"(又称"一线通")接入因特网的优点是上网通话两不误,它的英文缩写是( )。
   A. ADSL   B. ISDN   C. ISP   D. TCP
15. 下列关于计算机病毒的叙述中,正确的是( )。
   A. 反病毒软件可以查、杀任何种类的病毒
   B. 计算机病毒发作后,将对计算机硬件造成永久性的物理损坏
   C. 反病毒软件必须随着新病毒的出现而升级,提高查、杀病毒的功能
   D. 感染过计算机病毒的计算机具有对该病毒的免疫性
16. 操作系统管理用户数据的单位是( )。
   A. 扇区   B. 文件   C. 磁道   D. 文件夹
17. 十进制数 111 转换成无符号二进制整数是( )。
   A. 01100101   B. 01101001
   C. 01100111   D. 01101111
18. 英文缩写 CAI 的中文意思是( )。
   A. 计算机辅助教学   B. 计算机辅助制造
   C. 计算机辅助设计   D. 计算机辅助管理
19. 计算机技术中,下列度量存储器容量的单位中,最大的单位是( )。
   A. KB   B. MB   C. Byte   D. GB
20. 把用高级语言编写的源程序转换为可执行程序(.exe),要经过的过程叫做( )。
   A. 汇编和解释   B. 编辑和连接
   C. 编译和连接   D. 解释和编译

二、基本操作题(10 分)

Windows 基本操作题,不限制操作的方式
注意:下面出现的所有文件都必须保存在考生文件夹下。
　　　　　＊＊＊＊＊＊ 本题型共有 5 小题 ＊＊＊＊＊＊
1. 在考生文件夹中分别建立 AAA 和 BBB 两个文件夹。
2. 在 AAA 文件夹中新建一个名为 ABC.TXT 的文件。
3. 删除考生文件夹下 B2008 文件夹中的 LAG.TXT 文件。
4. 为考生文件夹下 TOU 文件夹建立名为 TOUB 的快捷方式,存放在考生文件夹下的 AAA 文件夹中。

5. 搜索考生文件夹下的 HU.C 文件,然后将其复制到考生文件夹下的 BBB 文件夹中。

三、汉字录入题(10 分)

请在"答题"菜单下选择"汉字录入"命令,启动汉字录入测试程序,按照题目上的内容输入汉字:

地平线上有一座齐天高的大山在慢慢地移动,顶着这座高山的正是那只神奇的海龟。蚂蚁们齐声喝彩,惊叹不已。独有红蚂蚁撇撇嘴说:"海龟顶大山跟咱们顶米粒有什么两样?他顶着大山在海面上游动,咱们顶着米粒在土堆上爬行;他能够潜入海底,咱们能够钻进洞穴。只是表现方式不一样就是了。"

四、字处理题(25 分)

请在"答题"菜单下选择"字处理"命令,然后按照题目要求再打开相应的命令,完成下面的内容,具体要求如下:

注意:下面出现的所有文件都必须保存在考生文件夹下。

1. 将标题段("应对 2010 新高考")设置为四号蓝色黑体、居中;倒数第 17 行文字("2009 中国一流大学名单")设置为四号、居中,红色方框、黄色文字底纹。
2. 为正文一至四行("专家建议,……新高考的脉络。")设置项目符号"●"。
3. 设置页眉为"高考时报"。
4. 将最后面的 16 行文字转换为一个 16 行 2 列的表格。设置表格居中,单元格对齐方式为水平居中(垂直、水平均居中)。
5. 设置表格外框线为 1.5 磅蓝色双实线,内框线为 1 磅红色单实线。

五、电子表格题(15 分)

请在"答题"菜单下选择"电子表格"命令,然后按照题目要求再打开相应的命令,完成下面的内容,具体要求如下:

注意:下面出现的所有文件都必须保存在考生文件夹下。

1. 在考生文件夹下打开 Excel.xlsx 文件:

(1) 将 Sheet1 工作表的 A1:D1 单元格合并为一个单元格,内容水平居中;计算收入的总计和所占比例列的内容(百分比型,保留小数点后两位);按收入的递减顺序计算"项目排名"列的内容(利用 RANK 函数);将 A2:D8 区域格式设置为自动套用格式"表样式深色 1"。

(2) 选取"销售项目"列和"所占比例"列(不含"总计"行)的内容建立"分离型三维饼图",数据系列产生在"列",在图表上方插入图表标题为"销售收入统计图",图例置底部;将图插入到表的 A10:D20 单元格区域内,将工作表命名为"销售收入统计表",保存 Excel.xlsx 文件。

2. 打开工作簿文件 exc.xlsx,对工作表"人力资源情况表"内数据清单的内容按主要关键字"部门"的递增次序和次要关键字"组别"的递增次序进行排序,完成对各部门工资平均值的分类汇总,汇总结果显示在数据下方,工作表名不变,保存 exc.xlsx 文件。

六、演示文稿题(10分)

请在"答题"菜单下选择"演示文稿"命令,然后按照题目要求再打开相应的命令,完成下面的内容,具体要求如下:

注意:下面出现的所有文件都必须保存在考生文件夹下。

打开考生文件夹下的演示文稿 yswg.pptx,按照下列要求完成对此文稿的修饰并保存。

1. 第二张幻灯片版式改为"两栏内容",右侧栏中插入第三张幻灯片的图片,左侧栏文本位置录入:"2009年罗马游泳世锦赛奖牌榜",其字体为"黑体",字号为33磅,加粗,颜色为红色(请用自定义标签的红色245、绿色0、蓝色0)。标题动画设置为"进入_飞入"、"自顶部",图片动画设置为"进入_飞入"、"自右侧"。文本动画设置为"进入_飞入"、"自左侧"。动画顺序为先标题,后文本,最后图片。在第一张幻灯片的下方插入如下所示的表格。在第一张幻灯片前插入新幻灯片,版式为"空白",并插入样式为"填充-灰色-50%,文本2,轮廓-背景2"的艺术字"中国体育的腾飞"(位置为水平:5.6厘米,度量依据:左上角,垂直:3.8厘米,度量依据:左上角)。

国家	金牌	银牌	铜牌
中国队	11	7	11

2. 删除第四张幻灯片,使用"暗香扑面"主题模板修饰全文。

七、上网题(10分)

请在"答题"菜单上选择相应的命令,完成下面的内容:

注意:下面出现的所有文件都必须保存在考生文件夹下。

1. 接收来自班主任的邮件,主题为"通知",转发给同学小童,她的 Email 地址是 tonglili@163.com。

2. 打开 http://www/web/exam.htm 页面,打开"考研频道"栏目进入子页面,在考生文件夹下新建文本文件"exam.txt",并将网页中的有关考研栏目的介绍内容复制到文件"exam.txt"中,并保存。

试 题 六

一、选择题(20分)

1. 计算机技术中,下列不是度量存储器容量的单位是( )。
   A. KB   B. MB   C. GHz   D. GB

2. 已知 a=00111000B 和 b=2FH,则两者比较的正确不等式是( )。
   A. a>b   B. a=b   C. a<b   D. 不能比较

3. 组成一个完整的计算机系统应该包括( )。
   A. 主机、鼠标、键盘和显示器

B. 系统软件和应用软件

C. 主机、显示器、键盘和音箱等外部设备

D. 硬件系统和软件系统

4. 假设邮件服务器的地址是 email.bj163.com,则用户的正确的电子邮箱地址的格式是( )。

　　A. 用户名♯email.bj163.com　　　　B. 用户名@email.bj163.com

　　C. 用户名 email.bj163.com　　　　D. 用户名 $ email.bj163.com

5. 办公室自动化(OA)是计算机的一大应用领域,按计算机应用的分类,它属于( )。

　　A. 科学计算　　　B. 辅助设计　　　C. 实时控制　　　D. 数据处理

6. 按照数的进位制概念,下列各数中正确的八进制数是( )。

　　A. 8707　　　　B. 1101　　　　C. 4109　　　　D. 10BF

7. 计算机网络的主要目标是实现( )。

　　A. 数据处理　　　　　　　　　　B. 文献检索

　　C. 快速通信和资源共享　　　　　D. 共享文件

8. 从程序设计观点看,既可作为输入设备又可作为输出设备的是( )。

　　A. 扫描仪　　　B. 绘图仪　　　C. 鼠标器　　　D. 磁盘驱动器

9. 以下对 USB 移动硬盘的优点叙述不正确的是( )。

　　A. 体积小、重量轻、容量大

　　B. 存取速度快

　　C. 可以通过 USB 接口即插即用

　　D. 在 Windows 操作系统下,需要驱动程序,不可以直接热插拔

10. 操作系统的主要功能是( )。

　　A. 对用户的数据文件进行管理,为用户提供管理文件方便

　　B. 对计算机的所有资源进行统一控制和管理,为用户使用计算机提供方便

　　C. 对源程序进行编译和运行

　　D. 对汇编语言程序进行翻译

11. 十进制数 101 转换成二进制数是( )。

　　A. 01101011　　　　　　　　　B. 01100011

　　C. 01100101　　　　　　　　　D. 01101010

12. Internet 实现了分布在世界各地的各类网络的互联,其最基础和核心的协议是( )。

　　A. HTTP　　　B. TCP/IP　　　C. HTML　　　D. FTP

13. 下列说法中,正确的是( )。

　　A. 只要将高级程序语言编写的源程序文件(如 try.c)的扩展名更改为.exe,则它就成为可执行文件了

　　B. 高档计算机可以直接执行用高级程序语言编写的程序

　　C. 源程序只有经过编译和连接后才能成为可执行程序

　　D. 用高级程序语言编写的程序可移植性和可读性都很差

14. Modem 是计算机通过电话线接入 Internet 时所必需的硬件,它的功能是( )。

A. 只将数字信号转换为模拟信号
B. 只将模拟信号转换为数字信号
C. 为了在上网的同时能打电话
D. 将模拟信号和数字信号互相转换

15. 下面关于多媒体系统的描述中,不正确的是(　　)。
A. 多媒体系统一般是一种多任务系统
B. 多媒体系统是对文字、图像、声音、活动图像及其资源进行管理的系统
C. 多媒体系统只能在微型计算机上运行
D. 数字压缩是多媒体处理的关键技术

16. 在下列字符中,其 ASCII 码值最小的一个是(　　)。
A. 9　　　　　　B. p　　　　　　C. Z　　　　　　D. a

17. 根据汉字国标 GB2312－80 的规定,一个汉字的内码码长为(　　)。
A. 8bits　　　　B. 12bits　　　　C. 16bits　　　　D. 24bits

18. 为了提高软件开发效率,开发软件时应尽量采用(　　)。
A. 汇编语言　　B. 机器语言　　　C. 指令系统　　　D. 高级语言

19. 下列叙述中,错误的是(　　)。
A. 内存储器一般由 ROM 和 RAM 组成
B. RAM 中存储的数据一旦断电就全部丢失
C. CPU 可以直接存取硬盘中的数据
D. 存储在 ROM 中的数据断电后也不会丢失

20. 一个字长为 6 位的无符号二进制数能表示的十进制数值范围是(　　)。
A. 0～64　　　　B. 0～63　　　　C. 1～64　　　　D. 1～63

二、基本操作题(10 分)

Windows 基本操作题,不限制操作的方式
注意:下面出现的所有文件都必须保存在考生文件夹下。
＊＊＊＊＊＊ 本题型共有 5 小题 ＊＊＊＊＊＊

1. 将考生文件夹下 HOME 文件夹中的 ROOM.TXT 文件移动到考生文件夹下 BED-ROOM 文件夹中。
2. 在考生文件夹下创建文件夹 EAT,并设置属性为隐藏。
3. 将考生文件夹下 STUDY 文件夹中的 MADE 文件夹复制到考生文件夹下 HELP 文件夹中。
4. 将考生文件夹下 SWIM 文件夹中的 DANCE.SWI 改名为 GAME.WRI。
5. 在考生文件夹下为 TALK 文件夹中的 BUY.EXE 文件建立名为 BUY 的快捷方式。

三、汉字录入题(10 分)

请在"答题"菜单下选择"汉字录入"命令,启动汉字录入测试程序,按照题目上的内容输入汉字:
信息产业部日前发布的统计数据显示,今年前三季度,移动数据业务发展迅速,其业务

收入增长率高达33.6%。同时,前三季度固定本地电话通话量同比下降3.5,而移动本地电话通话时长同比增长36%,对固定本地电话业务的替代效应持续增强。

四、字处理题(25分)

请在"答题"菜单下选择"字处理"命令,然后按照题目要求再打开相应的命令,完成下面的内容,具体要求如下:

注意:下面出现的所有文件都必须保存在考生文件夹下。

在考生文件夹下,打开文档Word1.docx,按照要求完成下列操作并以该文件名(Word.docx)保存文档。

1. 将文中所有错词"影射"替换为"音色"。

2. 将标题段文字("为什么成年男女的声调不一样?")设置为三号黑体、加粗、居中,并添加红色阴影边框(边框的线型和线宽使用缺省设置)。

3. 正文文字("大家都知道,……比男人的尖高。")设置为小四号宋体,各段落左、右各缩进1.5字符,首行缩进2字符,段前间距1行。

4. 将表格标题("测量喉器和声带的平均记录")设置为小四号黑体、蓝色、加下划线、居中。

5. 将文中最后3行文字转换成一个3行4列的表格,表格居中,列宽3厘米,表格中的文字设置为五号仿宋,单元格对齐方式为水平居中(垂直、水平均居中)。

五、电子表格题(15分)

请在"答题"菜单下选择"电子表格"命令,然后按照题目要求再打开相应的命令,完成下面的内容,具体要求如下:

注意:下面出现的所有文件都必须保存在考生文件夹下。

1. 打开工作簿文件Excel.xlsx,将工作表Sheet1的A1:D1单元格合并为一个单元格,内容水平居中;计算"人均补助"行(人均补助=伙食补助/补助人数,保留小数点后两位),将工作表命名为"某工厂补助发放情况表"。

2. 选取"补助发放情况表"的"部门"和"人均补助"两行的内容建立"簇状柱形图",X轴上的项为部门(数据系列产生在"行"),在图表上方插入图表标题为"补助发放情况图",插入到表的A7:D17单元格区域内。

六、演示文稿题(10分)

请在"答题"菜单下选择"演示文稿"命令,然后按照题目要求再打开相应的命令,完成下面的内容,具体要求如下:

注意:下面出现的所有文件都必须保存在考生文件夹下。

打开考生文件夹下的演示文稿yswg.pptx,按照下列要求完成对此文稿的修饰并保存。

1. 将第二张幻灯片版式改变为"两栏内容",并将幻灯片的文本部分动画设置为"进入_飞入"、"自右侧"。将第一张幻灯片背景渐变填充颜色为"心如止水"。

2. 将演示文稿中的第一张幻灯片加上标题"令人心动的苹果",全部幻灯片的切换效果都设置成"切出"。

七、上网题(10分)

请在"答题"菜单上选择相应的命令，完成下面的内容：

注意：下面出现的所有文件都必须保存在考生文件夹下。

1. 给同学王浩发邮件，以附件的方式发送本学期期末考试成绩单。

王浩的 Email 地址是：wanhao84@sohu.com

主题为：本学期期末考试成绩单

正文内容为：王浩，你好！附件里是本学期期末考试成绩单，请查看。

将考生文件夹中的"成绩单.xls"添加到邮件附件中，发送。

2. 打开 HTTP://NCRE/1JKS/INDEX.HTML 页面，找到名为"新话题"的页面，查找"谷歌"将该网页保存至考生文件夹下，重命名为"谷歌.txt"。

第 4 部分　考试指导

4−1　MS Office 题型分析

4.1.1　一级 MS Office 介绍

根据 2013 年最新考试大纲，一级科目分为 3 个科目：计算机基础及 MS Office 应用、计算机基础及 WPS Office 应用和计算机基础及 Photoshop 应用。一级计算机基础及 MS Office 应用(以下简称一级 MS Office)，顾名思义，其考核内容由两部分组成，一是计算机基础知识，这一部分主要是理论知识，以选择题的形式来考核；二是 MS Office 应用，这里主要考核 Word 2010、Excel 2010、PowerPoint 2010 等几款办公软件的操作技能以及在 Windows 7 操作系统中管理文件或文件夹、使用 Internet Explorer 浏览器上网、使用 Outlook 2010 软件收发邮件。

4.1.2　考试题型分析

一级考试中，一级 MS Office 考 7 大题。其中大致可分为两类：选择题和操作题。

选择题的考核相当于将笔试的环节移植到电脑上。虽然考试形式变了，但其实质还是属于理论性试题。从实际考核来看，也确实如此，选择题主要考核计算机基础知识和网络基础知识的理论知识。

操作题与选择题的考核实质是绝不相同的。操作题主要考核考生实际上机、手动操作的技能。例如，复制一个文件、设置一段文字格式等。操作题有 6 个题型，分别是：基本操作题、汉字录入题、字处理题、电子表格题、演示文稿和上网题。表 4-1 中就列举了一级考试各种题型的分析信息。

表 4-1　一级考试题型分析表

题型	考试内容	分值	考试形式	难度	学习技巧
选择题	计算机基础知识和少量网络基础知识的内容	20	上机考试	理论题为主，知识点较简单但众多	牢记理论知识要点
基本操作题	Windows7 下对文件、文件夹各项操作	10	上机考试	操作简单	略加练习即可
汉字录入题	使用拼音等输入法输入一段文字内容	10	上机考试	操作简单	提高录入熟练度

续 表

题型	考试内容	分值	考试形式	难度	学习技巧
字处理题	使用 Word 2010 排版文档、制作表格	25	上机考试	考点多,分值多	操作时要细心,不要漏做
电子表格题	使用 Excel 2010 小型计算、制作图表、数据处理	15	上机考试	图表题、函数题有难度	复制公式时注意相对地址和绝对地址的区别;函数题要理解
演示文稿题	使用 PowerPoint 2010 制作和修饰幻灯片	10	上机考试	操作简单,但很多人不熟悉此软件	熟悉 PowerPoint 软件
上网题	收发邮件及其附件,浏览、保存网页	10	上机考试	操作简单	略加练习即可

一级 MS Office 考试共有两类,7 大题:

一、选择题。本大题共包括 20 小题,一般是理论题。考核包括两部分内容,即计算机基础知识和网络基础知识,多以识记和理解为主。

二、操作题。需要上机操作的试题。

1. 基本操作题。本大题共包括 4－5 小题,考核的是 Windows 系统中最基本的操作,多属于送分题。重点考核文件或文件夹的新建、删除、重命名、复制、移动、搜索、设置属性等。

2. 汉字录入题。录入一段文本,包含汉字、数字、大小写字母和符号等。

3. 字处理题。考核使用 Word 2010 编辑文档、设置文档格式、设置表格的基本操作方法。

4. 电子表格题。考核使用 Excel 2010 对单元格、工作表、工作簿的基本操作方法以及设置图表、进行数据统计等操作。

5. 演示文稿题。考核使用 PowerPoint 2010 新建和编辑幻灯片,设置幻灯片的格式、动画、切换效果、放映效果等操作。

6. 上网题。本大题有两小题:IE 题考核使用 IE 浏览器浏览网页、保存网页的操作。邮件题考核发送邮件及附件,接收、回复、转发邮件及附件的操作。

4.1.3 一级最佳学习方法

一、选择题

选择题中理论性试题居多,需要的是多看书,将教材中"计算机基础知识"和"网络基础知识"涉及的知识点全部熟悉一遍,再通过多做一些试题,可以轻松地达到少丢分的效果。

各位考生可以登录"全国计算机等级考试"网站 http://sk.neea.edu.cn/jsjdj/,或者登录"等考吧"网站 www.ncre8.net,学习最新版《选择题重难点视频教程》。

二、操作题

学习此类试题的最好方法就是:

1. 多上机,操作题就是考核动手操作能力,学习不能纸上谈兵,必须多上机操作才能熟悉操作,掌握考点。

第4部分 考试指导

2. 多练题,通过一级上机题库,如果要练题就应该以本书中的试题为主,勤加练习。对于不懂的操作,可以通过阅读试题的解析来答疑解惑。

3. 学会归纳总结,尽管考试题库有多套试题,但其考核点是有一定范围的。无论多少题,在练习时不光是提高操作的熟悉度,更重要的是总结出操作的方法和经验,学会举一反三。

一级MS Office考试中,字处理题、电子表格题和演示文稿题就是考核Word、Excel和PowerPoint这三款软件的操作。此外,上网题中还牵涉到Outlook电子邮件软件的使用考核。以上软件均属于MS Office系列办公软件套装,这几款软件在操作界面、基本操作方面都有非常相似的地方。掌握这些通用之处,在学习完一款软件,再去学习另一款软件时就会有事半功倍的效果。

打开Microsoft Office Word 2010、Excel 2010、PowerPoint 2010以及Outlook 2010时,我们会更快地发现,这与我们之前常用到Office 2003相比较而言,有很多不一样的地方。尤其是窗口顶部的菜单栏、工具栏消失了,新的功能区取代了它们的位置!功能区包含了一些选项卡,单击这些选项卡可找到常用的命令。

4-2 MS Office考试指南

4.2.1 上机特别提示

1. 考生在上机考试时,应在开考前30分钟进入候考室,交验准考证和身份证(军人身份证或户口本),同时抽签确定上机考试的机器号;上机考试迟到考生不得进入考场。

2. 考生提前5分钟进入机房,坐在由抽签决定的机器号上,不允许乱坐位置。

3. 不得擅自登录与自己无关的考号。

4. 不得擅自拷贝或删除与自己无关的目录和文件。

5. 考生不得在考场中交头接耳、大声喧哗。

6. 未到10分钟不得离开考场。

7. 考试中计算机出现故障、死机、死循环、电源故障等异常情况(即无法进行正常考试时),应举手示意与监考人员联系,不得擅自关机。

8. 考生答题完毕后应立即离开考场,不得干扰其他考生答题。

4.2.2 上机考试环境

1. 一级MS Office考试的硬件环境

主机:CPU主频3 GHz相当或以上

内存:2 GB以上(含2 GB)

显卡:SVGA彩显

硬盘空间:10 GB以上可供考试使用的空间(含10 GB)

2. 一级MS Office考试的软件环境

操作系统:Windows 7中文版

输入法:智能ABC、微软拼音、全拼、双拼、五笔(某些特殊输入法需预约),其他如紫光

输入法、搜狗输入法等暂不可用

字处理题、电子表格题、演示文稿题：MS Office 2010 中文版（Word 2010，Excel2010，PowerPoint 2010）

浏览器：IE 8.0

收发邮件：Outlook 2010

考生在平时练习时，也应当把自己所用的计算机按以上的要求配置，尤其是操作系统、Office 软件必须使用以上规定的版本，否则将会出现非常大的麻烦。

4.2.3 基本操作准备

在我们正式做基本操作题之前，有两项准备工作必须要做。

1. 显示隐藏的文件/文件夹

有这样的一道题目"将考生文件夹下 WEN 文件夹中的 EXE 文件夹取消隐藏属性"，结果考生一进入考生文件夹下，打开 WEN 文件夹找不到 EXE 文件夹，这是因为 EXE 文件夹是"隐藏"属性的，如果系统默认是"不显示隐藏的文件夹"，那么我们就无法看到带有"隐藏"属性的文件或文件夹了。所以，我们必须让隐藏的文件夹显示出来。

2. 显示隐藏的文件扩展名

考试时，Windows 默认的是不显示文件的扩展名，如"fndb.doe"显示出来就是"fndb"。在我们做题之前必须修改 Windows 7 系统的某些设置，使扩展名显示出来。

这两项准备工作的操作步骤如下：

① 在 Windows 7 中打开"计算机"窗口，在"工具栏"左侧单击"组织"菜单，在展开的列表中选择"文件夹和搜索选项"命令，如图 4-1 所示。

② 打开"文件夹选项"对话框，切换到"查看"选项卡。

③ 在"隐藏文件和文件夹"选项中勾选"显示所有文件和文件夹"单选按钮，取消"隐藏已知文件类型的扩展名"复选框，单击"确定"完成操作。如图 4-2 所示。

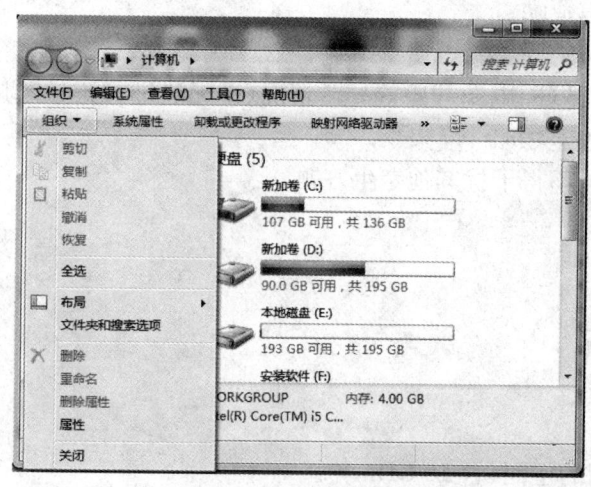

图 4-1 "文件夹及搜索选项"命令

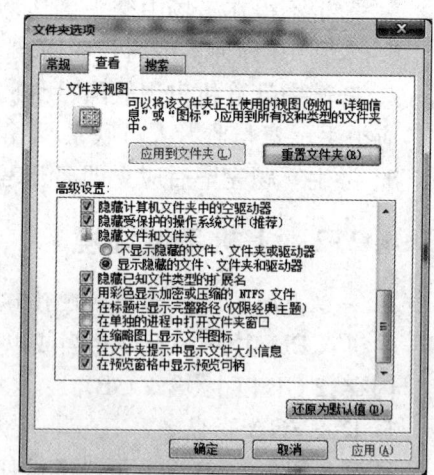

图 4-2 "文件夹选项"对话框

4.2.3 有用的屏幕提示

在日常操作，尤其是计算机考试中，用户会遇到一些自己无法掌握的操作。该使用哪个按钮，哪个命令呢？Office 软件提供的屏幕提示功能其实就是我们解决难题最好的助手。

屏幕提示是将指针停留在命令或按钮上时显示描述性文本的小窗口。Office 2010 除了传统的屏幕提示之外，还提供了增强型屏幕提示功能，它可显示比屏幕提示更多的描述性文本，并可以具有指向帮助主题的链接。如图 4-3 所示。

使用屏幕提示，一是可以确定该命令或按钮的功能；二是在众多的列表中准确找到某个东西，例如图 4-4 所示的颜色列表中，由于颜色上并没有标记名称，如果需要找到"蓝色－强调文字颜色 1"这个主题颜色，可以将鼠标指针放在各个颜色上，阅读其屏幕提示，了解其名称，从而能准确地找到需要的主题颜色。关于这一类的技巧，在考试中会使用到。

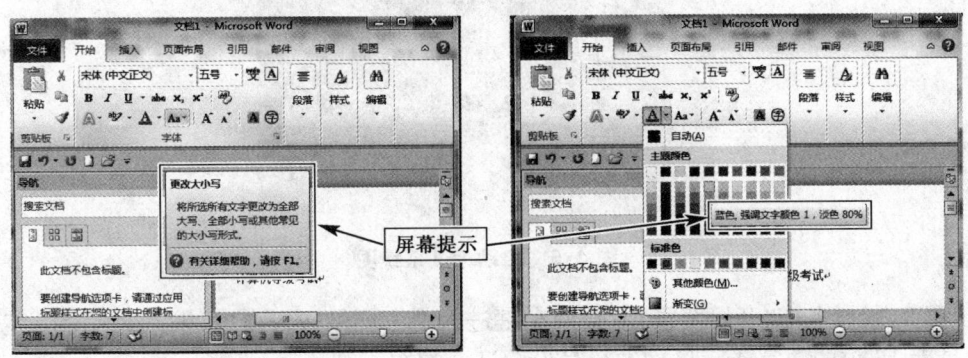

图 4-3　通过屏幕提示了解其功能　　　　图 4-4　通过屏幕提示准确地选择

4-3　MS Office 应试流程

全国计算机等级考试一级计算机基础及 MS Office 应用，考试采用无纸化上机考试，满分 100 分，考试时间 90 分钟。考试时间由考试系统自动进行计时，提前 5 分钟自动报警以提醒考生及时存盘，考试时间用完，考试系统将自动锁定计算机，考生将不能继续进行考试。

4.3.1　考场情况

实际考试一般在某大中专院校的机房进行。当我们来到考场的时候，工作人员已经在各台计算机上安装了考试必备的各类软件。考试所用的所有计算机连成局域网，最终考试结束后，由统一的服务器负责收分、统计。

一般情况下，考生所报名的地方就是考试的考场。在参加正式考试前，一般该考场都会在考试前期提供练习，注意尽量不要错过，一是可以提前熟悉考场环境，二是可以提前熟悉考试系统。

参加上机考试最好提前到达考场，在候考房间等待，一般情况会有监考老师安排坐号。由于机房机器有限，一般是一批考生结束考试后另一批考生再进入。考生考试过程分为登录、答题、交卷等阶段。

4.3.2 登录

当考生进入指定的机位后,开机,启动计算机;单击桌面上或"开始"菜单中的"考试系统"快捷方式进入考试系统。

第一步要做的是在考试系统中登录,输入准考证号,确认身份后进入考试系统。具体操作步骤如下:

步骤1:启动考试系统,出现登录界面,开始考试的登录过程,如图4-5所示。

图4-5 启动考试系统图

步骤2:鼠标点击"开始登录"或按回车键进入准考证号输入窗口,输入自己的准考证号(必须是满16位的数字或字母),进行身份验证。如图4-6所示。

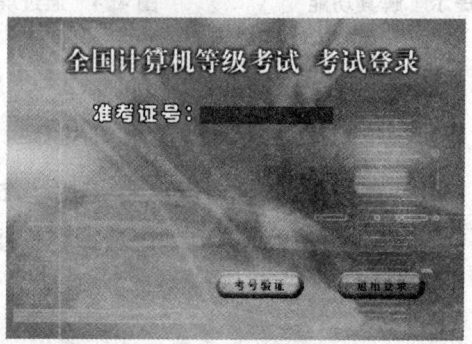

图4-6 输入准考证号

步骤3:以回车键或单击"考号验证"按钮进行输入确认,接着考试系统进入考生信息窗口,需要对准考证号进行合法性检查。下面将列出在登录过程中可能出现的提示信息,当输入的准考证号不存在时,考试系统会显示相应的提示信息并要求考生重新输入准考证号,直至输入正确或单击"确认"按钮退出考试登录系统为止。

如果输入的准考证号存在,则屏幕显示此准考证号所对应的身份证号和姓名,如果准考证号正确,由考生核对自己的姓名和身份证号,如果发现不符则单击"重输考号"按钮,则重新输入准考证号。如果输入的准考证号核对后相符,则单击"开始考试"按钮,如图4-7所示。接着考试系统进行一系列处理后将随机生成一份一级MS考试的试卷。

第 4 部分　考试指导

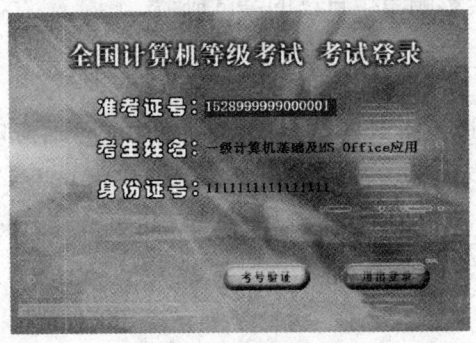

图 4-7　验证考生信息

单击"开始考试"按钮继续。

如果考试系统在抽取试题过程中产生错误并显示相应的错误提示信息时,则考生应重新进行登录直至试题抽取成功为止。

步骤 4:当考试系统抽取试题成功后,在屏幕上会显示一级 MS 考生考试须知(如图 4-8 所示),认真阅读有关考试的题型、分值及相关规定后,勾选"已阅读"前面的小方块,此时方能单击"开始考试并计时"按钮,进入正式考试界面,进行作答并开始自动倒计时。

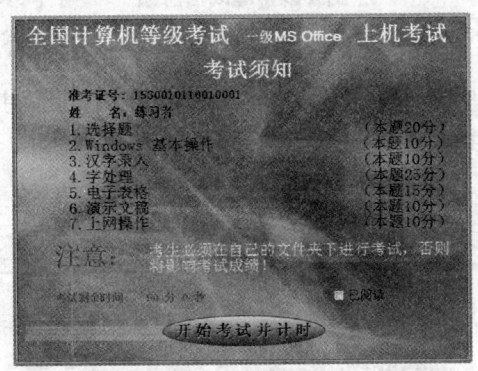

图 4-8　阅读考试须知

考生所有的答题均在考生文件夹下完成。考生在考试过程中,一旦发现不在考生文件夹中时,应及时返回到考生文件夹下。在答题过程中,允许考生自由选择答题顺序,中间可以退出并允许考生重新答题。

在作答选择题时键盘被封锁,使用键盘无效,考生须使用鼠标答题。选择题部分只能进入一次,退出后不能再次进入。选择题部分不单独计时。

当考生在考试时遇到死机等意外情况(即无法进行正常考试时),考生应向监考人员说明情况,由监考人员确认为非人为造成停机时,方可进行二次登录。当系统接受考生的准考证号并显示出姓名和身份证号时,系统给出提示。考生需由监考人员输入密码方可继续进行考试,因此考生必须注意在考试时不得随意关机,否则考点将有权终止其考试资格。

当考试系统提示"时间已到,请监考老师输入延时密码,关闭所有应用程序,执行交卷命令。"后,此时由监考人员输入延时密码后对还没有存盘的数据进行存盘,如果考生擅自关机或启动机器,将直接会影响考生自己的考试成绩。

4.3.3 考试界面

当考生登录成功后就进入正式考试界面,此界面由"考试窗口"和"考试信息条"组成。此时系统为考生抽取一套完整的试题。系统环境也有了一定的变化,考试系统将自动在屏幕中间生成装载试题内容查阅工具的"考试窗口",并始终在屏幕顶部显示考生的准考证号、姓名、考试剩余时间以及可以随时显示或隐藏试题内容查阅工具和退出考试系统进行交卷的按钮的窗口。

1. 考试信息条

"考试信息条"在屏幕顶部始终显示,内容为考生的准考证号、姓名、考试剩余时间以及"交卷"按钮和"隐藏/显示窗口"按钮。"隐藏窗口"按钮表示屏幕中间的考试窗口正在显示着,当用鼠标点击"隐藏窗口"按钮时,屏幕中间的"考试窗口"就被隐藏,且"隐藏窗口"按钮则变成"显示窗口"按钮,如图4-9所示。

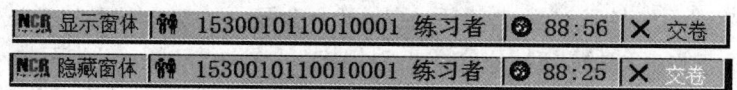

图4-9 考试信息条

2. 考试窗口

"考试窗口"位于屏幕中央,用于显示试题内容、启动试题,由多个题目选择按钮、"答题"菜单、"帮助"菜单、考生文件夹链接和题目要求显示区等5个部分组成。如图4-10所示。

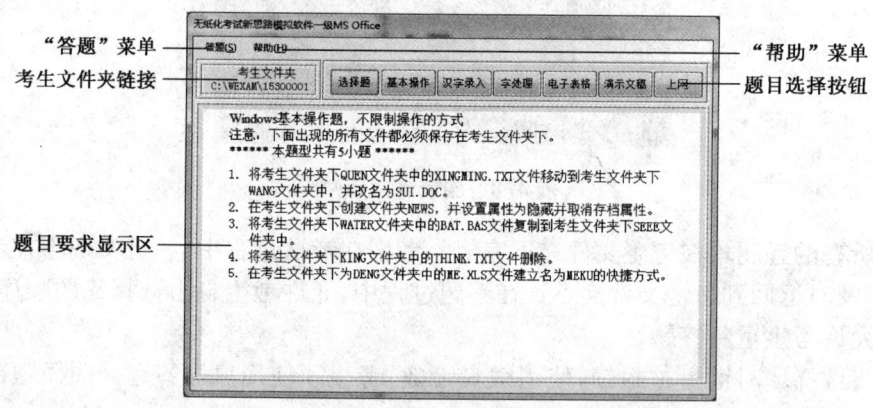

图4-10 考试窗口

"考试窗口"的5个部分组成各功能:

"答题"菜单:通过"答题"菜单中各项命令来启动对应的软件和试题。

"帮助"菜单:在"帮助"菜单栏中选择"系统帮助"可以启动考试帮助系统,并显示考试系统的使用说明和注意事项。

题目选择按钮:点击按钮可以查看对应题型的题目要求。

考生文件夹链接：单击此链接，可打开考生文件夹。
题目要求显示区：单击不同的题目选择按钮，显示不同试题的题目要求。

4.3.4 答题

单击题目选择按钮，阅读有关试题的要求。

单击"答题"菜单，从展开的菜单中选择相应的菜单命令，可分别启动相应的程序来操作试题。

当试题内容查阅窗口中显示上下或左右滚动条时，表明该试题查阅窗口中试题内容不能完全显示，因此考生可按住鼠标的左键并移动显示余下的试题内容，防止漏做试题而影响考试成绩。

在考试窗口中单击"选择题"、"基本操作"、"汉字录入"、"字处理"、"电子表格"、"演示文稿"和"上网"按钮，可以分别查看各个题型的题目要求。

1. 选择题

选择题是要求考生在"选择题答题系统"下，进行 20 道标准化单项选择题的答题操作。进入考试系统正式考试后，单击"考试界面"上的"选择题"按钮可以观看选择题的分值、做选择题的注意事项，但真正做题不在这里。单击"答题"菜单中的"选择题"菜单选项，就可以打开"选择题答题系统"，如图 4-11 所示。

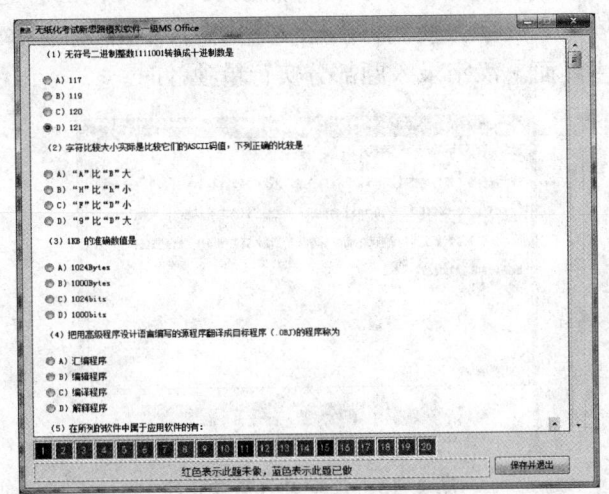

图 4-11 选择题答题系统

"选择题答题系统"的主体是题目部分，直接单击选项前的单选按钮，就表示选中了你认为正确的选项。界面下方有 20 个红色方块，其红色背景表示没有答题，蓝色背景表示已经答题。一旦试题的选项被勾选后，对应的方块就会变成蓝色。通过观察这些方块，我们很容易可以看到有哪些试题漏做了！单击这些方块也可以切换到对应的试题上，如图 4-11 所示。做完题后，单击"保存并退出"按钮可退出选择题答题界面，返回主界面。选择题部分只能进入一次，退出后不能再次进入。选择题部分不单独计时。

2. 基本操作

当考生单击"基本操作"按钮时，系统将显示 Windows 基本操作试题，但真正做题不在这里。此时,请考生在"答题"菜单上选择"基本操作"命令,即打开 Windows 7 中的考生文件夹,按照试题内容要求对考生文件夹下的文件、文件夹进行操作。如图 4-12 所示。

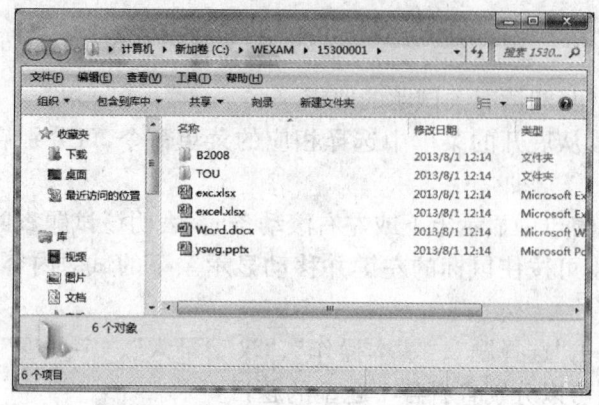

图 4-12 考生文件夹

操作完成后,直接回到考试界面操作其他试题。

3. 汉字录入

当考生单击"汉字录入"按钮时,系统将显示做汉字录入题的注意事项,此时,请考生在"答题"菜单上选择"汉字录入"命令,即可打开启动汉字录入题的答题界面,如图 4-13 所示,按照题目上的内容输入汉字,进行答题,录入完毕后,单击"保存并退出"按钮可退出汉字录入题界面,返回主界面。汉字录入题部分实行单独计时。

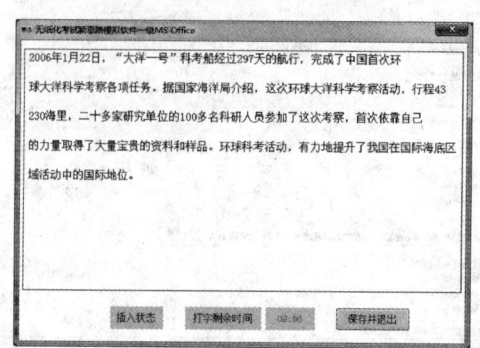

图 4-13 汉字录入答题程序

汉字录入题是要求考生在规定的时间内输入一段文字。这段文字以中文为主,其他还有:

(1) 大小写英文:注意大小写转换。按 Ctrl+空格键切换中、英文输入法,按 Shift+字母键输入大写字母,直接按 CapsLock 键输入大写字母。

(2) 标点符号:注意英文状态下符号和中文状态下符号的区别。如"."是英文状态下的句号,而"。"是中文状态下的句号;中英文的逗号、分号、冒号看起来相似,其实也不相同,输入时要注意区别。

(3) 阿拉伯数字。

考试时,录入正确的字,会显示蓝色;如果录入错误,会显示红色。当然,发现录入错误,可以再次修改。

4. 字处理

当考生单击"字处理"按钮时，系统将显示字处理操作题，此时考生在"答题"菜单上选择"字处理"命令时，它又会根据字处理操作题的要求自动产生一个下拉菜单（如图 4-14 所示），这个下拉菜单的内容就是字处理操作题中所有要生成的 Word 文件名加"未做过"或"已做过"文字，其中"未做过"表示考生对这个 Word 文档没有进行过任何保存；"已做过"表示考生对这个 Word 文档进行过保存。考生可根据自己的需要单击这个下拉菜单的某行内容（即某个要生成的 Word 文件名），系统将自动进入中文版 Microsoft Word 系统，再根据试题内容的要求对这个 Word 文档进行字处理操作，完成字处理操作后必须将该文档存盘。

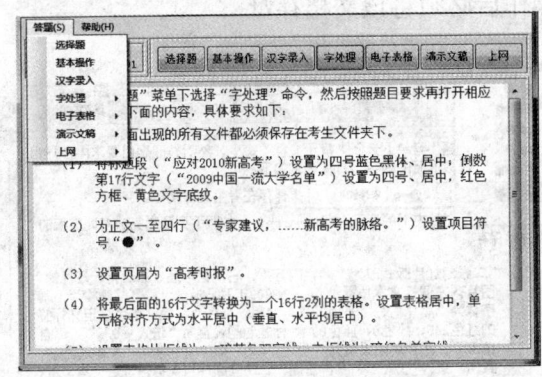

图 4-14　启动字处理题试题及软件

5. 电子表格

当考生单击"电子表格"按钮时，系统将显示电子表格操作题，此时考生在"答题"菜单上选择"电子表格"命令时，它又会根据电子表格操作题的要求自动产生一个下拉菜单（如图 4-15 所示），这个下拉菜单的内容就是电子表格操作题中所有要生成的 Excel 文件名加"未做过"或"已做过"文字，其中"未做过"文字表示考生对这个 Excel 文档没有进行过任何保存；"已做过"文字表示考生对这个 Excel 文档进行过任何保存。考生可根据自己的需要点击这个下拉菜单的某行内容（即某个要生成的 Excel 文件名），系统将自动进入中文版 Microsoft Excel 系统，再根据试题内容的要求对这个 Excel 文档进行操作，完成电子表格操作必须将该文档存盘。

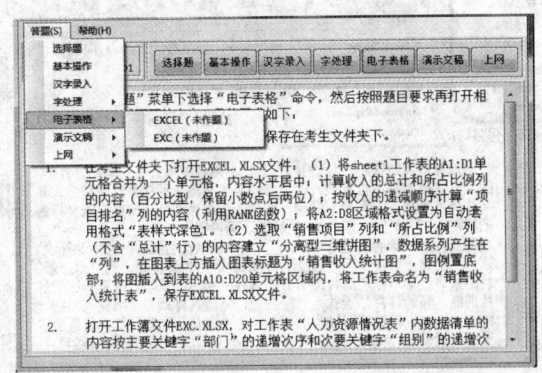

图 4-15　启动电子表格题试题及软件

6. 演示文稿

当考生单击"演示文稿"按钮时，系统将显示演示文稿操作题，此时考生在"答题"菜单上选择"演示文稿"命令时，它又会根据演示文稿操作题的要求自动产生一个下拉菜单（如图4-16所示），这个下拉菜单的内容就是演示文稿操作题中所有要生成的PowerPoint文件名加"未做过"或"已做过"文字，其中"未做过"表示考生对这个PowerPoint文档没有进行过任何保存；"已做过"表示考生对这个PowerPoint文档进行过保存。考生可根据自己的需要单击这个下拉菜单的某行内容（即某个要生成的PowerPoint文件名），系统将自动进入中文版Microsoft PowerPoint系统，再根据试题内容的要求对这个PowerPoint文档进行演示文稿操作，完成演示文稿操作后必须将该文档存盘。

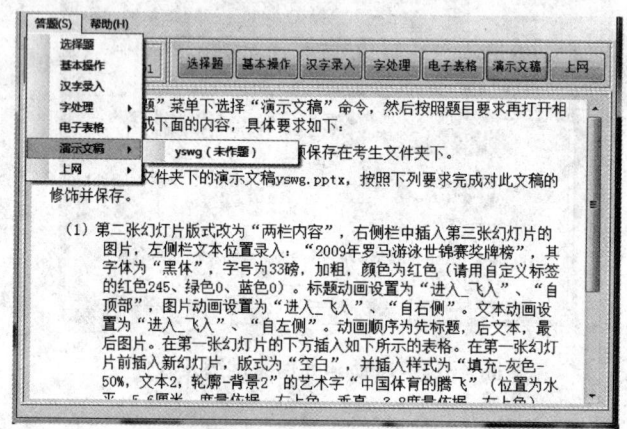

图4-16 启动演示文稿试题及软件

7. 上网

当考生单击"上网"按钮时，系统将显示上网操作题。

如果上网操作题中有浏览页面的题目，请在试题内容查阅窗口的"答题"菜单上选择"上网"→"Internet Explorer"命令（如图4-17所示），打开IE浏览器后就可以根据题目要求完成浏览页面的操作。

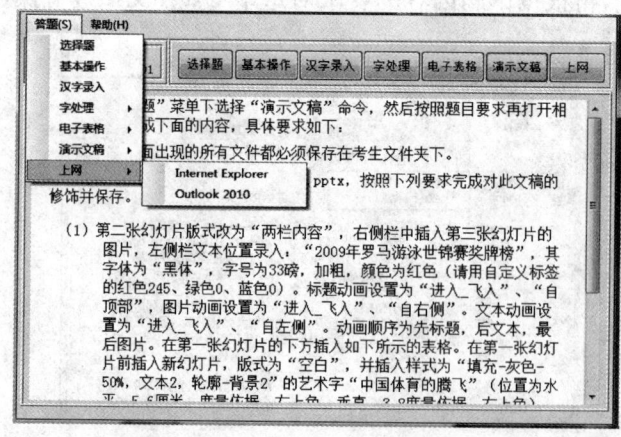

图4-17 启动上网题

如果上网操作题中有收发电子邮件的题目,请在试题内容查阅窗口的"答题"菜单上选择"上网"→"Outlook Express"命令(如图4-17所示),打开 Outlook Express 后就可以根据题目要求完成收发电子邮件的操作。

如果考生要提前结束考试,则请在屏幕顶部始终显示着考生的准考证号、姓名、考试剩余时间以及可以随时显示或隐藏试题内容查阅工具和退出考试系统进行交卷的按钮窗口中选择"交卷"按钮,考试系统将显示是否要交卷处理的提示信息框,此时考生如果选择"确定"按钮,则退出考试系统并锁住屏幕进行交卷处理,因此考生要特别注意。如果考生还没有做完试题,则选择"取消"按钮继续进行考试。

做完试题,一定要将试题保存在考生文件夹中。

4.3.5 考生文件夹

在考试答题过程中一个重要概念是考生文件夹。

当考生登录成功后,无纸化考试系统将会自动产生一个考生考试文件夹(由准考证号的前两位数字和最后六位数字组成),该文件夹将存放该考生所有无纸化考试的考试内容。考生不能随意删除该文件夹以及该文件夹下与考试题目要求有关的文件及文件夹,以免在考试和评分时产生错误,影响考生的考试成绩。假设考生登录的准考证号为2636999999910001,则无纸化考试系统生成的考生文件夹将存放到K盘根目录下的以用户名命名的目录下,即考生文件夹为"K:\考试机用户名\26910001"。

考生可通过点击超链接"K:\考试机用户名\26910001"进入到考生文件夹,也可通过"计算机"进入K盘,访问考生文件夹。在实际考试中,考生只能访问自己的考生文件夹。

注意:需要提醒考生,在考试过程中所操作的文件和文件夹都不能脱离考生文件夹,否则将会直接影响考生的考试成绩。

4.3.6 交卷

1. 提前交卷

如果考生要提前结束考试并交卷,则在屏幕顶部"考试信息条"中选择"交卷"按钮,无纸化考试系统将弹出是否要交卷处理的提示信息框,此时考生如果选择"确定"按钮,则退出无纸化考试系统进行交卷处理,选择"取消"按钮则返回考试界面,继续进行考试。如图4-18所示。

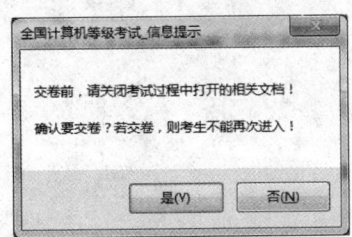

图4-18 确认交卷的提示对话框

2. 最终处理

如果进行交卷处理,系统首先锁住屏幕,并显示"系统正在进行交卷处理,请稍候!",当系统完成了交卷处理,在屏幕上显示"交卷正常,请输入结束密码:",作为考生来说,到了这一步就表示考试结束,正常交卷了,可以离开考场。

如果出现"交卷异常,请输入结束密码:",说明这个考生文件夹有问题或者是其他问题,此时就必须请监考老师来解决。

如果在交卷过程中出现死机,则重新启动计算机,再进行二次登录后进行交卷。

3. 考试时间用完

考试过程中,系统会为考生计算剩余考试时间。在剩余 5 分钟时,系统会显示一个提示信息,提示考生注意存盘并准备交卷。

附录

全国计算机等级考试一级 MS Office 考试大纲

（2013 年版）

基本要求

1. 具有使用微型计算机的基础知识（包括计算机病毒的防治常识）。
2. 了解微型计算机系统的组成和各组成部分的功能。
3. 了解操作系统的基本功能和作用，掌握 Windows 的基本操作和应用。
4. 了解文字处理的基本知识，掌握文字处理软件 MS Word 的基本操作和应用，熟练掌握一种汉字（键盘）输入方法。
5. 了解电子表格软件的基本知识，掌握电子表格软件 Excel 的基本操作和应用。
6. 了解多媒体演示软件的基本知识，掌握演示文稿制作软件 PowerPoint 的基本操作和应用。
7. 了解计算机网络的基本概念和因特网（Internet）的初步知识，掌握 IE 浏览器软件和 Outlook Express 软件的基本操作和使用。

考试内容

一、计算机基础知识

1. 计算机的发展、类型及其应用领域。
2. 计算机中数据的表示、存储与处理。
3. 多媒体技术的概念与应用。
4. 计算机病毒的概念、特征、分类与防治。
5. 计算机网络的概念、组成和分类；计算机与网络信息安全的概念和防控。
6. 因特网网络服务的概念、原理和应用。

二、操作系统的功能和使用

1. 计算机软、硬件系统的组成及主要技术指标。
2. 操作系统的基本概念、功能、组成及分类。
3. Windows 操作系统的基本概念和常用术语，文件、文件夹、库等。
4. Windows 操作系统的基本操作和应用：
（1）桌面外观的设置，基本的网络配置。
（2）熟练掌握资源管理器的操作与应用。

(3) 掌握文件、磁盘、显示属性的查看、设置等操作。
(4) 中文输入法的安装、删除和选用。
(5) 掌握检索文件、查询程序的方法。
(6) 了解软、硬件的基本系统工具。

三、文字处理软件的功能和使用

1. Word 的基本概念，Word 的基本功能和运行环境，Word 的启动和退出。
2. 文档的创建、打开、输入、保存等基本操作。
3. 文本的选定、插入与删除、复制与移动、查找与替换等基本编辑技术；多窗口和多文档的编辑。
4. 字体格式设置、段落格式设置、文档页面设置、文档背景设置和文档分栏等基本排版技术。
5. 表格的创建、修改；表格的修饰；表格中数据的输入与编辑；数据的排序和计算。
6. 图形和图片的插入；图形的建立和编辑；文本框、艺术字的使用和编辑。
7. 文档的保护和打印。

四、电子表格软件的功能和使用

1. 电子表格的基本概念和基本功能，Excel 的基本功能、运行环境、启动和退出。
2. 工作簿和工作表的基本概念和基本操作，工作簿和工作表的建立、保存和退出；数据输入和编辑；工作表和单元格的选定、插入、删除、复制、移动；工作表的重命名和工作表窗口的拆分和冻结。
3. 工作表的格式化，包括设置单元格格式、设置列宽和行高、设置条件格式、使用样式、自动套用模式和使用模板等。
4. 单元格绝对地址和相对地址的概念，工作表中公式的输入和复制，常用函数的使用。
5. 图表的建立、编辑和修改以及修饰。
6. 数据清单的概念，数据清单的建立，数据清单内容的排序、筛选、分类汇总，数据合并，数据透视表的建立。
7. 工作表的页面设置、打印预览和打印，工作表中链接的建立。
8. 保护和隐藏工作簿和工作表。

五、PowerPoint 的功能和使用

1. 中文 PowerPoint 的功能、运行环境、启动和退出。
2. 演示文稿的创建、打开、关闭和保存。
3. 演示文稿视图的使用，幻灯片基本操作（版式、插入、移动、复制和删除）。
4. 幻灯片基本制作（文本、图片、艺术字、形状、表格等插入及其格式化）。
5. 演示文稿主题选用与幻灯片背景设置。
6. 演示文稿放映设计（动画设计、放映方式、切换效果）。
7. 演示文稿的打包和打印。

六、因特网(Internet)的初步知识和应用

1. 了解计算机网络的基本概念和因特网的基础知识,主要包括网络硬件和软件。TCP/IP 协议的工作原理,以及网络应用中常见的概念,如域名、IP 地址、DNS 服务等。

2. 能够熟练掌握浏览器、电子邮件的使用和操作。

考 试 方 式

一、采用无纸化考试,上机操作。考试时间:90 分钟。

二、软件环境:Windows 7 操作系统,Microsoft Office 2010 办公软件。

三、在指定时间内,完成下列各项操作:

1. 选择题(计算机基础知识和网络的基本知识)。(20 分)

2. Windows 操作系统的使用。(10 分)

3. 汉字录入能力测试(录入 150 个汉字,限时 10 分钟)。(10 分)

4. Word 操作。(25 分)

5. Excel 操作。(15 分)

6. PowerPoint 操作。(10 分)

7. 浏览器(IE)的简单使用和电子邮件收发。(10 分)